ulmer

Beate und Leopold Peitz | Wilhelm Bauer

HÜHNER IN MEINEM GARTEN

Alles über Haltung und Ställe

Inhalt

Hühner halten – gut zu wissen

Hühner zu halten im heimischen Garten ist ein schöner Ausgleich zum beruflichen Alltag und eine der wenigen Möglichkeiten, neben der Versorgung mit selbst gezogenem Gemüse und Obst auch tierische Produkte für den eigenen Bedarf zu erzeugen.

Hühner werden im Unterschied zu vielen Haus- und Heimtieren wie Zwergkaninchen, Hamster oder Meerschweinchen seit etwa 4000 Jahren vor allem aus nützlichen Erwägungen gehalten und gezüchtet. Betrachtet man heute allerdings die große Vielfalt an Farben und Formen bei den etwa 250 Hühner- und Zwerghuhnrassen, so wird man feststellen, dass sich die Züchter nicht immer allein vom Leistungsgedanken (Eier und Fleisch) haben leiten lassen, sondern oft besonders von der Freude an der züchterischen Gestaltung dieser schönen Kreatur. Beide Zuchtziele schließen sich nicht gegenseitig aus. Das beweist die Wiederentdeckung alter Landhuhnrassen, die sich auf die speziellen Verhältnisse einzelner Zuchtregionen besonders gut eingestellt haben und sich heute wieder großer Beliebtheit erfreuen. Diese Anpassung war früher von erheblicher Bedeutung, da die Tiere generell frei laufend und extensiv gehalten wurden. Die heutige Wirtschaftsgeflügelhaltung mit ihrer grundsätzlichen Gliederung in Legehennen- und Mastgeflügelhaltung ist mit der früheren Extensiv- und heutigen Hobbyhaltung in keiner Weise vergleichbar.

Dieses Buch will vor allem den Hobbygeflügelhalter und den Nutzgeflügelhalter einer kleinen Hühnerherde mit extensiver Haltungsform ansprechen. Es möchte anleiten zu einer nützlichen und erfüllenden Beschäftigung mit einer oft missverstandenen Kreatur – unserem Haushuhn.

Der Hahn, ein stimmgewaltiger kleiner Recke.

Was ist vor der Anschaffung zu bedenken?

- *Die Voraussetzungen für eine art- und tiergemäße Haltung (Stall, Auslauf);*
- *die Entscheidung für einen Schwerpunkt auf Hobbyhaltung oder Nutzhaltung;*
- *die Frage, ob man auch züchten möchte;*
- *das Bewusstsein für die zeitlichen und ethischen Verpflichtungen gegenüber den Lebewesen;*
- *die Frage nach einer kundigen Vertretungskraft für Notfälle oder Urlaubszeit.*

Gleich welchem Interesse der Wunsch für eine kleine Hühnerhaltung entspringt, sollte sich der künftige Hühnerhalter zunächst einige grundsätzliche Fragen vor Augen führen und für sich möglichst objektiv beantworten.

Vor dem Kauf. Schauen wir uns möglichst einige Hühnerhaltungen an, die unseren häuslichen Gegebenheiten und unseren Vorstellungen am nächsten kommen, um Antworten auf die wichtigsten Fragen zu erhalten.

Solche Möglichkeiten findet man am besten in den örtlichen Geflügelzuchtvereinen oder im Idealfall bei Freunden und Bekannten, die über entsprechende praktische Hühnererfahrung verfügen. Man sollte nicht den Fehler machen und sich an der Haltungsweise der üblichen Haus- und Heimtiere orientieren – Hühnervögel haben andere Ansprüche.

Das Huhn als Nutztier

Hühner können sehr zutraulich werden, wenn man sich mit ihnen intensiv beschäftigt. Sie hören auf unsere Stimme und lassen sich mit Futter gern anlocken. Manche Tiere kann man sogar anfassen und streicheln. Aber man kann selten mit ihnen kuscheln wie mit einer Katze oder einem Hund. Sie freuen sich nicht wirklich, wenn man sie auf den Arm nimmt. Wer derlei Zuneigung erwartet, wird schnell enttäuscht sein und sollte keine Hühnerhaltung beginnen. Insbesondere bei Kindern kann das Interesse dann schnell nachlassen; Eltern sollten das bedenken.

Ein Auslauf ohne Grenzen ist nicht überall möglich.

Das huhngerechte Umfeld

Hühner fühlen sich besonders wohl, wenn sie möglichst frei umherlaufend ihr Futter suchen, in der Sonne baden und im Sand scharren können. Das ist ihnen lieber, als auf dem Arm des Pflegers zu sitzen und gestreichelt zu werden. Sie sind sehr neugierig, andererseits gegenüber fremden Geräuschen und Lebewesen schreckhaft. Wer gerne Tiere und ihr Verhalten beobachtet, wird seine helle Freude an seinem Hühnervolk haben, wenn er sie in einem möglichst artgemäß gestalteten Lebensraum hält.

Zwei Deutsche Wyandotten genießen die warme Wintersonne.

Betreuung. Unsere Heimtiere wie Hund, Katze und Hamster haben wir immer in die häusliche Gemeinschaft integriert.

Hühner werden nicht stubenrein und sind für die Haltung in einer Wohnung nicht geeignet. Sie benötigen draußen einen Stall mit Auslauf, das heißt, man muss sie bei jedem Wetter, Sommer wie Winter, tagein und tagaus, draußen füttern und pflegen.

Rechtliche Aspekte

Auch für eine kleine Hühnerhaltung muss man bestimmte Regeln oder rechtliche Vorschriften einhalten. Zunächst sollten wir uns in der Nachbarschaft erkundigen, ob irgendwelche Einwände bestehen, insbesondere, wenn wir auch einen Hahn halten wollen. Die rechtlichen Bestimmungen betreffen also sowohl das nachbarliche Umfeld, bei größeren Stallbauten auch das Ortsbild oder die Landschaft und nicht zuletzt das Tier selbst. Viele der Vorschriften sind Ländersache und damit unterschiedlich geregelt, andere – wie das Tierschutzgesetz – gelten bundeseinheitlich. Hühnerhaltung muss ab einer bestimmten Tieranzahl bei der Tierseuchenkasse gemeldet werden – ab wie vielen Tieren ist von Bundesland zu Bundesland verschieden. Eine Tierhalternummer muss beim Veterinäramt beantragt werden. Eine sehr kleine Hühnerhaltung im heimischen Garten, wo eine entsprechende Behausung im eventuell bereits vorhandenen Gartenhäuschen durch kleinere Umbauten zu realisieren ist, wird in der Regel von Seiten der Behörden toleriert, wenn sich kein Nachbar gestört fühlt. Andererseits sind bestimmmte einschlägige Vorschriften beim örtlichen Bauamt abzuklären.

Baurechtliche Vorschriften. Dabei handelt es sich im Wesentlichen um Bestimmungen, die das Bauen landwirtschaftlicher Gebäude innerhalb und außerhalb eines Ortes oder Ortsteils regeln. Einschlägig sind hier das Baugesetzbuch und die Baunutzungsverordnung. Diese Gesetze und Verordnungen wirken in der Regel jedoch nur einschränkend, wenn es sich um größere Stallbauten handelt, die geeignet sind zum Beispiel öffentliche Belange wie das Ortsbild oder den Landschaftsschutz zu tangieren. Ähnliches gilt für Bestimmungen nach der Landesbauordnung oder nach dem Nachbarrecht, die speziell die Interessen der umgebenden Nachbarn schützen. In jedem Fall ist anzuraten, sich zuvor beim örtlichen Baurechtsamt zu erkundigen.

Tierschutzrechtliche Vorschriften. Mit dem Bundestierschutzgesetz soll sichergestellt werden, dass die uns anvertrauten Tiere fach- und tiergerecht versorgt werden und ihnen keine Leiden zugefügt werden. Der Kernsatz lautet: „Wer ein Tier hält, muss das Tier seinen Bedürfnissen entsprechend ernähren, pflegen und verhaltensgerecht unterbringen" und weiter „...darf die Möglichkeit des Tieres zu artgemäßer Bewegung nicht so einschränken, dass ihm Schmerzen oder vermeidbare Leiden oder Schäden zugefügt werden." Davon, wie diese Vorgaben für eine kleine Hühnerherde am besten zu erfüllen sind, soll in den nächsten Kapiteln die Rede sein.

Ausgehend von unserem Wunsch, ein Stück Landleben in unsere unmittelbare Nähe zu holen, müssen wir uns zunächst die Frage stellen, mit wem wir es beim Huhn zu tun haben. Das heißt, was erwartet das Huhn von uns, damit es sich wohl fühlt, Eier legt, Küken aufzieht und uns mit seinem herrlichen Gefieder und seinem lebhaften Wesen erfreut? Dann muss man sich fragen, ob Huhn gleich Huhn ist, also ob es Unterschiede im Verhalten, in den Bedürfnissen, in der Legeleistung und der Mastfähigkeit zwischen den einzelnen Rassen gibt – also Fragen über Fragen.

Körperliche Besonderheiten

Das Huhn gehört zur Klasse der Vögel. Als Lauftier mit zwei Beinen spielt sich sein Leben aber vorwiegend auf dem Boden ab. Je nach Rasse sind Hühner jedoch auch begrenzt flugfähig. Der Knochenbau und die inneren Organe sind wie bei allen Vögeln extrem leicht. Die äußere Gestalt ist weitgehend stromlinienförmig ausgebildet. Besonders augenfällig ist der äußere Abschluss des Körpers, der nicht von Haaren, sondern von Federn gebildet wird.

Das Federkleid besteht grob gesehen aus den Deckfedern und den Daunenfedern: Die Deckfedern schützen die Hühnervögel vor den Unbilden des Wetters und verleihen ihnen mit den zu Flügeln umgebildeten Vordergliedmaßen das Vermögen sich in die Luft zu erheben und zu fliegen. Die Daunenfedern sind zart und locker gebaut. Sie liegen unter den Deckfedern und haben die Aufgabe ein Luftpolster zu erzeugen, um die Tiere vor Kälte zu schützen, indem sie ihr Federkleid „aufplustern". Die Glucke vermag mit Hilfe dieses Luftpolsters die Bruttemperatur zu halten und zu regulieren.

Die Befiederung der Hühnervögel erfolgt in mehreren Stadien: Die Küken schlüpfen mit einem reinen Daunengefieder. Dann entwickelt sich das Jugendkleid mit Deck- und Daunenfedern, schließlich ab der 18. bis 20. Lebenswoche das Erwachsenengefieder.

Das Federkleid erfüllt für unsere Hühner einige außerordentlich wichtige Funktionen. Es schützt sie gut gegen Kälte und Nässe, es bewahrt sie vor Schäden durch extreme Sonneneinstrahlung und verringert die Verletzungsgefahr der Haut. Daneben hat das Gefieder natürlich auch eine bedeutende Funktion beim Fliegen. So vielseitig ihre Aufgaben sind, so stark ist aber auch die Abnutzung der Federn, wodurch sie ihre funktionellen Eigenschaften verlieren. Deshalb besitzen die Tiere einen physiologisch gesteuerten Mechanismus – ähnlich dem Haarwechsel –, um ihr Federkleid von Zeit zu Zeit ganz oder auch nur teilweise erneuern zu können: die Mauser.

Was, wann und wie oft gemausert wird, kann sehr unterschiedlich sein. Die Variationen reichen hier vom Austausch einzelner Federn über die Neubefiederung von Körperpartien (Teilmauser) bis hin zur Vollmauser, das heißt dem vollständigen Wechsel des Gefieders.

Nach einer intensiven Legeperiode wird das Gefieder, meist im Herbst, gewechselt, wobei diese **Vollmauser** mit

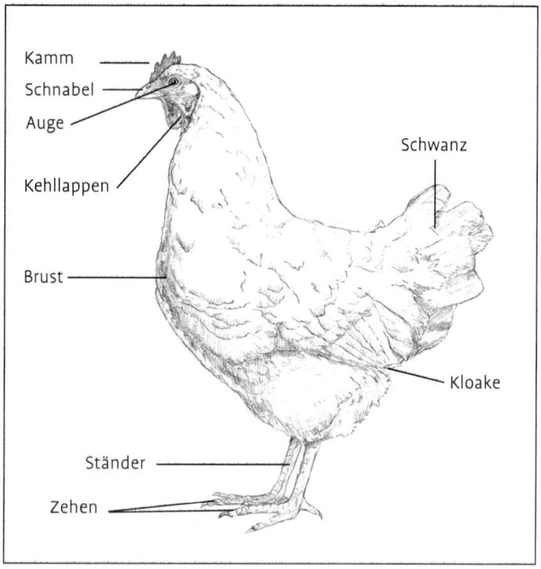

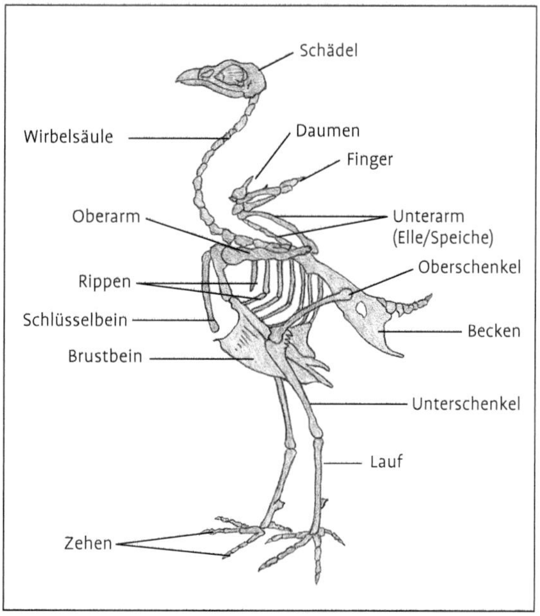

Körperteile und Skelett des Haushuhns.

Die Mauser macht unsere Hühner vorübergehend etwas unansehnlich.

einer damit verbundenen Legepause bis zu drei Monate dauern kann. Wie oft im Leben sind es auch hier die fleißigsten Legehennen, die sich die kürzeste Pause gönnen. Aber auch nach einer Brutzeit können wir bei einer Glucke eine Vollmauser beobachten, bevor sie wieder beginnt Eier zu legen.

Bei der **Teilmauser** wird nur das Gefieder einzelner Körperpartien ausgetauscht. Am häufigsten kommt es zu der so genannten Halsmauser. Insgesamt verläuft die Teilmauser schneller und mit deutlich abgeschwächten Symptomen als die Vollmauser.

Der Ablauf des Federwechsels ist individuell verschieden. Er erfolgt bei manchen Tieren stufenweise, andere fallen dagegen durch fast gleichzeitiges ‚Ablegen' ihres gesamten Federkleides auf. In jedem Fall bedeutet die Mauser für die Tiere eine erhebliche körperliche Belastung.

Während der Mauser sind die Hühner durch den mangelhaften Gefiederschutz stärker der Witterung ausgesetzt und in dieser Zeit deutlich anfälliger in Bezug auf Krankheiten. Sie bekommen meist ein ausgesprochen kränkliches Aussehen und einen blassen, eingefallenen Kamm. Ihre Legeorgane bilden sich zurück und sie stellen ihre Legetätigkeit ein. Deshalb sollten wir während dieser für die Tiere sehr belastenden Phase besonders auf eine gute Fütterung und Pflege achten.

Bei der Beurteilung von Hühnern spielt die Beschaffenheit des Gefieders sowie die rassetypische Reinheit der Färbung und Ausprägung eine zentrale Rolle. Eine gute Gefiederqualität ist beim Wirtschaftsgeflügel auch ein guter Anhaltspunkt für die Gesundheit und Leistungsfähigkeit der Tiere. Daneben gibt es noch weitere Kriterien wie Beschaffenheit von Kopf, Brust, Kloake und Ständern (Beine), die zusammengenommen erst ein vollständiges Bild für eine fachgerechte Bewertung liefern.

Eine rassetypische Besonderheit bei der Beurteilung des Kopfes sind die verschiedenartigen Kämme, die das Gesicht und das Erscheinungsbild eines Huhns in zum Teil sehr auffälliger Weise prägen. Bei den Kammformen unterscheidet man vier Hauptvarianten. Neben dem Einfachkamm, der nach wie vor am häufigsten vorkommt und von dem sich alle anderen Kammformen auf Grund züchterischer Fantasien ableiten lassen, gibt es noch den Rosenkamm, den Erbsenkamm und den Wulstkamm.

Darüber hinaus finden sich noch vielerlei Variationen und Besonderheiten wie beispielsweise die hörnerartigen Ausformungen bei der Rasse La Flèche oder das überdimensionierte Kammgebilde der Rasse Redcaps.

Sowohl Kamm als auch Kehllappen entwickeln sich unter dem Einfluss der Geschlechtshormone und werden deshalb auch als sekundäre Geschlechtsorgane betrachtet.

Dieses schicke Sondermodell bezeichnet man als Kronenkamm.

Kammformen: a) Einfachkamm, b) Rosenkamm, c) Erbsenkamm, d) Wulstkamm.

Kammgröße und Kammform spielen eine wichtige Rolle beim gegenseitigen Erkennen der Tiere. Auch die Stellung einer Henne innerhalb der Rangordnung hängt ganz wesentlich von der Größe ihres Kammes ab, das heißt, die ranghöheren Tiere einer Herde können oft schon durch ihre deutlich größeren Kämme identifiziert werden. Am Zustand von Kamm und Kehllappen lassen sich auch beginnende Krankheiten und Stoffwechselstörungen erkennen. Ebenso können Fütterungs- und Haltungsfehler Kammform und -farbe beeinflussen. Ein übergroßer und schlapp herunterhängender Kamm kann beispielsweise auf einen Mangel an Sonnenlicht hindeuten. Leicht bläuliche Kammspitzen sind normal, verfärbt sich jedoch der ganze Kamm blau, ist dies ein Zeichen ernsthafter Störungen oder auch eines akuten Wassermangels.

Vorsicht ist immer bei extremen Minustemperaturen geboten. Häufig kommt es nämlich zu Erfrierungen an diesem empfindlichen Körperteil. Vor allem Tiere mit großen Kämmen sind besonders gefährdet.

Siesta in der Mittagssonne, doch die Ohren sind immer auf Empfang.

Naseweis und neugierig – Verhalten

Hühnervögel nehmen ihre Umwelt anders wahr als zum Beispiel Hunde, Katzen oder andere Haustiere. Sie orientieren sich vor allem durch Sehen und Hören. Andere Sinne wie Riechen oder Tasten spielen bei ihnen eine untergeordnete Rolle.

Das Wissen um die speziellen Sinneswahrnehmungen von Hühnern allein genügt nicht, um das Wohlbefinden der uns anvertrauten Tiere beurteilen zu können. Die Wissenschaft vom Verhalten der Tiere (Ethologie) gibt uns wesentliche Anhaltspunkte darüber, wie sich „normale" Verhaltensabläufe abspielen und wann Störungen erkennbar werden. Die Wissenschaftler unterscheiden beim Verhalten verschiedene Funktionskreise wie etwa Sozialverhalten, Fressverhalten, Ruheverhalten, Paarungsverhalten usw.

Sehen und hören

Hühner haben ein sehr scharfes Auge, allerdings ist ihr Sehvermögen vor allem auf das Erkennen von Gegenständen und Lebewesen in unmittelbarer Nähe ausgerichtet. Dinge, die sich in einer Entfernung von mehr als 50 Metern befinden, werden kaum noch beachtet. Außerdem haben Hühner durch die seitliche Anordnung der Augen kein gutes räumliches Sehvermögen und damit keine gut ausgeprägte Tiefenwahrnehmung. Dieses Handicap gleicht das Huhn mit Erfolg dadurch aus, dass es bei der Futtersuche im Zickzackgang läuft und den Kopf hin und her wendet, um das Objekt der Begierde genau fixieren zu können. Feinde aus der Luft kann es nur mit schräg gestelltem Kopf und mit einem Auge zu erkennen.

Was für eine Idylle …

Der Hahn bewacht in aufmerksamer Haltung seinen kleinen Harem.

Scharfes Sehvermögen und ein guter Gehörsinn sind Garant für das Überleben von Gebüschbewohnern, wie es die wilden Vorfahren unserer Haushühner sind. Das Huhn hört etwa so gut wie der Hund. Daher finden wir mit unserer Stimme am ehesten eine gute Kommunikationsebene mit unseren Schützlingen. So macht es auch die Glucke, die mit den Küken bereits im Ei spricht. Etwa ab dem 18. Bruttag können sie im Ei die Laute der Glucke wahrnehmen und so auf diese Stimme geprägt werden.

Wenn man sich nunmehr diese besondere Ausprägung von Gesichts- und Hörsinn mit Blick auf das Verhalten der Haushühner vor Augen führt, werden ihre Reaktionen uns gegenüber, aber auch ihr Umgang untereinander leicht verständlich.

Rangordnung

Voraussetzung für ein friedliches Gemeinschaftsleben innerhalb der Hühnerherde ist die Rang- oder Hackordnung. Sie legt die soziale Stellung eines jeden Tieres fest. Jede Veränderung der Herdengröße oder -zusammensetzung kann diese Ordnung empfindlich stören. Die Folge können harmlose Rangeleien bis hin zu blutigen Kämpfen sein.

Sozialverhalten

Unser Haushuhn ist von seiner Veranlagung und Lebensstruktur her ein Herdentier, das sich in der Gemeinschaft mit Artgenossen am wohlsten fühlt. Damit dieses Gemeinschaftsleben friedlich funktionieren kann und ständige Rangeleien, Rangordnungskämpfe oder sogar blutige Auseinandersetzungen verhindert werden, sollte die Herdengröße möglichst 40 Tiere nicht überschreiten. Die Tiere verfügen nämlich nur über ein begrenztes Erinnerungsvermögen für persönliche Beziehungen und müssten diese dann ständig neu festlegen, weil sie sich in einer zu großen Gruppe nicht wiedererkennen. Bei diesem Erkennen spielen vor allem Blickkontakte und bestimmte körperliche Merkmale wie zum Beispiel Kehllappen, Kamm und Augen eine Rolle. Ein großer Kamm wirkt beispielsweise immer gefährlicher als ein kleiner und schüchtert die Artgenossinnen entsprechend ein. Tiere mit großem Kamm stehen also in der Rangfolge meist weit oben. Diese hohe Stellung gibt ihnen nun das „Recht“, rangniedrigere Tiere zu schikanieren. Das heißt, bei Bedarf können sie ohne Gegenwehr von einem begehrten Futterplatz, einem attraktiven Sandbad oder einem schattigen Ruheplätzchen verjagt werden.

Schon die Küken üben sich im zarten Alter in spielerischen Auseinandersetzungen im Kampf um eine möglichst hohe Stellung in der späteren Rang- oder „Hack"ordnung. Bei Hennen gehen diese Spiele mit Beginn der Pubertät (10–12 Wochen), bei Hähnen mit 12–16 Wochen in ernsthafte Rangkämpfe über, die nicht selten blutig, aber nie tödlich enden. Dabei stehen sich die Kontrahenten mit gesträubtem Halsgefieder und gesenktem Kopf gegenüber und springen urplötzlich aufeinander los, prallen mit Brust und Hals aneinander und bearbeiten sich mit den Krallen und mit Schnabelhieben.

Diese Rangkämpfe sind jedoch meist nur von kurzer Dauer, bis sich das unterlegene Tier nach einigen Minuten ergeben niederduckt oder die Flucht ergreift. Danach sind die Fronten in der Regel geklärt und man geht sich, das heißt das rangniedere dem ranghöheren Tier, aus dem Weg. Bei gelegentlichem Aufbegehren reicht zumeist ein gezielter Schnabelhieb oder eine drohende Gebärde, um den sozialen Frieden wieder herzustellen. In einer übersichtlichen Gruppe von bis zu 15 Tieren bildet sich so ein linear hierarchisches Beziehungsgefüge heraus, das bei unveränderter Herdenstruktur lange Zeit stabil bleibt. Wird dieses Gefüge gestört, etwa durch Zusetzen fremder Tiere, treten erneut Rangordnungskämpfe auf, bis sich die Neuankömmlinge mit einer bestimmten Rangordnungsstufe in die Herde integriert haben. Um die damit verbundene Unruhe in Grenzen zu halten, ist es sinnvoll, neue Tiere erst am Abend in der Dämmerung zuzusetzen, damit sie sich über Nacht bereits eingewöhnen können.

Der Hahn als absolut dominierendes Alphatier bildet einen zusätzlichen Stabilisierungs-

Tipp

Neuzugänge oder Tiere, die beispielsweise aus Krankheitsgründen einige Zeit von der Herde getrennt waren, werden am besten nachts wieder unauffällig in die Gemeinschaft eingegliedert.

Hühnervögel beobachten gern ihre Umgebung von einer erhabenen Position.

faktor im Herdengefüge. Wird ein fremder Hahn einer „Frauengemeinschaft" mit fester Rangordnung zugesetzt, muss auch er sich zunächst seinen ersten Platz in der Hierarchie gegen die ranghöchste Henne erkämpfen, was ihm in der Regel auf Grund seiner körperlichen Überlegenheit nicht schwer fällt. Sehr junge und leichte Hähne haben dagegen manchmal erhebliche Probleme. Können sie sich nicht durchsetzen, müssen wir nach einem stärkeren Herdenführer Ausschau halten.

Paarungsverhalten

Normalerweise besteigt ein Hahn eine Henne zwei- bis dreimal täglich. Trotzdem reicht eine einzige Paarung aus, um mehrere Wochen lang Eier zu befruchten.

Ein immer wieder eindrucksvolles Erlebnis ist das Beobachten des Paarungsverhaltens von Hühnern. Während die Henne hier eine sehr passive Rolle spielt, wächst der Hahn in seinem Werben um die Gunst der Auserwählten über sich hinaus. Oft versucht er zunächst mit dem Präsentieren von Leckerbissen und zarten Locktönen auf sich aufmerksam zu machen und die Henne anzulocken. Dasselbe probiert er auch durch das sogenannte Nestlocken, indem er sich an einem attraktiven Nestplatz niederlässt und mit gurrenden Lauten sein schönes Nest anpreist. Schließlich ergreift er die Initiative und balzt mit trippelnden Schritten, abgestellten Flügeln und gefächertem Schwanz um die auserkorene Henne, was den kuriosen Eindruck macht, als ob er über den eigenen Flügel stolpert. Entzieht sich die Henne seiner Werbung und versucht zu fliehen, verfolgt er sie mit gesenktem Kopf und gesträubtem Halsgefieder in der „Puterhaltung" und nimmt sich kurzerhand sein Recht.

Die Paarung oder der Tretakt vollzieht sich gewöhnlich folgendermaßen: Der Hahn besteigt die sich niederduckende Henne seitlich von hinten, hält sich mit seinen Krallen auf ihren leicht abgespreizten Flügeln fest, stützt sich zusätzlich mit dem Schnabel am Nackenansatz der Henne ab und presst mit seitlich abgespreiztem Schwanzfächer seine Kloake auf die der Henne, um so den Samen übertragen zu können. Der ganze Liebesakt dauert nur Sekunden und wird von einem guten Kavalier mit einem kleinen Balznachspiel abgeschlossen. Die Henne scheint das jedoch wenig zu beeindrucken. Sie schüttelt sich und geht schnell wieder zur Tagesordnung über.

Was der Hahn sonst noch kann

Hühner leben nicht wie Gänse in Einehe, sondern fühlen sich als Harem ihres Hahns sehr wohl. Zu dessen wichtigsten Funktionen zählt neben der Fortpflanzung vor allem die Wahrung des sozialen Friedens. Das heißt, die Anwesenheit eines guten Hahns verhindert viele kleine Rangeleien und Streitigkeiten. Ebenso gehören der Schutz und die Bewachung der Herde sowie deren Führung und Zusammenhalt zu seinen vordringlichen Aufgaben. Durch bestimmte Stimmlaute warnt er vor allerlei Gefahren und stellt sich bei Bedarf mutig vor den Feind. Hähne, die Menschen angreifen, um ihre Hühner zu schützen, sind keine Seltenheit. Immer wieder kann man auch beobachten, dass Hähne großzügig die besten Leckerbissen ihren Damen überlassen und ihnen sogar bei der Nestsuche behilflich sind.

Gefiederpflege

Mehrmals täglich widmen sich unsere Hühner mit großem Eifer und viel Geduld der Pflege ihres Gefieders. Dieses Verhalten ist nicht nur eine wichtige Voraussetzung dafür, dass die Schutzfunktion des Federkleids in Bezug auf äußere Einflüsse wie Kälte und Nässe erhalten bleibt, sondern für uns ein wichtiges Zeichen dafür, dass die Tiere sich wohl und gesund fühlen. Immer wieder durchkämmen die Tiere dabei mit ihrem Schnabel das Gefieder und suchen die Haut nach lästigem Ungeziefer ab. Anschließend werden die Federn wieder liebevoll geordnet und neu eingefettet. Dazu dient das Sekret der Bürzeldrüse, die sich an der Schwanzwurzel befindet.

Sowohl im eingestreuten Bereich des Stalls als auch an geeigneten Stellen im Auslauf können wir unseren Hühnern bei einer weiteren Lieblingsbeschäftigung, dem Sand- oder Staubbaden, zuschauen. Mit sichtlichem Genuss scharren sie sich Löcher und Mulden und kuscheln sich hinein. Loses Material wird mit energischen Scharrbewegungen hochgewirbelt und durch das Gefieder geschüttelt. Dieser für die Tiere scheinbar sehr angenehme Zeitvertreib dient ebenfalls dazu, das Gefieder von Parasiten und Ungeziefer zu befreien.

Welche Sprache spricht das Huhn?

Die meisten Menschen, die Hühner halten, möchten natürlich auch deren „Sprache" verstehen, das heißt die verschiedenen Laute richtig interpretieren können. Entsprechend ihres relativ gut entwickelten Gehörs verfügen Hühner nämlich über zahlreiche sehr gut unterscheidbare Lautäußerungen, um mit ihren Artgenossen zu kommunizieren oder eventuelle Feinde abzuschrecken. Bereits Tage vor dem Schlupf kann sich ein Küken mit leisen Pieptönen bemerkbar machen und mit der Glucke so in Kontakt treten, die ihrerseits mit tiefen, beruhigenden Tönen antwortet. Diese frühe stimmliche Prägung aufeinander gewährleistet nach dem Schlupf das sichere Wiedererkennen zwischen der Glucke und ihren Küken.

Auch bei anderen Geflügelarten wie Puten, Gänsen oder Enten kennen wir die Verständigung über Laute, doch hinsichtlich der Vielfalt ist sie nicht mit der der Hühner vergleichbar. Über 30 unterschiedliche Laute, vom Futterlockruf bis zum gellenden Angstschrei, gehören zum stimmlichen Repertoire unserer Hühner.

Mögliche Ursachen für das Federpicken

- *Nährstoffmangel: Eine unausgewogene Futterration, insbesondere der Mangel an den beiden Mineralstoffen Kalzium und Natrium, aber auch ein Mangel an Vitaminen und essenziellen Aminosäuren kann das Fehlverhalten mitverursachen.*
- *Fütterungsfehler: Pelletiertes Futter kann von den Tieren sehr schnell aufgenommen werden. Diese kurzen Fresszeiten führen vor allem in der bewegungsärmeren Jahreszeit zu Langeweile.*
- *Haltungsfehler: Überfüllte Ställe, mangelnder Auslauf, ungenügender Scharrraum oder auch das Fehlen eines Hahns können als Ursache in Frage kommen.*
- *Genetische Veranlagung: Durch zahlreiche Forschungsarbeiten wurde nachgewiesen, dass manche Rassen beziehungsweise Herkünfte mehr zum Federpicken neigen als andere.*

Verliert ein Küken später einmal den Anschluss und wird von der Glucke getrennt, stößt es ein durchdringendes Piepsen aus, das so genannte „Verlassenheitsweinen“ , auf das die Glucke sofort reagiert. Eine weitere wichtige Lautäußerung ist das laute Gackern der Henne bei Gefahr, wodurch sie drohendes Unheil und ihre damit verbundene Angst anzeigt. Sehr oft können wir auch den „Herdensuchruf“ hören, mit dem die Henne nach vollbrachtem Legeakt die Verbindung zu ihrer Herde wieder herstellt.

Natürlich gibt es auch Laute der Zufriedenheit und des Wohlbefindens oder Lockrufe beim Auffinden besonderer Leckerbissen, die eine Glucke ihren Küken oder ein Hahn seinen Hennen zukommen lassen möchte. Einzelnen Hennen in hahnlosen Herden gelingt es sogar das Krähen in ihr Repertoire aufzunehmen. Auch andere typisch männliche Laute sind zuweilen aus weiblichem Schnabel zu hören. So ahmen Hennen während des Brütens zu ihrem eigenen und zum Schutz ihrer Brut manchmal den Warnschrei der Hähne nach.

Nicht das nachgeahmte, sondern das charakteristische Krähen des Hahns ruft bei so manchem Nachbarn großen Unmut hervor, da es bei ruhiger Umgebung sogar noch in zwei Kilometer Entfernung zu hören ist und unter Konkurrenten ein richtiges Krähduell auslösen kann. Was in unserer zivilisierten Welt viel Ärger auslösen kann, erfuhr dagegen bei den alten Persern hohe Wertschätzung, da nach deren Vorstellung der Hahn mit seiner Stimme Dämonen und Zauberer vertrieb und damit als Beschützer von Haus und Vieh galt.

Schlechte Angewohnheiten

Das Federpicken

Höchste Aufmerksamkeit ist geboten, wenn wir beobachten, dass sich bestimmte Tiere unserer Herde plötzlich für das Gefieder ihrer Artgenossinnen stark zu interessieren scheinen und an bestimmten Federpartien, wie Schwanzfedern oder Flügelspitzen, herumzupfen. Solche Verhaltensweisen können sogar bei Küken bereits im Alter von wenigen Tagen auftreten und unter Umständen im Alter von vier bis sechs Wochen schon zu erheblichen Gefiederschäden führen. Dieses Federpicken oder auch Federfressen ist leider immer noch eines der Hauptprobleme in der Hühnerhaltung, zu dessen Folgen man nicht nur Gefiederschäden, sondern auch ernsthafte Hautverletzungen bis hin zum Kannibalismus zählen muss. Die Ursachen dieses Fehlverhaltens sind meist schwer zu bestimmen, der Verlauf und die Auswirkungen schlecht vorherzusagen.

Wichtig ist, dass man den oder die Übeltäter frühzeitig erkennt und so schnell wie möglich aus der Herde entfernt. Sonst kann es leider passieren, dass man auf Grund des ausgeprägten Nachah-

Der durchdringende Weckruf des Hahns ist aus unserem täglichen Leben nahezu verschwunden.

mungstriebs der Tiere in kürzester Zeit nicht nur eine Federfresserin, sondern viele beobachtet.

Starkes Federpicken muss nicht zwangsläufig zu Kannibalismus führen, kann aber trotzdem in vielen Fällen als direkte Vorstufe angesehen werden. Schnell wird aus einem durch Federpicken bedingten Gefiederproblem ein Hautproblem. Die kahlen Stellen werden größer und weisen kleinere Hautverletzungen auf, die zu bluten beginnen. Spätestens jetzt beginnt die ganze Herde sich für diesen „Fall" zu interessieren. Meist ohne große Gegenwehr lässt sich das Opfer von der ganzen Herde picken und hacken. Vor allem das Bepicken der Kloake kann für die betreffenden Tiere schreckliche Folgen haben und endet ohne das Eingreifen des Tierhalters nicht selten tödlich.

Das Eierfressen

Ein weiteres zwar unerwünschtes, aber vergleichsweise harmloses Verhalten ist das Eierfressen, dessen Folgen für den Tierhalter höchst unangenehm, aber für die Tiere völlig ungefährlich sind. Da die Ursache für dieses Fehlverhalten unbekannt ist, gibt es auch kaum überzeugende Gegenmaßnahmen. Einzige Abhilfe ist der Einbau von Abrollnestern, damit die Eier sofort nach dem Legen für die Hennen unerreichbar sind. Anscheinend merken die Hühner meist ganz zufällig, vielleicht durch ein besonders weichschaliges Ei oder ein Bruchei, dass ihr eigenes Produkt durchaus schmackhaft sein kann. Durch den bereits mehrfach angesprochenen Nachahmungstrieb findet diese Unart schnell viele Anhänger in der Herde. Nach kurzer Zeit sind die Tiere so gierig auf frisch gelegte Eier, dass innerhalb von Sekunden allerhöchstens noch eine feuchte Stelle in der Einstreu zurückbleibt. Auf jeden Fall sollte man sich davor hüten, Eierschalen an die Tiere zur Vorbeugung gegen Kalziummangel zu verfüttern, denn dadurch verführt man sie geradezu zum Eierfressen.

Sofortmaßnahmen bei Federpicken oder Kannibalismus

- *Leicht verletzte Tiere mit im Handel erhältlichen Präparaten behandeln und sie vor weiteren Attacken schützen;*
- *Stark verletzte, bereits blutende Tiere unbedingt sofort von der Herde trennen und behandeln;*
- *Tiere möglichst schnell ablenken und beschäftigen, beispielsweise mit täglichen Körnergaben in die Einstreu;*
- *Herde beobachten und die auf frischer Tat ertappten Übeltäter von der Herde trennen. Achtung: Auch Hühner merken, wenn sie beobachtet werden und benehmen sich anders.*

Vielfalt geeigneter Rassen

Generell ist jede Hühnerrasse für die Haltung im heimischen Garten oder auf einem Stück Land anderenorts geeignet. Nur ist jede Rasse eben in unterschiedlichem Maße auf die vielfältigen Bedürfnisse zugeschnitten.

Ausgehend von den Platzverhältnissen sollten wir uns grundsätzlich überlegen, ob wir uns für Großhühner oder für Zwerghühner interessieren. Zwerghühner haben bei engen Platzverhältnissen erhebliche Vorteile, die Rassenauswahl ist darüber hinaus ähnlich vielfältig wie bei den Großrassen; d.h. von nahezu allen Großrassen gibt es inzwischen auch entsprechende Zwergformen. Sie legen naturgemäß kleinere Eier und liefern entsprechend weniger Fleisch. Dafür benötigen sie weniger Futter und weniger Stallraum beziehungsweise Auslauf. Vielfach sind die Zwerghühner eine Miniaturausgabe ihrer großen Ebenbilder und keine echten Zwerge, sondern Verzwergte, die aus Kreuzungen zwischen echten Zwergen und Großhuhnrassen entstanden sind. Die zweite Überlegung, die wir anstellen sollten, bevor wir uns der Hühnerhaltung widmen, ist, ob uns vor allem an vielen guten Eiern gelegen ist oder eher an einem guten Braten oder an beidem gleichermaßen.

Legerassen

Abgesehen von den Hochleistungstieren aus dem Wirtschaftsgeflügelbereich gibt es unter den Geflügelrassen und den alten Landhuhnrassen sehr fleißige Eierleger mit 180 bis 200 Eiern im Jahr. Eine solche Leistung erbringen vor allem die leichten Legerassen.

Federfüßige Zwerghühner sind sehr rasenschonend.

Fragen als Entscheidungshilfe

- *Steht für Sie die Selbstversorgung mit Eiern im Vordergrund?*
- *Bestehen bestimmte Vorlieben für die Farbe der Eier?*
- *Sollen die Tiere auch einen guten Braten liefern?*
- *Möchten Sie lediglich Selbstversorger sein oder auch Einkünfte durch Vermarktung erzielen?*
- *Welche Raum- und Unterbringungsmöglichkeiten haben Sie zur Verfügung?*
- *Steht die Haltung von Zier- oder von Nutzgeflügel an erster Stelle?*
- *Möchten Sie auch zur Erhaltung alter Kulturrassen (Landhuhnrassen) beitragen?*
- *Wollen Sie auch Nachwuchs erbrüten lassen?*

Dazu gehört zum Beispiel das rebhuhnfarbene Italienerhuhn. Der farbenprächtige Hahn dieser Rasse ist uns sicher noch aus Abbildungen in Kinderbüchern bekannt. Die leichten Legerassen im Landhuhntyp sind in der Regel lebhafte Tiere mit ausgeprägtem Bewegungsdrang, das heißt, sie benötigen einerseits ausreichend Platz, andererseits eine entsprechend hohe Umzäunung.

Fleischrassen

Unter extrem fleischbetonten Rassen versteht man hier sehr massige und schwergewichtige Tiere, bei denen der ausgewachsene Hahn 5 kg und die Henne 4 kg wiegt. Sie sind also nicht vergleichbar mit den im Supermarkt angebotenen Fliegengewichten für einen Zweipersonenhaushalt. Solche Schwergewichte sind durchaus geeignet, einer vier- bis fünfköpfigen Familie einen qualitativ hochwertigen und sehr schmackhaften Festtagsbraten zu liefern. Beispielhaft genannt seien hier die Cochins und als englische Rasse im typischen Landhuhntyp die Dorkings.

Zwiehuhnrassen

Wer sich nicht so eindeutig festlegen möchte, dessen Augenmerk sei auf die Vielzahl der Zwiehuhnrassen gelenkt, die uns sowohl mit Eiern als auch mit Fleisch in ausreichendem Maße versorgen können. In dieser Kategorie findet man die größte Auswahl sowohl bei Groß- als auch bei Zwergrassen. Zu den Zwiehuhnrassen zählen etwa die Sussex, ein alter Landhuhnschlag aus Südengland, oder die bekannten und beliebten Deutschen Wyandotten, bei denen sich die Züchter zu vielen verschiedenen Farbvarianten haben inspirieren lassen.

Die Zwiehühner vertreten in den Gewichtsklassen die mittelschweren Rassen, sind aber vom Temperament her sehr unterschiedlich zu beurteilen. Dies ist bei der Auswahl bezogen auf die Platzverhältnisse besonders zu beachten.

Gemeinsame Erkennungsmerkmale der drei Typen

Eierlieferanten	Fleischlieferanten	Zwiehühner
leichter Körperbau	massiger Körper	kräftiger Körper
weiße Ohrscheiben	rote Ohrlappen	rote Ohrlappen
geringer Bruttrieb	zuverlässiger Bruttrieb	meist zuverlässiger Bruttrieb
weißschalige Eier	gelb- bis braunschalige Eier	überwiegend braunschalige Eier

Auch das reine Rasse- oder Ziergeflügel, das überwiegend dazu gehalten wird, um auf den zahlreichen Rassegeflügelschauen die Besucher zu erfreuen und den Züchtern Ruhm und Ehre einzubringen, muss besondere Erwähnung finden: Es ist mit vielen Rassen mit ungewöhnlichen, ja skurril anmutenden Absonderheiten vertreten, angefangen von recht kurzen Beinen (Krüper) über diverse Hauben (Holländische Haubenhühner), Bärte (Eulenbarthühner), Seidenfedern (Seidenhühner), Struppfedern (Strupphühner), Schwanzlosigkeit (Kaulhühner), Lang- oder Leierschwänzigkeit (Phönix), bizarre Kammformen (La Flèche) bis hin zu Nackthalsigkeit (Nackthälse), sehr auffällig gefärbten Eiern (Araucana) oder großer Kampflust. Letztere gehören zur Gruppe der zahlreichen und beliebten Kämpferrassen, die ihren Ursprung in Asien haben (Indische Kämpfer, Malaien, Moderne Englische Kämpfer).

Das exotische Sultanhuhn ist eine ausgesprochene Zierhühnerrasse.

Zwerghuhnrassen

Große Bedeutung kommt dem Phänomen der Zwergwüchsigkeit zu, das die Zahl der Hühnerrassen bis zum heutigen Tag etwa verdoppelt hat – nämlich in Gestalt der Zwerghühner. Man unterscheidet eigenständige Zwergrassen (Urzwerge) und von den Großhühnern abgeleitete Rassen (Verzwergte).

Zwerghuhnrassen sind naturgemäß für beengte Platzverhältnisse besonders geeignet. Im Verhältnis zu den Großhuhnrassen zeigen die wirtschaftsbetonten Zwerghühner (WR) zum Teil Erstaunliches in der Lege- und Fleischleistung. Darüber hinaus sind sie im heimischen Garten für den Betrachter immer eine besondere Augenweide. Für den Einsteiger, der noch keinerlei praktische Erfahrung mit der Hühnerhaltung hat, ist sicherlich eine kleine Herde Deutscher Zwerghühner geeignet. Die Tiere sind von schlichter Eleganz, legen zuverlässig, sind wenig empfindlich und bereits seit 1917 als Rasse anerkannt.

Bei den Zwerghühnern sind die ausgesprochenen Zierrassen (ZR) besonders beliebt, wohl weil die diesen Rassen anhaftenden Absonderheiten im Miniaturformat besonders zur Geltung kommen und weil die Halter der Zierrassen zumeist nur über beschränkte Platzverhältnisse verfügen, die eine wirtschaftsbetonte Zucht ausschließen.

Auswahl an geeigneten Zwerghuhnrassen

Rasse	WR	ZR	EG	Eifarbe	KG (kg) m/w
Antwerpener Bartzwerge		✗	28	weiß bis cremefarbig	0,70/0,60
Bantam	✗		28	weiß bis cremefarbig	0,60/0,50
Bassetten	✗		40	weiß	0,90/0,80
Chabo		✗	28	beige bis cremeweiß	0,60/0,50
Deutsche Zwerghühner	✗		30	weiß bis cremefarbig	0,75/0,60
Federfüßige Zwerghühner		✗	30	weiß bis bräunlich	0,75/0,65
Holländische Zwerghühner	✗		28	weiß	0,55/0,45
Moderne Englische Zwergkämpfer		✗	30	hellbraun	0,60/0,50
Sebright		✗	30	weiß bis cremefarbig	0,60/0,50
Zwerg-Cochin		✗	35	braun	0,85/0,75
Zwerg-Altsteirer bis Deutsche Zwerg-Wyandotten		Diese Rassen entsprechen in ihren Eigenschaften und ihrem Aussehen überwiegend ihren großen "Ebenbildern".			

WR = Wirtschaftsbetonter Typ, ZR = Zierrassetyp, EG = Mindestbruteigewicht (g), KG = Körpergewicht (kg), m/w = männlich/weiblich.

Hühner- und Geflügelfreunde sind in den örtlichen Geflügelzucht- oder Kleintierzuchtvereinen organisiert und betreiben zum Teil gemeinschaftliche Zuchtanlagen. Auch das ist eine gute Möglichkeit, diesem schönen Hobby zu frönen!

Geeignete Bruthennen

Gerade wer gezielt Rassegeflügel züchten möchte, findet Rat bei erfahrenen Züchterkollegen. Dabei ist die Naturbrut immer wieder ein besonders spannendes und beglückendes Erlebnis – vor allem für Kinder. Man muss jedoch bei der Rassenauswahl von vornherein berücksichtigen, dass der Bruttrieb und der Bruterfolg bei den verschiedenen Hühnerrassen unterschiedlich ausgeprägt ist. Generell kann man davon ausgehen, dass bei den mittelschweren Rassen am ehesten eine zuverlässige Brüterin (Glucke) zu finden ist. Zu nennen sind beispielsweise die Australorps, Barnevelder, Lachshühner, Plymouth Rocks, Sundheimer (Frühbrüter), Sussex und Vorwerkhühner.

Bei den anderen Rassen, wie etwa den beliebten Deutschen Wyandotten, ist der Bruttrieb mit dem Farbschlag gekoppelt. Das heißt, Tiere mancher Farben brüten schlecht; bei den Rebhuhnfarbigen gilt jedoch der früh einsetzende Bruttrieb als Farbenschlag-

Übersicht über die Rassen und ihre Verwendung

Rasse	E	F	Z	EG	Eifarbe	KG (kg) m/w	Besonderheiten	P/S
Altsteirer			✗	55	weiß	3,0/2,5	echtes Zwiehuhn	26
Amerikanische Leghorn	✗			55	weiß	2,7/2,2	Wirtschaftstyp	
Araucana			✗	50	türkis	2,5/1,6	schwanzlos	27
Australorps			✗	55	hellbraun	3,5/2,5	sehr leistungsstark	26
Barnevelder			✗	60	dunkel- braun	3,5/2,7	vielseitig	27
Bergische Kräher	✗			56	weiß	3,5/2,5	besonderer Krähruf	
Brabanter Bauernhühner	✗			60	weiß	2,5/2,0	vital, fruchtbar	27
Brahma		✗		53	gelb/rot	5,0/4,5	Riesenhuhn	42
Brakel	✗			55	weiß	2,7/2,5	Nichtbrüter	
Cochin		✗		53	braun- gelb	5,5/4,5	sehr zutraulich	42
Deutsche Lachshühner			✗	55	gelb/ braun	4,0/3,2	fliegen wenig	43
Deutsche Langschan		✗		58	braun/ gelb	4,5/3,5	sehr robust	
Deutsche Reichshühner			✗	55	rahmgelb	3,5/2,5	stolze Erscheinung	43
Deutsche Sperber	✗			60	weiß	3,0/2,5	Nichtflieger	
Deutsche Wyandotten			✗	55	gelb/ braun	3,6/3,0	viele Farbschläge	
Dominikaner			✗	58	hellbraun	2,5/2,2	elegant	
Dorking			✗	55	weiß	4,5/3,5	Kulturgut	52
Dresdner			✗	55	gelbbraun	3,0/2,2	gute Winterleger	52
Friesenhühner	✗			52	weiß	1,6/1,3	gute Flieger	
Hamburger	✗			54	weiß	2,5/2,0	edel, lebhaft	
Italiener	✗			56	weiß	3,0/2,5	"Schulbuchhuhn"	53
Jersey Giants		✗		60	braun	5,5/4,5	großer Raumbedarf	
Kraienköppe	✗			55	weiß/ hellgelb	3,0/2,5	gute Winterleger	
La Flèche	✗			62	weiß	3,5/3,0	Hörnerkamm	
Lakenfelder	✗			50	weiß	2,0/1,7	gute Leger	
Marans		✗		65	rotbraun	4,0/3,0	Eifarbe	
Mechelner		✗		58	gelb	4,5/2,5	Tafelhuhn	53
Minorka	✗			65	weiß	3,5/3,0	stolz, elegant	
New Hampshire			✗	58	braun	3,5/2,2	schönes Farbbild	

E = Eierlieferant, F = Fleischlieferant, Z = Zwiehuhn, EG = Mindestbruteigewicht (g), KG = Körpergewicht (kg), m/w = männlich/weiblich, P/S = Porträt auf Seite

Übersicht über die Rassen und ihre Verwendung

Rasse	E	F	Z	EG	Eifarbe	KG (kg) m/w	Besonderheiten	P/S
Niederrheiner			✗	55	gelb/ hellbraun	4,0/3,0	ruhig, frühreif	
Orloff			✗	56	weiß/ braun	3,5/2,5	Federbart	
Orpington		✗		53	creme	4,0/3,5	üppiges Gefieder	
Ostfriesische Möwen	✗			55	weiß	3,0/2,5	alter Landhuhnschlag	
Plymouth Rocks			✗	58	gelb	3,5/3,0	weltweit verbreitet	
Rheinländer	✗			56	weiß	2,7/2,5	vielseitig, wetterhart	
Rhodeländer			✗	58	braun	4,0/3,0	temperamentvoll	70
Sachsenhühner			✗	55	gelb/ braun	3,0/2,5	lebhaft, frühreif	
Sulmtaler			✗	55	hellbraun	4,0/3,5	leicht zu mästen	
Sundheimer			✗	55	braun	3,5/2,5	schnellwüchsig, frühreif	71
Sussex			✗	60	gelb/ braun	4,0/3,0	wetterhart	71
Thüringer Barthühner	✗			53	weiß	2,5/2,0	federbärtig	
Vorwerkhühner			✗	55	gelb	3,0/2,5	besondere Farbgebung	
Welsumer			✗	65	dunkel-braun	3,5/2,5	hohes Eigewicht	
Westfälische Totleger	✗			53	weiß	2,5/2,0	gute Futtersucher	78

E = Eierlieferant, F = Fleischlieferant, Z = Zwiehuhn, EG = Mindestbruteigewicht (g), KG = Körpergewicht (kg), m/w = männlich/weiblich, P/S = Porträt auf Seite

merkmal. Auch bei den schweren Rassen finden wir durchweg gute Brüterinnen, wobei diese den Vorteil haben, dass man ihnen eine besonders große Anzahl Eier unterlegen kann. Die leichten Legerassen beherbergen nur selten gute Glucken in ihren Reihen. Daher empfiehlt es sich, dass man sich von den mittelschweren oder schweren Rassen im Bedarfsfall ein oder zwei Tiere in die Herde nimmt, denen man die Bruteier getrost als „Amme" anvertrauen kann.

Nicht zu vergessen die Überlegung, was mit den erbrüteten Tieren geschehen soll. Hennen lassen sich in die eigene Herde integrieren, aber ein bis viele Hähne nicht …

Altsteirer

Wer ein leichtes Legehuhn bevorzugt und eine Ader für alte Kulturrassen hat, sollte sich näher mit der Rasse der Altsteirer befassen. Wie der Name sagt, wurde dieses Bauernhuhn in der österreichischen Steiermark erzüchtet. Neben der weit verbreiteten Ursprungsfarbe Wildbraun (Henne), wobei der Hahn einem kleineren „Italiener" ähnelt, gibt es auch den weißen Farbschlag. Als besonderes Erkennungsmerkmal findet man bei Hahn und Henne hinter dem Kamm einen kecken Federschopf. Die Altsteirer sind in ihrer Heimat ein unverfälschtes Kulturgut und darüber hinaus echte Zwiehühner, die uns gleichermaßen mit Fleisch und Eiern versorgen.

Zwiehuhn	♂	♀
Gewicht	3,0 kg	2,5 kg

Araucana

Das Araucana-Huhn stammt ursprünglich aus Südamerika und ist nach einem Indianerstamm in Chile benannt. Es weist in seiner Erscheinungsform durch sogenannte Federbommeln im Kopfbereich, einer Verlängerung der Federn an den Ohrlappen sowie durch das Fehlen eines Schwanzes einige interessante Besonderheiten auf. Auch die Farbe seiner Eier, die von türkisfarben bis hin zu Blautönen changiert, gibt diesem Huhn einen nahezu exotischen Anstrich. Daher nennt man diese Rasse im Volksmund auch „Ostereier-Hühner". Darüber hinaus irritiert es den Betrachter durch gelegentliche Knurr- oder Zischlaute. Wirtschaftlich kann es durch eine beachtliche Legeleistung und ein sehr schmackhaftes Fleisch punkten; also ein Zwiehuhn mit Überraschungseffekten.

Zwiehuhn	♂	♀
Gewicht	2,5 kg	2,0 kg

Australorps

Wer ein echtes Zwiehuhn sucht, kommt an dieser noch recht jungen Rasse, die in Australien erzüchtet wurde, nicht vorbei. In der Hauptfarbe präsentieren sich diese Hühner in einem grünlichschwarz schimmernden Federkleid. Der Rumpf wird durch schwungvolle Lenden bestimmt. In ihren Adern fließt überwiegend das Blut einer schweren Mastrasse; daraus folgt die gute Mastfähigkeit und Fleischqualität. Das Eigewicht ist beachtlich, die Legeleistung hervorragend. Für den wirtschaftlich orientierten Geflügelhalter sind die Australorps sicherlich eine gute Wahl. Auch bei den Rassegeflügelschauen ist dieses Huhn zahlreich vertreten.

Zwiehuhn	♂	♀
Gewicht	3,5 kg	2,5 kg

Barnevelder

Diese wirtschaftlich interessante Rasse kommt ursprünglich aus Holland und hat sich von dort auch bei uns weit verbreitet. Sie vereint viele gute Eigenschaften wie Legeleistung, Fleischleistung und -qualität mit einer einmaligen Federzeichnung bei dem braunen Farbschlag. Hier findet man so genannte doppelt gesäumte Federn, das heißt doppelt schwarze Saumzeichnung auf braunem Grund. Eine gleichmäßige Verteilung dieses Farbmerkmals auf bestimmte Körperpartien ist das Ziel und der Stolz eines jeden Züchters. Besonders hervorzuheben sind auch die Eier mit ihrer satt dunkelbraunen Farbe und das ruhige zutrauliche Wesen der Tiere. Da sie nicht gern fliegen, ist die Haltung dieser Hühner relativ einfach.

Zwiehuhn	♂	♀
Gewicht	3,5 kg	2,7 kg

Deutsche Lachshühner

Die Lachshühner wurden zunächst auf Fleischleistung gezüchtet und tragen im Blut ihrer Ahnen unter anderem Gene der Mastrassen Brahma und Dorking. Die interessante Bartbefiederung mit Halskrause am Kopf stammt vom Houdanhuhn. Als weitere Besonderheit ist die Fünfzehigkeit zu nennen. Typisch ist vor allem das lachsfarbene Gefieder, insbesondere bei der Henne, während der Hahn eine sehr unterschiedliche Färbung besitzt. Die warme Farbgebung und die üppige Befiederung verleihen dieser Rasse eine besonders sympathische Note. Deutsche Lachshühner haben eine gute Legeleistung und eine gute Fleischfülle und -qualität. Hier vereinigen sich eine attraktive Erscheinung und eine hohe Wirtschaftlichkeit miteinander. Auf Grund ihres zutraulichen Wesens und ihres geringen Hanges zum Fliegen ist die Haltung einfach.

Zwiehuhn	♂	♀
Gewicht	34,0 kg	3,2 kg

Deutsche Reichshühner

Bereits weit vor der Zeit des Dritten Reichs wurde die Idee in die Tat umgesetzt, das Deutsche Reichshuhn zu züchten. Dieses Huhn macht seinem Namen alle Ehre mit seiner stolzen Erscheinung und seinen erhabenen Bewegungen. Es steht in der Rechteckform, getragen von kräftigen mittellangen Ständern. Dieses sehr leistungsfähige Landhuhn wird heute in vielen verschiedenen Farbschlägen gezüchtet und auf Geflügelschauen gern präsentiert. Reichshühner liefern ein gutes Tafelfleisch und reichlich Eier. Trotz ihrer stolzen Haltung sind sie sehr zutraulich und zeigen eine beachtliche Robustheit, somit sind sie auch gut für die Freilandhaltung geeignet.

Zwiehuhn	♂	♀
Gewicht	3,5 kg	2,5 kg

Dresdner

Diese Rasse ist noch relativ jung und wurde unter reinen Leistungsaspekten aus bereits bestehenden Wirtschaftsrassen erzüchtet. Die Wiege dieser Zucht liegt in beziehungsweise um Dresden. Das Ergebnis dieser konsequenten Zuchtarbeit ist ein attraktives, vitales Huhn, das inzwischen in verschiedenen Farbschlägen auf den Rassegeflügelausstellungen zu finden ist. Ursprungsfarbe waren die Goldbraunen, die ihren warmen Farbton von der Rasse New Hampshire mitbekommen haben. Die „Dresdner" zeichnen sich durch eine ideale Futterverwertung und eine besonders gute Legeleistung aus. Da sie auch recht anständige Winterleger sind, eignen sie sich außerordentlich für den wirtschaftlich orientierten Halter einer kleinen Hühnerherde.

Zwiehuhn	♂	♀
Gewicht	3,0 kg	2,2 kg

Hamburger

Das heutige Erscheinungsbild der an sich sehr alten Hamburger Rasse geht auf eine Vielzahl unterschiedlichster Erbkomponenten anderer Rassen zurück. Das Ergebnis ist ein hochedles Landhuhn mit einem variantenreichen Spektrum an Farbenschlägen, das bei Züchtern wegen seines hohen Schauwertes sehr beliebt ist. Sowohl die schlanke Körperform wie der edle Ausdruck des Kopfes mit einem schicken Rosenkamm sowie feingliedrige Läufe und ein langer voll befiederter Sichelschwanz zeugen von ganz besonderem Adel. Wer also ein lebhaftes Huhn mit fasanenartiger Anmutung in seinem Garten bewundern möchte, liegt mit dieser Rasse richtig. Darüber hinaus legen Hamburger auch fleißig Eier, sind aber nur sehr schwer zum Brüten zu bewegen.

Eierlieferant	♂	♀
Gewicht	2,5 kg	2,0 kg

Italiener

Der Hahn dieser Rasse begegnet uns bereits in früher Jugend in den Schulbüchern. Die Italienerrasse ist in ihrer Eleganz der Prototyp des Haushuhns und geht geschichtlich auf Landhühner der Römer zurück. In Deutschland wurden sie als „Leghorn“ bekannt und beliebt. Von dieser Rasse gibt es die meisten Farbvarianten beziehungsweise -schläge der Hühnerrassen überhaupt. Daher ist sie auch bei den Ziergeflügelzüchtern überaus beliebt. Für die Freilandhaltung ist die Rasse sehr gut geeignet, da die Tiere wegen ihrer Lebhaftigkeit und Mobilität in weitem Umfeld ihr Futter selbst suchen. Die Legeleistung ist gut bis sehr gut, die Mastfähigkeit sehr bescheiden. Die „Italiener" legen auch im Winter bei guten Bedingungen fleißig Eier.

Legehuhn	♂	♀
Gewicht	3,0 kg	2,5 kg

Rhodeländer

Diese Rasse stammt ursprünglich aus den USA und hat als ausgeprägtes Wirtschaftsgeflügel rasch ihren Siegeszug um die Welt angetreten. Mit ihrem mahagonifarbenen, glänzenden Gefieder und ihrem rechteckigen Körperbau wirken die Rhodeländer äußerlich wie sie sind, nämlich sehr robust und wetterhart. Darüber hinaus verfügen sie über eine hervorragende Legeleistung. Die Küken sind frohwüchsig und vital sowie gut mastfähig. Wegen ihres ausgeprägten Temperaments und ihrer Beweglichkeit im Gelände ist ein stabiler Zaun um den Auslauf sehr wichtig. Andererseits sind sie sehr gute Futtersucher und –verwerter, was einem bei einem weitläufigen Auslauf einiges an Futterkosten sparen dürfte. Die Hähne sind zum Teil sehr wehrhaft.

Zwiehuhn	♂	♀
Gewicht	4,0 kg	3,0 kg

Sulmtaler

Das Sulmtaler Huhn ist ein derbes Bauernhuhn, das ursprünglich auf den Höfen der Steiermark beheimatet war. Seine beeindruckende Erscheinung verdankt dieser Landhuhntyp Einkreuzungen mit Dorking, Cochin und Haudan. Das ergab zunächst die sogenannten „Steirischen Masthühner", die später zum heutigen Rassestandard des Sulmtaler veredelt wurden. Vom Cochin hat es die Masse geerbt, vom Dorking den rechteckigen Körper und die relativ kurzen Ständer; vom Haudan schließlich den kleinen Federschopf und die gute Fleischqualität. Trotz seiner Robustheit ist das Sulmtaler eine attraktive Erscheinung in unserem Garten und zudem ein ausgezeichneter Futterverwerter.

Fleischbetontes Zwiehuhn	♂	♀
Gewicht	bis 4,0 kg	bis 3,5 kg

Sundheimer

Dieses Huhn muss man zu den deutschen Kulturrassen zählen. Als echte Zwiehuhnrasse vereinigt es eine ganze Reihe positiver Eigenschaften in sich und ist damit für den Hobbyhalter eine besonders gute Wahl. Da es diese Rasse nur in einer hellen Farbvariante gibt, ist sie als Schauhuhn nicht sehr verbreitet, obwohl sie eine ansprechende Erscheinung besitzt. Der Ursprung dieses typischen Landhuhns ist im Badischen bei Kehl am Rhein zu suchen. Zuchtziel war ein Tier, das vor allem für Mastzwecke geeignet war. Die Fleischfülle ist dementsprechend gut ausgeprägt und das Fleisch von hoher Qualität. Die Legeleistung ist sehr gut, die Küken sind frohwüchsig und frühreif. Besonderer Vorteil: Auch im Winter legen Sundheimer fleißig Eier.

Zwiehuhn	♂	♀
Gewicht	3,5 kg	2,5 kg

Sussex

Bei den Sussex handelt es sich um eine alte, in England entstandene Rasse, die ursprünglich auf Fleischleistung gezüchtet war, heute jedoch eine sehr gute Legeleistung aufweist. Typisch ist die waagerechte Rückenlinie und der kastenförmige Rumpf. Auf den Geflügelausstellungen trifft man verschiedene Farbschläge dieser Rasse. Hervorzuheben ist besonders die Wetterhärte und Robustheit dieses wohlproportionierten Huhns. Die Rasse ist daher für die Freilandhaltung hervorragend geeignet. Die Küken sind frohwüchsig und dankbare Futterverwerter. Gelobt wird auch die gute Qualität des Fleisches und die reichliche Fleischausbeute.

Legehuhn	♂	♀
Gewicht	4,0 kg	3,0 kg

Thüringer Barthühner

Ihren Ursprung hat diese Landrasse im Thüringer Wald, wo schon vor über 200 Jahren Haubenhühner mit Federbart heimisch waren. Diesen in der heutigen Zuchtform edlen Landhuhntyp kann man in zahlreichen Farbvarianten bewundern. Attraktiv und beliebt sind die getupften Farbenschläge, wobei z.B. auf einer braunen Grundfarbe der Federn am Federende ein schwarzer Farbtupfer prangt. Sehr dekorativ wirkt auch der „Bart“, der von hochwachsenden Federn um den vorderen Hals- bzw. Kopfteil gebildet wird und die Kehllappen und Ohrscheiben verdeckt. Dazu variiert die Farbe der Ständer mit der Gefiederfarbe. Diese Rasse ist gern bei jeder Witterung im Freien unterwegs und sucht sich emsig sein Futter selbst. Auch die Legeleistung ist beachtlich und rundet die attraktiven Eigenschaften positiv ab.

Eierlieferant	♂	♀
Gewicht	2,5 kg	2,0 kg

Welsumer

Sowohl die großen Welsumer als auch ihre Zwergform sind bei den Züchtern sehr beliebt, die besonderen Wert auf Eleganz und Wirtschaftlichkeit einer Rasse legen. Der rebhuhnartige Farbschlag ist am weitesten verbreitet. Später kam noch ein orangefarbiger Schlag hinzu. Der Körper dieses schmucken, lebhaften Zwerglandhuhns ist lang gestreckt und ähnelt in der Form einem Rugbyball. Die Befiederung und Färbung des Hahns sieht fast so aus wie bei dem typischen „Italiener". Bekannt sind diese Zwerghühner für ihre gute Legeleistung und für ihre verhältnismäßig großen Eier. So erreicht das Eigewicht einer erwachsenen Zwerghenne mit etwa 50 g das eines großen Huhns, und das mit weit weniger Futteraufwand und Platzbedarf.

Zwiehuhn	♂	♀
Gewicht	3,25 kg	2,5 kg

Westfälische Totleger

Diese Rasse zählt zu den so genannten Sprenkel- oder Möwenhühnern, die schon vor anderthalb Jahrhunderten als Landhühner in den norddeutschen Küstengebieten gehalten wurden. Die Westfälischen Totleger gehören heute zu den rosenkämmigen Landhühnern und werden in einer silber- und einer goldfarbigen Variante gezüchtet. Typisch bei der Henne ist die fast waagerechte, leicht abfallende Rückenlinie und die feingliedrigen Ständer, beim Hahn der schön gesichelte Schwanz. Diese Rasse aus Westfalen eignet sich dank ihrer Lebhaftigkeit und Beweglichkeit sehr gut für eine weitläufige Freilandhaltung. Die Tiere sind ausgesprochen wetterhart und robust, zeigen eine sehr gute Legeleistung und gute Aufzuchtergebnisse mit frohwüchsigen Küken.

Eierlieferant	♂	♀
Gewicht	2,5 kg	2,0 kg

Zwerg-Cochin

Eine besondere Augenweide sind diese sehr zutraulichen echten Zwerghühner. Mit ihrer recht fülligen Form und den gefiederten Zehen gleichen sie einem hübschen „Federbällchen“, wie sie auch liebevoll genannt werden. Sie werden in allen erdenklichen Farbenschlägen gezüchtet und lassen daher einen weiten Spielraum für jeden Geschmack. Mit ihrem ruhigen Wesen verkörpern sie den Typus des gemütlichen Gartenhuhns mit Familienanschluss. Sie sind rasen- und nervenschonend, legen dafür aber nicht so besonders viele Eier. Wegen der bauschigen Federstruktur und einem hohen Anteil an Flaumfedern ist bei der Haltung auf einen möglichst trockenen und sauberen Untergrund zu achten, da die Hühnchen sonst leicht verschmutzen.

Zierhuhn	♂	♀
Gewicht	0,85 kg	0,75kg

Zwerg-Wyandotten

Diese Rasse ist nicht nur äußerst beliebt, sondern erfahrungsgemäß auch besonders für die Anfänge einer kleinen Hühnerhaltung sehr gut geeignet. Doch Vorsicht, zunächst besteht die Qual der Wahl aus dem breiten Strauß an Farbenschlägen, denn das Angebot ist überreichlich. Wer sich für diese Rasse entscheidet, erblickt vor sich ein Huhn mit schönen, geschwungenen Linien und einer üppigen Befiederung. Dazu passt die ausgesprochene Zutraulichkeit der Tiere, die den Umgang vor allem für Kinder und Jugendliche sehr erleichtert. Auch die Nachzucht bereitet selten Probleme. Die Tiere sind fruchtbar, die Küken frohwüchsig und Eier gibt es auch. Zwerg-Wyandotten (korrekter Name: Deutsche Zwerg-Wyandotten) kommen mit bescheidenen Platzverhältnissen zurecht.

Zwiehuhn	♂	♀
Gewicht	1,0 kg	0,9 kg

Wohnen und Schlafen – Hühnerstall und Auslauf

Eine besonders artgerechte Hühnerhaltung, die sich nicht überwiegend an ökonomischen Zielrichtungen orientieren muss, ist eine gelungene Verbindung von Stall- und Auslaufhaltung. Diese Haltungsform kommt dem Bestreben des Hobby- und Rassegeflügelzüchters sehr entgegen, seine Tiere unter freiem Himmel und unter natürlichen Bedingungen erleben zu können.

Hühner benötigen unter unseren klimatischen Bedingungen Schutz vor den Unbilden der Witterung, vor allem vor Kälte und Schnee im Winter. Erwartet man von ihnen in der kalten Jahreszeit auch noch entsprechende Leistung in Form von Eiern, muss man ihnen einen trockenen, winddichten und isolierten oder auch klimatisierten Stall anbieten. Im Stall finden unsere Schützlinge Unterschlupf, können sich ausreichend bewegen, Futter und Wasser aufnehmen und schließlich auch Eier legen. Ein solch angenehmer Ort kommt dem Halter der Tiere gleichermaßen entgegen, da er dort seine Tiere füttern, pflegen und beobachten kann. Dazu gehört auch, dass er dort das Futter, die benötigte Einstreu, verschiedene Gerätschaften und die Stallapotheke unterbringen kann.

In der wärmeren Jahreszeit lieben es die Hühnervögel besonders, außerhalb des geschlossenen Stalls ihr Futter zu suchen, ausgiebig zu scharren, das Areal neugierig zu erkunden oder in der Sonne liegend Siesta zu halten. Dazu benötigen sie einen entsprechend abgegrenzten und eingezäunten Auslauf, der möglichst dicht an den Stall anschließen und in mehrere Zonen unterteilt sein sollte. Hier an der frischen Luft und unter freiem Himmel wird sich für den Betrachter die Freude an der Hühnerhaltung erst recht entfalten.

Eine Idylle, wie man sie nur noch selten findet.

Was beim Stallbau zu beachten ist

- *Unterliegt der Stallbau einer behördlichen Genehmigungspflicht?*
- *Wie soll die Stallgröße bemessen sein?*
- *Welches Baumaterial soll verwendet werden?*
- *An welchem Standort soll der Stall gebaut werden?*
- *Soll es ein einfacher Kaltstall oder ein isolierter Stall mit Stromversorgung und Heizmöglichkeit sein?*
- *Soll ein Geräte- und Lagerraum integriert werden?*

Für die bauliche Gestaltung eines Hühnerstalls haben wir einen erfreulich großen Spielraum. Beginnend mit der Wahl des Baustoffs (z.B. Holz oder Stein) über die architektonischen Aspekte (z.B. Satteldach oder Pultdach) bis hin zur technischen Ausführung im Detail ist alles möglich. Wir sollten uns nur bereits im Vorfeld darüber klar werden, welchen Anspruch wir für uns und unsere Hühner verfolgen möchten. Eine wichtige Entscheidung, die wir dabei vor Beginn der Bauphase noch zu treffen haben, ist die Wahl des Standorts.

Der geeignete Standort

Der Stall sollte an einem möglichst trockenen Ort errichtet und am Rande des Auslaufs platziert werden. Ein trockener Platz mit niedrigem Grundwasserstand garantiert immer einen trockenen Stallboden und ein entsprechend trockenes Stallumfeld. Bei einer Platzierung am Rande des Auslaufs muss man nicht immer den Auslauf queren, wenn man den Stall betreten will. Darüber hinaus sollte man den Stall mit Blick auf die Himmelsrichtung so ausrichten, dass auch die tief stehende Sonne im Winter durch die Fensterfront Licht und Wärme in den Stall bringen kann. Das heißt, die Fensterfront sollte nach Süden oder nach Südosten gerichtet sein.

Ein windgeschützter Eingang ist wichtig.

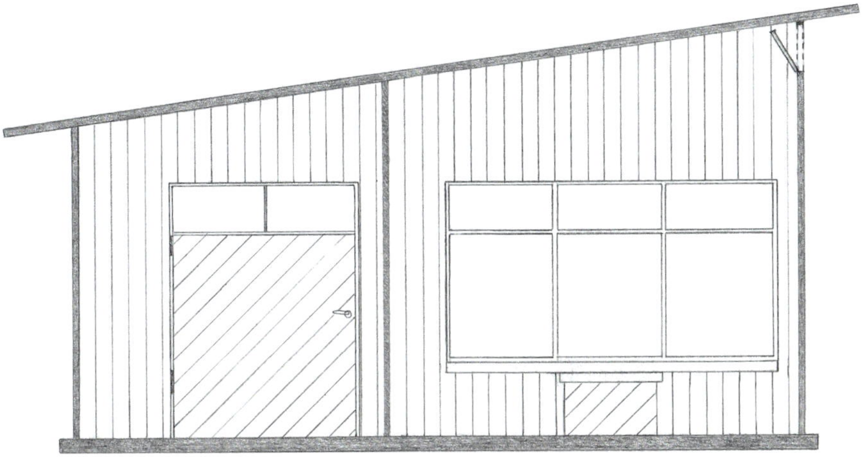

Hühnerhaus in Seitenansicht mit Tür zum Vorraum und großem Fenster für den Stall.

Baumaterial

Die Wahl des Baumaterials richtet sich nach Verfügbarkeit, Kosten und Größe des Projekts. In der Regel wird sich Holz als geeignetes Material anbieten, bei größeren Projekten auch Steine und Beton. Holz ist ein typisches Material für den versierten Heimwerker und daher sicher der am häufigsten verwendete Werkstoff im Bereich der Hobby- und Ziergeflügelhaltung. Bau- und wärmetechnisch kann man mit Holz oder Steinen und Beton gleichermaßen gute Lösungen erzielen. Am Ende ist es oft eine Frage des Geschmacks, welcher Baustoff sich in das Bild des heimischen Gartens am besten einfügen lässt.

Einige Richtwerte zum Stall

- *Stallgröße*
  1 m² für 3-4 Tiere
- *Auslaufgröße*
  10-20 m² je Tier
- *Legenester*
  1 Nest für 3-4 Tiere
- *Troglänge*
  12-15 cm je Tier
- *Sitzstangen*
  1 m für 4-5 Tiere
- *Relative Luftfeuchte*
  50-70 %

Die konstruktiven Details

Sind die hier aufgeführten Fragen beantwortet, kann der Bau beginnen. Beispielhaft beschrieben wird der Bau eines isolierten Hühnerhauses in Holzbauweise als Heimstatt für zwölf Großhühner mit Hahn und einem integrierten Vorraum (für Gerätschaften und zur Einlagerung von Einstreu und Futtervorräten). Das ist von den verschiedenen Möglichkeiten das aufwendigste Projekt, von dem sich leicht einfachere Bauweisen ableiten lassen. Es sei jedoch davor gewarnt, den Stall zu klein und zu primitiv zu bauen, da man dann, insbesondere in der unwirtlichen Jahreszeit, Gefahr läuft die Freude an der Pflege der Schützlinge zu verlieren.

Man beginnt den Bau mit einem einfachen Betonfundament auf einer Kiesschüttung oder entsprechenden Fundamentstreifen aus Beton, in die man auch gleich die Verankerungen für die Holzwände integrieren sollte.

Den Boden des Stalls können wir in verschiedener Weise ausführen. Wichtig ist, dass das Stallbodenniveau 20 bis 30 Zentimeter über dem natürlichen Geländeniveau liegt, damit der Stallboden auch bei starken Regenfällen trocken bleibt. Eine geschlossene Betonplatte als Bodenabschluss erleichtert die Reinigung und Desinfektion des Stalls. Sie ermöglicht jedoch keinen Gasaustausch mit dem Unterboden. Dies ist zum Beispiel der Fall bei Verwendung von gebrannten Ziegeln auf einem Sandbett, die mit Kalkmörtel verfugt werden – ähnlich wie in einem guten Weinkeller. Die Wände werden in Sandwich-Bauweise gefertigt, das heißt, zwischen der tragenden Holzkonstruktion wird die Isolierung angebracht. Innen und außen werden die Wände mit Holzbrettern verkleidet. Auf der Innenseite empfehlen wir möglichst gehobelte Bretter oder entsprechende Platten, um eine glatte und winddichte Fläche zu erhalten, die leicht zu reinigen und zu desinfizieren ist. Außen können wir sägeraue Bretter verwenden, die wir beispielsweise senkrecht überlappend als so genannte Deckelschalung anbringen. Das Dach kann man als Sattel- oder Pultdach ausführen, je nach Geschmack und örtlichen Gegebenheiten. Vorteilhaft ist auch hier eine Isolierung gegen extreme Kälte oder sommerliche Hitze. Von der Dachkonstruktion abhängig ist das Material für die Dacheindeckung (zum Beispiel Ziegel, Schindel, begrüntes Dach); abzuraten ist von einer einfachen Abdichtung mit Bitumenpappe, da eine solche Eindeckung erfahrungsgemäß nach wenigen Jahren an verschiedenen Stellen zunächst unmerklich undicht wird und das Dach von innen zu modern beginnt. Satteldächer haben den Vorteil, dass man den Giebelraum eventuell als Lagerstätte nutzen kann. Pultdächer sind in der Regel einfacher zu bauen.

Im Halbschatten fühlen sich unsere Hühner besonders wohl.

Gesundes Stallklima

Ein wesentliches Element für das Wohlbefinden unserer Tiere ist das Stallklima. Ausreichend Luft und Licht sind Grundbedürfnisse, die optimal erfüllt sein sollten. Hühnervögel benötigen auf ihre Körpermaße bezogen mehr Sauerstoff als andere Nutztiere. Diesen Anspruch müssen wir beim Stallbau konstruktiv berücksichtigen. Bei kleineren Beständen sind keine techni-

Ein Kleinststall Marke Eigenbau, der alle Bedürfnisse erfüllt.

schen Hilfsmittel wie Elektroventilatoren erforderlich. Hier reicht der Einbau diverser Be- und Entlüftungsklappen aus. Dabei macht man sich das physikalische Phänomen zunutze, dass kalte Luft auf den Boden sinkt und erwärmte Luft aufsteigt. Diesem Prinzip der Schwerkraftlüftung folgend installiert man zum Beispiel bei einem Pultdach an der niedrigeren Rückwand im oberen Teil entsprechende Lüftungsschieber oder Lüftungsklappen. Diese führen über einen Kanal zwischen den Sparren frische Luft in den Stall, die sich dann von der Stalldecke nach unten hin verteilt. Als Gegenstück bringt man im oberen Teil der vorderen Wand ebenfalls Schieber oder Klappen an, über welche die verbrauchte warme Luft entweichen kann. Statt der Schieber können wir im vorderen Teil auch entsprechend konstruierte Fensteröffnungen benutzen.

Licht ist ein weiteres wesentliches Grundbedürfnis für ein Lebewesen. Das natürliche Sonnenlicht kostet keinen Cent und dient noch dazu als Wärmequelle. Für gute Lichtverhältnisse baut man ein ausreichend großes Fenster an der vorderen Stallseite ein. Die Größe sollte etwa ein Drittel der Bodenfläche betragen, um den Stall optimal auszuleuchten und der Sonne auch Gelegenheit zu geben, ihre biologisch aktivierenden und gleichzeitig Bakterien hemmenden Strahlen in jeden Winkel des Stalls zu bringen. Als Beschattungsmöglichkeit für heiße Sommertage oder Kälteschutz für lange Winternächte ist es sicherlich vorteilhaft, wenn wir Klappläden an den Außenwänden anbringen. Darüber hinaus sollte das Fenster so ausgeführt sein, dass es im oberen Teil in Kippstellung

Faustregeln für die Lüftung

- *Be- und Entlüftungsklappen beziehungsweise -schieber grundsätzlich in unterschiedlicher Höhe anbringen, dabei müssen die Entlüftungsklappen höher liegen.*
- *Lieber zahlreiche kleine Lüftungseinheiten als eine große durchgehende Klappe oder ein großes Fenster; dadurch bessere Abstimmungsmöglichkeiten auf Bestandsdichte und Witterung.*
- *Keine Lüftungseinrichtung ohne Schutz vor Fliegen, „Mitessern“ oder Räubern, wie Spatzen, Mäuse, Ratten oder Marder.*
- *Möglichst einfache Handhabung, die auch im Winter gut funktioniert.*
- *Zugluft unbedingt vermeiden!*

Richtmaße für Sitzstangen und Kotbrett

- *Abstand der Sitzstangen untereinander 35-40 cm*
- *Breite der Sitzstangen 4-6 cm*
- *Länge der Sitzstangen je Tier 20-25 cm*
- *Maximale Tiefe des Kotbretts 150 cm*

gebracht werden kann (siehe Lüftung). Für den Fall, dass man das Fenster in den heißen Sommermonaten komplett entfernt, muss an der Innenseite ein Drahtgitter vor dem Fenster angebracht werden, um die Verletzungsgefahr für aufgeschreckte Hühner zu verringern und gleichzeitig als Schutz gegen das Eindringen anderer Tiere.

Neben einer solchen perfekten „Neubaulösung“ besteht jedoch durchaus die Möglichkeit einen Hühnerstall in bereits bestehenden Nebengebäuden oder in einem nicht mehr genutzten Gartenhäuschen unterzubringen, dies vor allem, wenn es sich um eine besonders kleine Herde von vier bis sechs Tieren handelt. In manchen Situationen bietet sich auch der Bau eines kleineren tragbaren und versetzbaren Hühnerhauses an. Für welche Lösung wir uns auch entscheiden, die hier und im Folgenden genannten Grundbedürfnisse des Huhns sollten möglichst weitgehend berücksichtigt werden.

Optimale Stalleinrichtung

Einen großen Teil ihres Lebens verbringen die Hühner im Stall. Daher muss man diesen engen Lebensraum ihren Bedürfnissen entsprechend gestalten. Das heißt, man benötigt einen strukturierten Raum, in dem die Tiere all das ausleben können, was ihrem Naturell entspricht, also Scharren, Picken, Ruhen, Flügelschlagen, Sandbaden, Abkoten, Nahrung und Wasser aufnehmen, Eier legen sowie Brüten und Küken aufziehen.

Sitzstangen. Hühner bevorzugen für die Nacht einen erhöhten Ruheplatz. In ihrem natürlichen Lebensraum würden sie einen Ast in einem Gebüsch oder einem Baum aufsuchen, um vor ihren natürlichen Feinden geschützt zu sein. Diesem angeborenen Verhalten kommt man entgegen, wenn man ihnen Sitzstangen anbietet. Diese werden üblicherweise über der so genannten Kotgrube oder einem Kotbrett angebracht, zumal sie von dieser erhöhten Warte gerne etwas fallen lassen, das man auf diese Weise konzentriert sammeln und einfach entsorgen kann. Das hält die Einstreu weitgehend sauber und reduziert mögliche Krankheitskeime im Scharrraum.

Die Sitzstangen und das Kotbrett sollten herausnehmbar sein, damit man sie in regelmäßigen Abständen gut säubern und desinfizieren kann. Auch eine Kotgrube, deren oben offener Teil mit einem Drahtgitter abzudecken ist, sollte zerlegbar konstruiert sein. Die Sitzstangen sollten glatt gehobelt sein und einen rechteckigen Querschnitt besitzen, wobei die oberen Kanten abzuschrägen sind, um Ballengeschwüre zu vermeiden. Man kann die Sitzstangen mit dem Kotbrett sehr schön zu einem abgeschlossenen Schlafabteil zusammenfassen, indem man an der Vorderseite ein Kunststoffrollo anbringt, das man vor allem in der kalten Jahreszeit schließt, um den Schlafplatz der Tiere einigermaßen temperiert halten zu können.

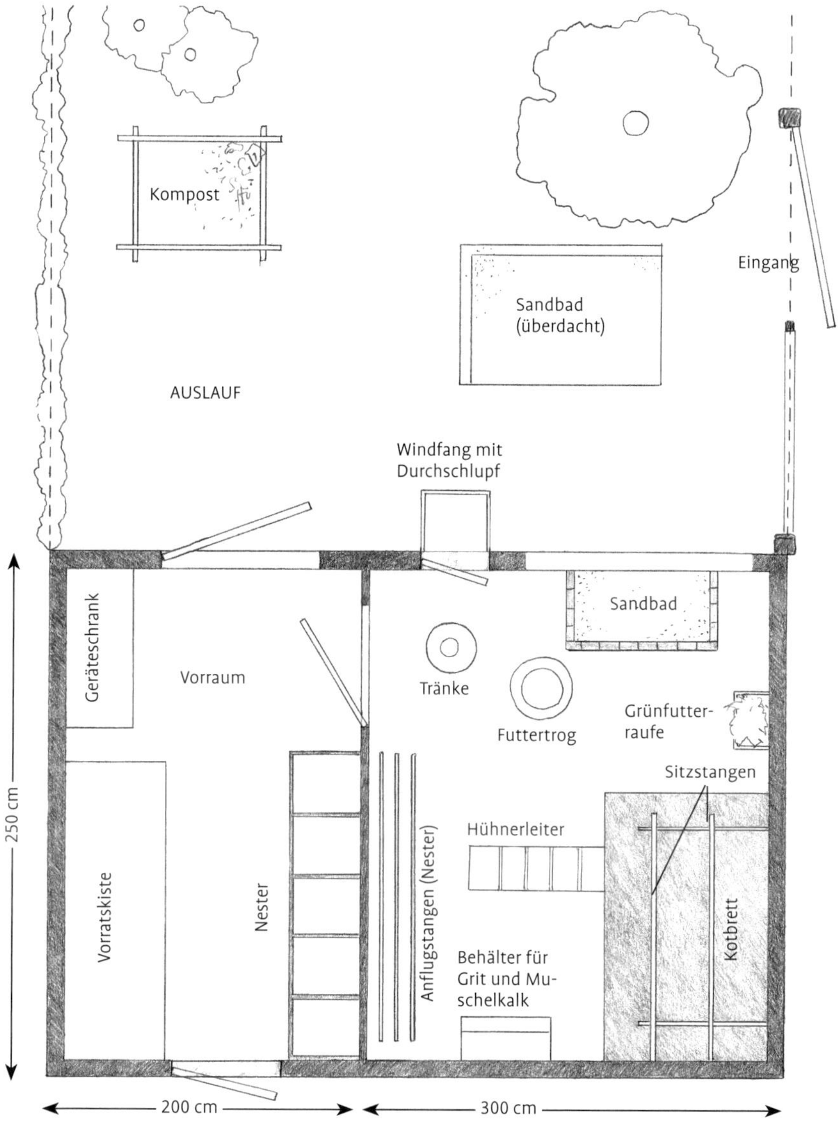

Alle Strukturelemente eines solchen Hühnerheims kommen den Bedürfnissen unserer Hühner optimal entgegen.

Was ist bei der Stalleinrichtung zu beachten?

- *Die Einrichtungsgegenstände und Einbauten müssen einfach konstruiert und funktionsgerecht sein.*
- *Die Gegenstände und Einrichtungen sollten leicht demontierbar und gut zu reinigen sein.*
- *Möglichst glatte Oberflächen sind von Vorteil, um einen guten Desinfektionserfolg zu gewährleisten.*
- *Unzugängliche Stellen und Ritzen, in denen sich Vogelmilben einnisten können, sollte man vermeiden; dies gilt besonders für den Schlafbereich der Tiere.*

Nester. Hühnervögel legen ihre Eier gerne an einer geschützten, halbdunklen Stelle mit weichem Untergrund. Diesem Anspruch kann man gerecht werden, indem man ihnen ein entsprechendes Nest anbietet. Sie sollten jedoch nicht enttäuscht sein, wenn manche Tiere Ihre Bemühungen nicht gleich honorieren und ihre Eier in die Einstreu oder in das Sandbad legen. Neu hinzugekommene oder frisch legende Hennen müssen sich erst an das Nest gewöhnen. Auch brütig werdende Hennen neigen sehr dazu ihre Eier zu

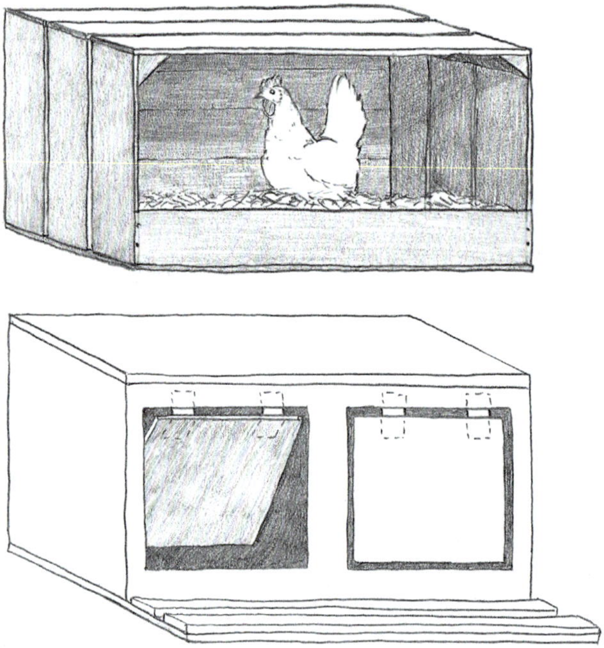

Einfachnest (oben), Fallnester (unten).

verstecken, um sie unserem täglichen Zugriff zu entziehen. Sollen die Tiere also unsere „Hilfen“ annehmen, muss man die Nester attraktiv gestalten und günstig platzieren. Dazu reicht in der Regel ein dreiseitig umschlossener Kasten mit einem Deckel, der mit weichem Material (Hobelspäne, Strohhäcksel) eingestreut ist. Die offene Front ist im unteren Bereich mit einem Abschlussbrettchen zu versehen, damit die Einstreu nicht herausfallen kann. Platzieren sollten wir die Nester möglichst nicht dem Fenster zugewandt und etwas abseits von der Aktivitätszone. Ideal ist es, wenn wir die Nestkörper außerhalb des eigentlichen Stallareals anbringen, integriert in die Abtrennungswand zum Geräteraum mit einer Klappe zur Eientnahme an der Nestrückwand. Auf diese Weise muss man den Stallraum zum Eiersammeln nicht betreten und die Nester beanspruchen keinen unnötigen Platz. In jedem Fall sollte man nicht vergessen vor den Nestern eine Anflugstange anzubringen, damit die Tiere ihre Nesthöhle bequem erreichen können.

Neben diesen einfachen Nestern werden von Züchtern gerne sogenannte Fallnester verwendet. Bei diesem Nesttyp wird die Henne bei der Eiablage durch eine Klappe an der Vorderseite des Nests gefangen und muss von Hand wieder in die Freiheit entlassen werden. Dadurch kann der Züchter das Ei der jeweiligen Henne exakt zuordnen und entsprechend kennzeichnen. Beide Nesttypen können sowohl mit Einstreu oder einem Abrollboden mit darunter befindlicher Schublade versehen werden, aus der man das Ei entnehmen kann. Schließlich werden in größeren Beständen auch

Einige Zahlen zum Bau von Nestern

Grundmaße für Einzelnester (in cm)	Breite	Tiefe	Höhe
schwere Rassen	30	35	40
leichte Rassen	20	35	40
Zwerghühner	15	25	30
Verhältnis Tierzahl zu Einzelnest	3–5 Tiere pro Nest		
Verhältnis Tierzahl zu Gruppennest	60–100 Tiere pro m² Nestraum		

Gruppennester verwendet, bei denen die Eiablage zum „Gruppenerlebnis“ für die Henne wird.

Futter- und Tränkebehälter. Voraussetzung für eine gute Legeleistung ist nahrhaftes Futter und sauberes Wasser. Um den Tieren diese Grundlagen in der erforderlichen Qualität anbieten zu können, benötigt man spezielle Futter- und Tränkebehälter. Im Prinzip reichen dafür einfache Holz- oder Steintröge und eine Schüssel, doch ist der Aufwand für die regelmäßige Reinigung und die Gefahr der Futtervergeudung durch Herausscharren sehr groß. Bewährt haben sich daher im Fachhandel erhältliche Futter- und Wasserbehälter, die konstruktionsbedingt die Futterverluste in Grenzen halten und sauberes Wasser garantieren. Entscheiden wir uns für entsprechende Vorratsautomaten, haben wir sogar die Möglichkeit, die Tiere für einige Tage durchgehend zu versorgen. Ein freundlicher Nachbar wird dann sicherlich bereit sein, zur Kontrolle täglich einen Blick in den Stall zu werfen. Als besonders geeignet haben sich Rundfutter- und Rundtränkeautomaten erwiesen, die man mit Hilfe einer Kette an der Stalldecke befestigt und individuell in der Höhe über dem Stallboden aufhängen kann. Allerdings sollte die ringförmige Tränkerinne des Wasserautomaten regelmäßig gereinigt werden.

Neben dem üblichen Körnerfutter oder Futterschrot sollten wir den Tieren gerade in den Wintermonaten auch Behältnisse für Grünzeug als Vitaminspender und Grit beziehungsweise zermahlene Muschelschalen als Verdauungshilfe und zur Kalkversorgung zur Verfügung stellen. Hier reichen jedoch einfache selbst angefertigte Futterraufen und Vorratsbehälter völlig aus.

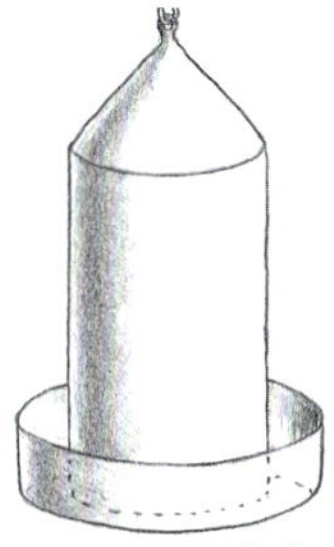
Tränkebehälter

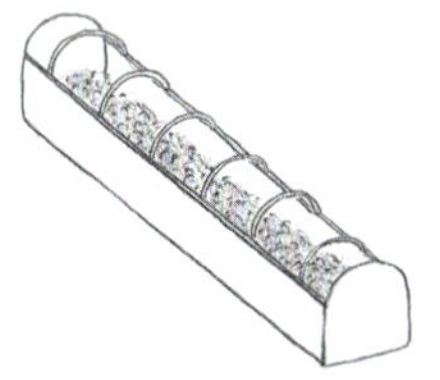
Futtertrog

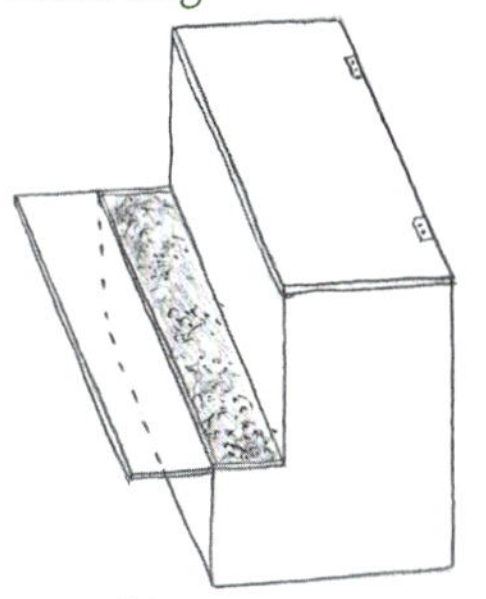
Futterkiste

Ein Sandbad oder ein Bad in trockener Erde dient dem Wohlbefinden und hilft gegen lästige Plagegeister (Parasiten).

Aufsaugvermögen von Einstreumaterial je 100 kg

- *Hobelspäne 145 kg*
- *Sägespäne 152 kg*
- *Weizenstroh 257 kg*
- *Roggenstroh 265 kg*
- *Haferstroh 275 kg*

Scharrraum. Die eingestreute Bodenfläche, auf der sich die Hühner bewegen, bezeichnet man als Scharrraum, weil die Tiere hier gern ihrem arteigenen Bedürfnis nachgehen und in der Einstreu scharren und picken. Die Einstreu sollte, um den Druck von Krankheitserregern möglichst niedrig zu halten, regelmäßig aufgefrischt und zwei- bis dreimal im Jahr komplett erneuert werden. Da Hühner durch das häufige Absetzen von Exkrementen immer neue Feuchtigkeit in die Einstreu bringen, sollte das Einstreumaterial stark saug- und bindungsfähig sein. Geeignet sind Hobel- und Sägespäne sowie Strohhäcksel, Leinstroh, Dinkelspreu etc. Durch die regelmäßige Ergänzung der Einstreu wird das Erkundungsverhalten und Scharren der Tiere angeregt. Dadurch wird das Material gemischt und durchlüftet und der mikrobielle Abbau der Exkremente gefördert, das wiederum der Stallhygiene und damit der Gesundheit von Tier und Mensch förderlich ist.

Sandbad. Unsere Tiere benutzen die Einstreu auch gerne für ein ausgiebiges Staubbad, wenn sie trocken und locker ist. Man kann den damit verbundenen Sinn der Parasitenbekämpfung verbessern, wenn man ihnen in einer Ecke des Stalls ein separates Sandbad einrichtet. Dazu reicht eine flache Kiste mit etwa 40×40 Zentimeter Grundfläche, die mit einer Mischung aus feinem Sand und eventuell ein wenig Asche aus dem Holzofen gefüllt ist. Sie sollte ein klein wenig erhöht stehen, damit nicht allzu viel Einstreumaterial in das Sandbad eingetragen wird.

Kaltscharrraum

Als ideale Ergänzung zum geschlossenen Stall und als Übergang zum Auslauf bietet sich der Bau eines Kaltscharrraumes an. Gemeint ist ein überdachter Vorraum mit befestigtem Untergrund, der möglichst an der Längsseite des Stalles angebracht sein sollte und an allen drei offenen Seiten von einem engmaschigen Drahtgeflecht bis unter die Dachkante eingefasst ist. Der Boden dieser überdachten „Veranda“ sollte mit Hobelspänen, Kurzstroh oder anderem geeigneten Material eingestreut sein, in dem unsere Hühner nach Herzenslust an der frischen Luft scharren können. An einer Seite sollte eine ausreichend große Tür angebracht sein, durch die bei Bedarf die verschmutzte Einstreu leicht ausgewechselt werden kann.

Ein solcher Scharrraum ist eine sehr schöne Möglichkeit, unsere Hühner auch bei schlechter Witterung ins Freie lassen zu können, ohne den Auslauf zu belasten. Darüber hinaus ist eine solche Option von besonderer Bedeutung, wenn z.B. das örtliche Veterinäramt eine länger andauernde Stallpflicht wegen Seuchengefahr – wie etwa der Vogelgrippe – verhängt. Dadurch soll verhindert werden, dass unsere Hühner mit Wildvögeln und deren Ausscheidungen in Kontakt kommen können.

Auslauf

Am schönsten ist es sicherlich, wenn man seine Tiere unter freiem Himmel auf frischem Grün laufend und ruhend beobachten kann. Es sind dies Augenblicke der Ruhe und des Bewusstseins, mit der Natur im Einklang zu stehen. Wenn wir diese Momente möglichst oft genießen wollen, richten wir für unsere Hühner einen Auslauf her, der für eine optimale Gestaltung gewisse Grundvoraussetzungen erfüllen sollte:

- Der Flächenbedarf ist auf mindestens 10 Quadratmeter pro Huhn auszurichten.
- Die Einzäunung muss das Entweichen der Hühner zuverlässig verhindern und Schutz vor Räubern bieten.
- Der Auslauf sollte Schatten spendende Bäume und Büsche enthalten.
- Der Wurzelbereich kleinerer Bäume sollte vor dem Scharren der Hühner geschützt werden.
- In einer separaten Kompostlege sollten die Tiere Gelegenheit haben, Grünzeug und Obstreste zu verwerten.
- Ideal für den Bewuchs sind verschiedene Gräser und Kräuter, die eine gute Futtergrundlage bieten.
- Der Auslauf sollte immer eine geschlossene Grasnarbe besitzen und gelegentlich gemäht und nachgesät werden.
- Es ist von Vorteil, wenn der Auslauf unterteilt werden kann, damit sich der Bewuchs zwischenzeitlich erholen kann.
- Die Anlage eines überdachten Sandbads ist sehr zu empfehlen, da so auch die Grasnarbe geschützt wird.
- Der Auslauf sollte windgeschützte Bereiche besitzen.

Die sinnvolle Ausgestaltung

Einen guten Auslauf anzulegen, der von den Hühnern über die ganze Fläche angenommen wird, ist nicht einfach. Um eine ideale Verteilung der Tiere zu erreichen, damit zum Beispiel Kahlstellen im Bewuchs oder eine Konzentration von Exkrementen an bestimmten Stellen vermieden werden, muss das Gelände in allen Bereichen attraktiv strukturiert werden. Dazu gehört, dass man kleine Bäume und Sträucher harmonisch anordnet, denn das Huhn ist ursprünglich ein Gebüschbewohner und meidet große freie Flächen. Dazu kommen sollte ein abwechslungsreiches Nahrungsangebot in Form eines vielfältigen Gras- und Kräuterbewuchses, der gleichzeitig Aufenthaltsort für zahlreiche Insekten bietet und so die Tiere animiert, die ganze Fläche nach neuen Leckerbissen abzusuchen.

Gerne angenommen wird beispielsweise eine Kompostlege, die man immer wieder mit Gemüse-, Gras- und Obstabfällen füllt. Die Hühner werden dieses Material liebend gern zu gutem Kompost

Ein gepflegter Auslauf und die passende Hühnerrasse sind ideal für eine dichte Grasnarbe.

verarbeiten helfen. Nicht fehlen darf auch zum Ruhen und zur Körperpflege ein etwa ein Quadratmeter großes, überdachtes Sandbad, das an zwei Seiten geschlossen und etwa 20 bis 30 Zentimeter hoch mit feinem Sand gefüllt sein sollte. Vor dem Hühnerhaus empfiehlt es sich, eine befestigte Fläche mit Steinplatten oder Holzrosten anzulegen, die es den Hühnern erlaubt, an Schlechtwettertagen frische Luft zu schnappen, ohne die aufgeweichte Grasnarbe zu beschädigen. Die elegantere, aber auch aufwendigere Lösung wäre der Anbau eines sogenannten Wintergartens bzw. Kaltscharrraums an der Frontseite des Hühnerhauses mit einem transparenten Dach und einem geschlossenen Drahtgitter rundum. Einen solchen Wintergarten können die Tiere ständig aufsuchen und bei entsprechender Einstreu als erweiterten Scharrraum benutzen.

Die bedarfsgerechte Einzäunung

Als Material für die Einzäunung eignen sich sowohl Holz als auch Drahtgeflecht. Das sicherste und einfachste ist die Einzäunung mit

Drahtgeflecht, wobei es sich empfiehlt, den unteren Bereich mit einem engmaschigen Kükendraht zu versehen, um die vorwitzigen Tierchen am kurzzeitigen Entweichen nach außen zu hindern, wo sie schnell das Opfer von frei laufenden Hunden und Katzen werden können. Die Höhe des Zauns sollte sich zwischen 140 und 200 Zentimeter bewegen. Nur bei schweren und bei flugunlustigen Rassen kann er etwas niedriger sein. Die Tore sind so zu dimensionieren, dass man bequem mit einer Schubkarre durchfahren kann.

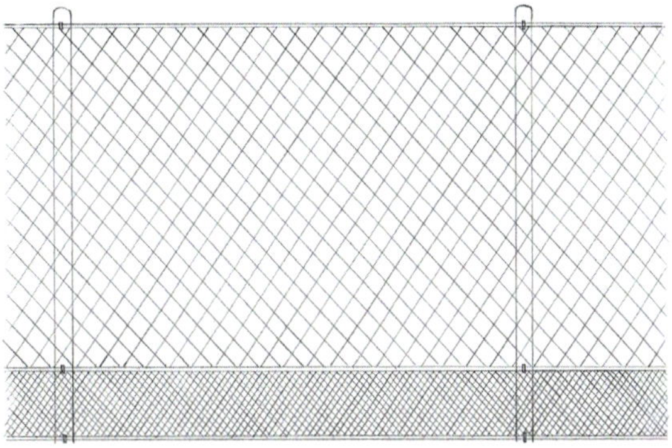

Zaunelement mit engmaschigem Kükendraht im unteren Bereich.

Der notwendige Windschutz

Hühner meiden windige Orte. Daher sollten Sie exponierte Bereiche des Auslaufs mit einer Windschutzhecke oder einem Holzflechtzaun versehen. Es reichen meistens zwei bis drei Meter einer solchen Windschutzeinrichtung aus, um für die Tiere eine relativ windarme Zone zu schaffen, in der sie sich gerne aufhalten.

Natürlich bleibt es einem jeden Leser überlassen, aus diesen Anregungen und Richtwerten sein eigenes kleines Hühnerreich zu erschaffen.

Freilaufende Hühner lieben es besonders, in Blumenbeeten mit lockerer Erde zu scharren; doch das kann Ärger mit dem Beet-Designer geben ...

Tipp für den Anfänger

Beginnen Sie mit einer bescheidenen kleinen Hühnerherde und planen Sie von vornherein eine nahtlose Erweiterung ein. Das erspart auf dem Weg zum vollendeten Hühnerparadies manche Enttäuschung! Insbesondere sollten Sie bei der Planung darauf achten, dass Sie sich ihre täglichen Routinearbeiten möglichst erleichtern, um so mehr Zeit für die Freude an Ihren Hühnern zu finden.

Immer auf der Suche – Fütterung

Hühner ernähren sich sehr vielseitig von Sämereien, Grünzeug und allerlei kleinem Getier. Damit sie in unserer Obhut gesund und widerstandsfähig bleiben und auch eine gute Legeleistung erbringen, ist es besonders wichtig, für hochwertiges Futter und eine ausgewogene Ernährung zu sorgen.

Wie bei allen Körner fressenden Vögeln ist der Geruchs- und Geschmackssinn des Huhns nicht so stark ausgeprägt wie z. B. bei Säugetieren. Obwohl es mit seinen in Schnabelhöhle und Gaumen liegenden Geschmacksknospen die vier Geschmacksrichtungen süß, bitter, sauer und salzig unterscheiden kann, spielt dies bei der Wahl des Futters eine eher untergeordnete Rolle. Vielmehr beeinflussen Struktur, Größe, Form, Härte und Oberflächenbeschaffenheit die Entscheidung für ein bestimmtes Futter. Die Vorliebe für eben dieses Futter ist beim Geflügel also weniger „Geschmackssache“ als „Tastsache”. Nach dem Motto „pick und weg“ werden lieber ganze Körner aufgenommen als fein gemahlenes Futter. In Bezug auf Getreidesorten steht Weizen in der Beliebtheitsskala an erster Stelle, gefolgt von Mais, Gerste, Roggen und dem am wenigsten beliebten Hafer.

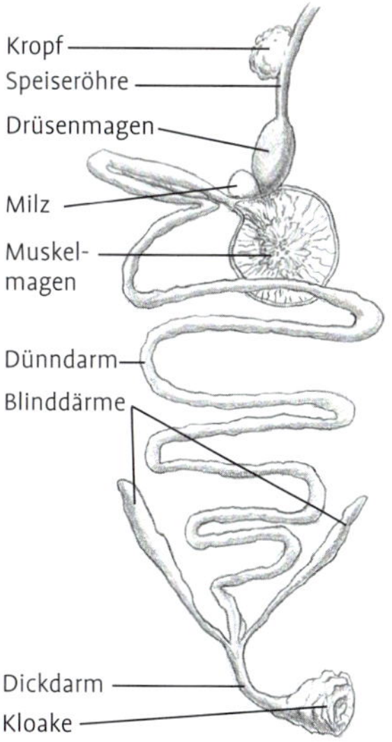

Verdauungsorgane beim Huhn.

Futteraufnahme und Verdauung

Das Futterpicken gehört zu den dem Huhn angeborenen Verhaltensweisen. Das heißt, Küken müssen das Futterpicken nicht erst mühsam erlernen, sondern beherrschen es sofort nach dem Schlupf.

Bei solch offenen Futtertrögen besteht leicht die Gefahr, dass das Futter durch die Tiere verschmutzt oder herausgescharrt wird.

Der Kropf ist eine Ausbuchtung der Speiseröhre, in der das Huhn größere Nahrungsmengen ohne Verdauungsunterbrechung aufnehmen und aufbewahren kann. In ihm wird das Futter etwas eingeweicht und gelangt dann schubweise in den Magen.

Bei Haltungsformen ohne Auslauf sollten wir den Tieren in einem gesonderten Behälter kleine Steinchen (Grit) aus Quarz, Feuersteinen oder Ähnlichem zur Unterstützung der Mahltätigkeit des Muskelmagens und damit für eine bessere Futterverwertung anbieten. Frei lebende Hühner picken bei Bedarf Steinchen vom Boden auf.

Wasserbedarf

Ein besonders wichtiger Bestandteil der Fütterung und auch der Gesunderhaltung der Tiere ist die tägliche Versorgung mit frischem Wasser. Als groben Richtwert kann man sich merken, dass der Wasserbedarf eines Huhns etwa doppelt so hoch ist wie sein Futterbedarf, also etwa 250 g pro Tier und Tag.

Allerdings nimmt die Pickgenauigkeit in den ersten Lebenstagen noch zu. Mit dem für Körnerfresser typischen spitzen Schnabel wird das Futter aufgenommen und durch kleine knabbernde Bewegungen in die richtige Lage gebracht. Nach einer gewissen Einschleimung gelangt die Nahrung entweder zunächst in den Kropf oder – bei leerem Magen – durch die Kropfstraße direkt in den Verdauungstrakt.

Drüsen- und Muskelmagen. Zunächst gelangt die Nahrung in den Drüsenmagen, dessen Drüsen die für die Eiweißverdauung sehr wichtigen Magensäfte ausscheiden und mit dem Nahrungsbrei vermengen. Die eigentliche Verdauung, das heißt die chemische und mechanische Umsetzung in für den Körper verwertbare Bausteine, findet erst im Muskelmagen statt. Er besteht aus einem dünnwandigen Zwischenmuskelpaar und einem dickwandigen Hauptmuskelpaar. Beide Paare ziehen sich abwechselnd zusammen und üben dadurch einen Reibungsdruck auf den Nahrungsbrei aus. Kleine Steinchen, die mit der Nahrung aufgenommen werden, unterstützen die mechanische Zerkleinerung der Futtermasse.

Dünn- und Dickdarm. Der Dünndarm besteht aus Zwölffingerdarm, Leerdarm und Hüftdarm. Im Zwölffingerdarm werden Eiweiße, Kohlenhydrate und Fette mit Hilfe des Drüsensekrets der Bauchspeicheldrüse und mit Hilfe der Gallenflüssigkeit aufgespalten. Im anschließenden Leerdarm wird dann ein Großteil der aufgeschlossenen Nahrung resorbiert. Den Übergang zum wesentlich kürzeren Dickdarm bildet der Hüftdarm. In den beiden auch zum Dickdarm gehörenden Blinddärmen werden die Rohfasern der pflanzlichen Futterstoffe, wie zum Beispiel Spelzen und Häute der Getreidekörner, durch Bakterien aufgeschlossen und somit verdaulich. Außerdem findet hier auch die Wasserresorbtion statt.

Kloake. Die nicht verwertbaren Nahrungsbestandteile werden durch die Kloake ausgeschieden, die nach außen durch den Schließmuskel geschlossen wird. Dickdarmkot und Blinddarmkot werden getrennt abgesetzt, wobei auf zehn Dickdarmentleerungen nur eine Blinddarmentleerung kommt, die man gut an ihrem strengeren Geruch erkennen kann.

Harnapparat. Beim Huhn fehlen Nierenbecken, Harnblase und Harnröhre. Das heißt, der Harnapparat ist bei ihm auf die Nieren und den Harnleiter beschränkt. Der Harn besteht hauptsächlich aus Harnsäure und wird durch Wasserentzug stark eingedickt, sodass er zusammen mit dem Kot als halbfeste, weißliche Masse ausgeschieden wird. Die Rückresorbtion des Wassers aus dem Harn ist der Grund dafür, dass Hühner mit relativ wenig Wasser auskommen.

Futterbedarf und Futterzusammensetzung

Das Huhn ist ein Allesfresser. In der freien Natur ernährt es sich von Sämereien, Grünzeug und allerlei Tierischem wie kleinen Schnecken, Engerlingen, Würmern und Kerbtieren, ja es jagt sogar Fliegen, Käfer und junge Mäuse, wenn sich die Gelegenheit bietet. Damit ist der Bedarf für die normalen Lebensprozesse inklusive der Aufzucht aus einem Gelege im Jahr gedeckt. Von unseren domestizierten Haushühnern wird jedoch weitaus mehr erwartet, nämlich etwa das Zwanzigfache an Eiern und eventuell ein Braten. Das erfordert naturgemäß ein wesentlich reichhaltigeres und energiereicheres Futter, das die normale Hühnerweide in einem noch so großen und vielgestaltigen Auslauf nicht bieten kann. Den täglichen Weidegang der Tiere vorausgesetzt, aber nicht mitgerechnet, benötigt ein mittelschweres Huhn als Erhaltungsenergie und zur Erzielung einer befriedigenden Legeleistung etwa 120 g Trockenfutter einer Mischung, die dem Bedürfnis des Huhns möglichst optimal entspricht. Die Futtermittelindustrie stellt auf der Basis von langjährigen Forschungen und entsprechenden Erfahrungen in der täglichen Praxis für die verschiedenen Altersgruppen und die unterschiedlichen Einsatzzwecke (Aufzucht,

Mit diesem Futtertrog können die Hühner das Futter kaum mehr seitlich herausschleudern.

Standardzusammensetzung einer Futterration auf Getreidebasis

Nährstoff	Träger	Beispiel	Anteil (in %)
Kohlenhydrate	Getreidearten	Weizen, Gerste, Hafer, Mais	55-65
Proteine	eiweißhaltige Pflanzen	Soja, Raps, Lupine, Erbse, Bohne	20-25
Fette	ölhaltige Pflanzen	Lein, Raps, Palme	5-10
Rohfaser	Mühlennebenprodukte	Kleie, Sonnenblumenschrot	4-9
Mineralstoffe	Meerestiere, Mineralkalke	Muschelkalk, kohlensaurer Futterkalk	5-10
Vitamine und Spurenelemente	Fertigpräparate		

Rationsbeispiel für ein mittelschweres Huhn

morgens		mittags und abends	
Weichfuttermischung:		Getreidemischung:	
gedämpfte Kartoffeln	15–20 g	Weizen	40 g
Sojaschrot	10–20 g	Gerste	30 g
Weizenkleie	5–10 g	Hafer	15 g
Mineralstoffe/ Vitamine	3–5 g	Mais	15 g

Mast, Eierproduktion) fein abgestimmte Futtermischungen her, die all das enthalten, was das Huhn braucht. Es handelt sich dabei um so genannte Alleinfutter in Mehl- oder Pelletform, die trocken in entsprechenden Trögen angeboten werden. Dies ist die einfachste, bequemste und sicherste Form der Fütterung. Angeboten wird dieses Alleinfutter den Tieren am besten in Futterautomaten zur beliebigen Aufnahme, sodass man keine Fütterungszeiten einhalten muss. Sämtliches Futter gibt es auch in Bioqualität.

Als zweite Fütterungsalternative empfiehlt sich eine Kombination aus Alleinfutter in Mehlform und Getreide beziehungsweise eine Getreidemischung. Bewährt hat sich ein Kombinationsverhältnis von ⅔ Alleinfutter zur beliebigen Aufnahme und ⅓ Getreide als Zufutter aus der Hand. Diese Methode hat einerseits den Vorteil, dass die Tiere das mehlförmige Futter über einen relativ langen Zeitraum aufnehmen und entsprechend lange damit beschäftigt sind, sodass sie nicht „auf dumme Gedanken kommen“, wie etwa Federpicken und Eierfressen. Andererseits erleben sie jeden Tag eine motivierende Abwechslung, wenn man ihnen das Getreide von Hand in die Einstreu gibt. Sie werden diese Gabe hocherfreut pickend und scharrend zu sich nehmen und dabei die Einstreu wenden und durchlüften, wodurch der mikrobielle Umbauprozess gefördert wird. Gleichzeitig erreicht man mit dieser möglichst abendlichen Futtergabe, dass uns die Tiere vertraut bleiben und sie mit vollen Kröpfen sehr bald ihre Schlafstatt aufsuchen, sodass Ruhe im Stall herrscht. Wer keine industriell gefertigten Futtermittel verwenden möchte, wobei im Übrigen die Verwendung von Tiermehlen und tierischen Fetten inzwischen generell verboten ist, hat es ungleich schwerer, seine Tiere vollwertig zu ernähren.

Ein einfaches Netz, gefüllt mit frischem Grünzeug, wird gern von den Tieren angenommen.

Werden die Tiere rationiert gefüttert, muss der Trog so bemessen sein, dass alle gleichzeitig fressen können.

Mangelerscheinungen bei unausgewogenen Futterrationen

Eine Unterversorgung an wichtigen Nähr-, Mineral- und Wirkstoffen äußert sich unter anderem in schlechter Gewichtszunahme, mangelnder Legeleistung, dünnen Eierschalen, zögernder Federbildung und Rachitis (Knochenweiche).

Grundlage für eine Eigenmischung könnten etwa gekochte Kartoffeln oder eingeweichte Kartoffelflocken als Weichfutterration sein, die mit Weizenkleie, Sojaschrot oder anderen Eiweißträgern vermengt und durch Vitamine und Mineralstoffe ergänzt wird.

Zur gelegentlichen Ergänzung des Eiweißbedarfs ist auch Magerquark geeignet, von dem man zum Beispiel in der Aufzuchtphase 5 bis 7 Gramm pro Tag vermischt mit klein geschnittenem Grünzeug (zum Beispiel Brennnesseln oder Löwenzahn) füttern kann. Wenn man Weichfutter verabreicht, sollte man darauf achten, dass das Futtergeschirr peinlich sauber gehalten wird, damit Futterreste nicht säuern oder schimmeln und dann Durchfall verursachen. Wenn im Auslauf kein Grün zur Verfügung steht, ist es bei allen Fütterungsverfahren – vor allem im Winter – vorteilhaft, anfallendes Grünzeug aus der Küche (zum Beispiel Salat, Kohlblätter, geraspelte Möhren, Äpfel) zu füttern. Auch hier gilt es Futterreste wieder zu entfernen, bevor sie faulen oder schimmeln.

Man sieht, das Futter und die Fütterungstechnik lassen einen großen individuellen Spielraum. Entscheidend ist, dass man den

Tieren eine ausgewogene Ernährung bietet – sonst sind Mangelerscheinungen die Folge. Auf alle Einflüsse des Futters und der Fütterung eingehen zu wollen, würde den Umfang dieses Buches sprengen. Dazu sei auf vertiefende Literatur verwiesen oder auf den Rat erfahrener Züchter.

Zusätzlich zum Futter stellt man den Tieren in einem separaten Trog Muschelkalkschalen zur beliebigen Aufnahme zur Verfügung, da besonders die legende Henne zur Eischalenbildung einen hohen Bedarf an Kalzium hat. An dieser Stelle sei nochmals vor der Verfütterung von Eischalen zur Deckung des Kalziumbedarfs gewarnt (siehe Eierfraß). Außerdem bietet man den Tieren einen Trog mit Grit, den sie zur Verdauung benötigen.

Qualität der Futterkomponenten

Die einzelnen Futterkomponenten müssen von einwandfreier physiologischer und hygienischer Beschaffenheit sein. Wir müssen daher darauf achten, dass wir die Futtermittel – ob fertige Mischungen oder verschiedene Körnergetreide und Mühlennebenprodukte wie z. B. Kleie – trocken und kühl lagern, damit keine Schimmelbildung auftritt oder sich z. B Mehlmotten einnisten. Auch gegen Mäusekot sollten die Futtermittel geschützt sein. Daher empfiehlt es sich, nur überschaubare Mengen einzukaufen und zu lagern. Vorsicht ist auch bei der Verwendung von sogenanntem Ausputzgetreide geboten, da dieses möglicherweise giftiges „Mutterkorn“ enthält. Am besten lassen wir uns von einem vertrauenswürdigen Landwirt oder Müller beraten, wenn wir solche Komponenten verfüttern wollen.

Die Frage, ob wir Futterkomponenten – speziell Getreidekörner – aus konventionellem oder biologischem Anbau verfüttern sollen, ist nur sehr individuell zu beantworten. Will man etwa Restrisiken bezüglich einer möglichen Belastung mit Pestizidrückständen ausschließen, sollte man Futterkomponenten aus zertifiziertem biologischem Anbau beziehen. Will man andererseits mit Blick auf mögliche gesundheitliche Belastungen durch Schimmelpilze die sicherere Variante wählen, sollte man eher Futterkomponenten aus konventionellem Anbau verfüttern. Generell dürfte jeder Hühnerhalter unabhängig von den differierenden Kosten die genannten Aspekte unterschiedlich beurteilen und eine entsprechende Wahl treffen.

Das Thema Gentechnik begegnet uns vor allem beim Einsatz von Fertigfuttermischungen, wenn Sojaschrot als Eiweißkomponente in großem Umfang Verwendung findet. Das Problem können wir dadurch lösen, dass wir nur Futtermischungen kaufen, die eindeutig als gentechnikfrei deklariert sind.

Offene Wassergefäße werden von den Tieren schnell verschmutzt und müssen oft gereinigt werden.

Wasserbedarf und Wasserqualität

Hühner benötigen unter normalen Bedingungen doppelt so viel Wasser wie Futter, nämlich etwa 250 Gramm pro Tag. Bei hochleistenden Legehennen und hohen sommerlichen Temperaturen kann der Bedarf auf mehr als das Doppelte ansteigen.

Wichtig ist aber nicht nur die Menge des Wassers, sondern auch die Qualität dieses Lebenselixiers. Es sollte möglichst frisch und in sauberen Behältnissen angeboten werden. Sehr gut eignen sich runde Vorratstränken, die man in Brusthöhe der Tiere aufhängt oder aufstellt. Dadurch ist gewährleistet, dass die Tränkerinne nicht über Gebühr durch Einstreu und Staub verschmutzt wird. Dennoch ist die Tränke regelmäßig zu reinigen, an heißen Sommertagen möglichst täglich, da unsere Schützlinge gern kühles Wasser trinken. Ansonsten reicht es, die Tränkerinne durch Ausschwenken täglich zu säubern, sodass frisches Wasser schneller nachfließen kann und sich nicht durch Futterreste an den Schnäbeln der Tiere Schleim bildet. Das Tränkewasser ist im Übrigen auch ein gut geeignetes Medium, um den Tieren im Bedarfsfall Vitamine oder einen Impfstoff zu verabreichen.

Täglicher Wasserbedarf und Wasserabgabe (Atmung) bei einer mittelschweren Legehenne

Lufttemperatur (°C)	Wasseraufnahme (g)	Wasserabgabe (g)
+5	220	100
+17	260	110
+28	330	160
+37	625	370

Eine solch idyllische Wasserstelle ist wohl nur wenigen vorbehalten.

Bei uns piepts wohl – Nachwuchs

Wer träumte als Halter einer Hühnerherde nicht davon, selbst seinen Nachwuchs zu ziehen und dabei Werden und Wachsen der kleinen Hühnervögel hautnah mitzuerleben? Besonders für Kinder ist es äußerst spannend und lehrreich zu verfolgen, wie aus einem einfachen Ei mit Hilfe von Wärme, Fürsorge und Geduld neues Leben entsteht – eben ein lebendiges kleines Küken.

Je nach Größe der Herde und individueller Zielsetzung der Hühnerhaltung kommen dafür die natürliche und die künstliche Aufzucht gleichermaßen in Frage. Während Menschenkinder und viele Säugetierjunge in den ersten Lebenswochen und -monaten extrem auf die Fürsorge ihrer Mutter angewiesen sind, ja ohne die entsprechende emotionale Bindung kümmern und bleibende Schäden davontragen können, sind die kleinen Küken als so genannte Nestflüchter nach Verlassen der schützenden Eischale bereits sehr selbstständig. So kann man hinsichtlich des Aufzuchterfolgs, des späteren Verhaltens und der Leistung der Hühner nicht mehr feststellen, ob sie einer natürlichen Brut mit Glucke oder einer künstlichen Brut in einem Brutapparat entstammen; beides hat seine volle Berechtigung.

Bruteier

Ist ein Hahn in der Herde, kann man Bruteier aus dem eigenen Hühnerstamm erhalten, indem man gezielt über einen möglichst kurzen Zeitraum Eier sammelt und an einem luftigen Ort beiseite-

Was man wissen muss

- *Brutzeit ab April/Mai*
- *Eizahl pro Glucke 13–15*
- *Brutdauer 21 Tage*
- *Schlupfdauer bis zu 24 Std.*
- *Schlupfgewicht 35–45 g*
- *Geschlechterverhältnis 50 : 50*

Überlegung vorab

Was passiert mit den erbrüteten Tieren, insbesondere den Hähnen? Aus 10 Bruteiern können auch mal 8 oder mehr Hähne schlüpfen …

Schutz und Spielplatz zugleich ist die wehrhafte Glucke.

Henne und Hahn – der Anfang einer eigenen Herde.

legt. Man kann sich aber auch befruchtete Eier direkt beim Züchter oder über das Internet bestellen. Letzteres ist jedoch u.a. wegen der Bruchgefahr beim Transport mit einem gewissen Risiko verbunden.

Befruchtung

Wichtigste Voraussetzung für eine erfolgreiche Befruchtung ist das Geschlechterverhältnis in einer Herde. Bei schweren Rassen benötigt man für zehn Hennen einen Hahn, bei leichteren Rassen genügt ein Hahn für etwa 15 Hennen. Am besten sind natürlich junge und vitale Hähne, die sich in der Herde gut durchsetzen können. Nach der Paarung gelangen die Spermien sehr schnell in die oberen Regionen des Eileitertrichters, wo sie in kleinen Ausbuchtungen, den so genannten Samentaschen, eingelagert werden und bis zu drei Wochen befruchtungsfähig bleiben.

Auswahl des Bruteies

Als Brutei wählt man sich typisch ovaloid geformte Eier aus. Bei einer mittelschweren Rasse sollten sie zwischen 50 und 60 g schwer, absolut sauber und unbeschädigt sein. Mit Hilfe einer Schierlampe (siehe Kapitel "Bruttechnik") lassen sich eventuelle feine Haarrisse, Blutflecken oder die richtige Lage der Luftblase (am stumpfen Pol) gut erkennen.

Lagerung des Bruteies

Häufig ist man gezwungen, Bruteier über einen gewissen Zeitraum zu sammeln und zu lagern. Dies ist normalerweise kein Problem, wenn man einige wichtige Punkte beachtet. Die optimale Lagertemperatur liegt bei 12 bis 14 °C, die relative Luftfeuchtigkeit sollte bei ungefähr 65 bis 75 % liegen. Gelagert werden die Bruteier auf normalen Papp- oder Holzhorden, und zwar mit dem spitzen Pol nach unten. Müssen die Eier länger als 7 Tage aufbewahrt werden, sollten sie waagerecht gelegt und jeden Tag etwa um ein Viertel der Längsachse gedreht werden. Länger als 14 Tage darf man Bruteier nicht liegen lassen, da sonst ihre Brutfähigkeit durch Feuchtigkeitsverlust stark abnimmt.

Lagertemperatur: 12–14 °C
Luftfeuchtigkeit: 65–75 %
Lagerdauer: maximal 14 Tage

Natürliche oder künstliche Brut?

Bei der Bruttechnik unterscheidet man zwischen der natürlichen und der künstlichen Brut. Voraussetzung für die natürliche Brut ist eine brütige Henne, auch Glucke genannt, die bereit ist etwa drei Wochen lang nahezu ausschließlich auf einem Nest und den darin befindlichen Eiern zu verbringen. Die künstliche Brut in einem Brutapparat macht uns zwar nicht von Henne und Hahn, aber von einer Glucke unabhängig und wir können je nach Größe des Geräts eine deutlich größere Anzahl an Eiern ausbrüten lassen.

Fragen und Antworten zur natürlichen Brut

- **Wie stellt man fest, ob eine Henne „gluckt"?** Eine brütige oder „glucksche“ Henne erkennt man an ihrem auffallenden Benehmen. Sie sondert sich von der übrigen Herde immer mehr ab, sträubt häufig das Gefieder, läuft hastig und unruhig hin und her, geht dem Hahn deutlich aus dem Weg und gibt glucksende Laute von sich.
- **Welcher Zusammenhang besteht zwischen Bruttrieb und Jahreszeit?** Etwa in den Monaten April und Mai kann man damit rechnen, dass Hennen brütig werden. Witterungsbedingte Schwankungen von Jahr zu Jahr sind selbstverständlich möglich.
- **Gibt es bestimmte Rassen, die für die natürliche Brut besonders geeignet sind?** Bei unseren modernen Wirtschaftsrassen

An so einem lauschigen Plätzchen kann die Glucke ungestört ihrem Brutgeschäft nachgehen.

wurde der Bruttrieb weitgehend weggezüchtet, um die Eierproduktion nicht zu unterbrechen. Dagegen gibt es bei den meisten Zwiehuhnrassen und alten Landrassen keinerlei Probleme.

- **Mit welchen Maßnahmen könnte man den Bruttrieb fördern?** Eine natürliche Haltungsweise, das heißt viel Auslauf mit frischem Grünfutter, ist auf jeden Fall die wichtigste Voraussetzung dafür, eine Henne zum Brüten zu bewegen. Darüber hinaus könnte man noch ein ruhiges, im Halbdunkel des Stalls gelegenes Nest mit einigen Porzellaneiern anbieten.
- **Wie sollte das Nest beschaffen sein?** Eine Glucke baut sich, wenn überhaupt, nur ein einfaches Nest. Das heißt, sie wird sich eine geschützte, weich gepolsterte Stelle suchen, durch Hin- und Herrutschen eine flache Mulde formen und dann ihre Eier hineinlegen. Ebenso gern nimmt die Glucke auch ein fertiges Nest an, wobei bereits eine flache, mit Stroh ausgepolsterte Holzkiste oder ein mit Ziegelsteinen umrahmtes weiches Plätzchen durchaus Gefallen findet und völlig ausreicht.

- **Was muss während der Brut beachtet werden?** Hat die Henne einmal mit ihrem Brutgeschäft begonnen, kann man ihr getrost alle weitere Arbeit überlassen. Ausreichend Futter und frisches Wasser sollten ihr allerdings in der Nähe des Nestes ständig zur Verfügung stehen. Einmal am Tag, meist um dieselbe Zeit, wird sie ihr Nest verlassen, um sich kurz die Beine zu vertreten, zu fressen, zu trinken und abzukoten. Während dieser Zeit sollen die Eier ruhig etwas abkühlen. Die werdenden Küken profitieren außerdem von der täglichen Portion Frischluft.
- **Was passiert mit den unbefruchteten Eiern im Gelege?** Die Angst, dass unbefruchtete Eier während der Brutzeit faulen könnten, ist unbegründet, denn sie bleiben bis zum letzten Tag klar. Trotzdem kann man sich eine Woche nach Brutbeginn mit Hilfe einer Schierlampe vom Entwicklungsstand der Eier überzeugen und erkennbar unbefruchtete Eier aussondern.

Verschließbare Brutkiste.

Einfaches Brutnest.

Fragen und Antworten zur künstlichen Brut

- **Woher bekommt man einen Brutapparat?** Im Fachhandel kann man heute Brutapparate in jeder Größe, jeder Ausführung und für jeden Geldbeutel kaufen. Häufig sind sie sogar mit einem Sichtfenster ausgestattet, sodass vor allem der Schlupf sehr gut zu beobachten ist. Die Handhabung ist meistens so einfach, dass jeder Laie die Geräte leicht bedienen kann.
- **Kann man sich einen Brutapparat selbst bauen?** Mit etwas handwerklichem Geschick kann man sich auch selbst einen Brutapparat anfertigen. Er besteht im Wesentlichen aus einem Gehäuse, das mit elektrischem Strom erwärmt und mittels Regler auf konstanter Temperatur gehalten wird. Außerdem muss die Zufuhr von genügend Sauerstoff und eine entsprechende Luftfeuchtigkeit gewährleistet sein.
- **Kann man die künstliche Brut zu jeder Jahreszeit durchführen?** Die künstliche Brut macht einen nicht nur von der Glucke, sondern auch von der Jahreszeit völlig unabhängig. Einzige Voraussetzung sind befruchtete Eier. Allerdings gibt es deutliche Unterschiede zwischen Frohwüchsigkeit, Gewicht, und Widerstandskraft bei Tieren aus Früh- oder Spätbruten. Das Futterangebot der Weide, die Witterung und auch die Lichtdauer

(Tageslänge!) sind wohl zu einem späteren Zeitpunkt nicht mehr optimal für das Kükenwachstum.

- **Wie arbeitsaufwendig ist die künstliche Brut?** Je nach Ausführung des Brutapparats stellt sich der tägliche Arbeitsaufwand unterschiedlich dar. Bei besonders komfortablen Geräten wird es genügen, täglich die Werte zu kontrollieren, um Funktionsstörungen schnellstmöglich beheben zu können. Bei einfacheren Modellen gehören Lüften, Wenden der Eier oder Wassernachfüllen zu den täglichen Arbeiten.
- **Müssen alle Eier gleichzeitig in den Brutapparat gelegt werden?** Die Eier sollten möglichst in einheitlichen Partien eingelegt werden, um den Überblick zu behalten und um dem abweichenden Temperatur- und Luftfeutchtigkeitsbedarf in den letzten 3 Tagen vor dem Schlupf gerecht zu werden. Zur besseren Kontrolle sollte mit Bleistift das Einlege- beziehungsweise Schlupfdatum auf den Eiern notiert werden.

Wichtige Daten zur künstlichen Brut		
Bruttemperatur	1.–17. Tag	37,8–38 °C
	18.–21. Tag	37,5 °C
Luftfeuchtigkeit	1.–19. Tag	55–60 %
	20.–21. Tag	80–90 %
Wenden	1.–17. Tag	3- bis 4-mal täglich
Schieren	7. + 17. Tag	

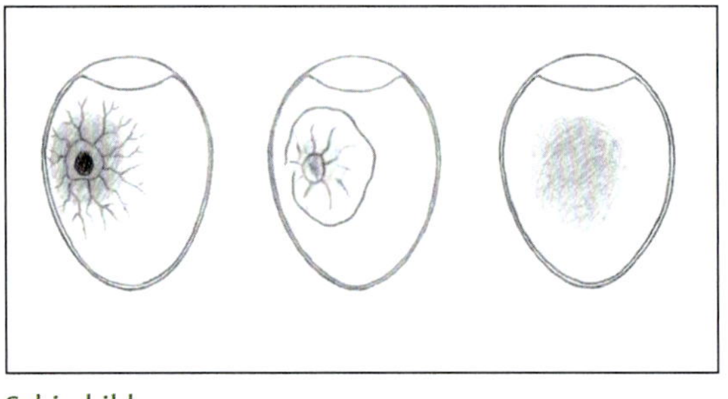

Schierbilder.

Das Schieren

Das in der Fachsprache als „Schieren“ bezeichnete Durchleuchten der Eier wird mit einer im Fachhandel erhältlichen Schierlampe durchgeführt. Man schiert normalerweise während der insgesamt 21 Tage dauernden Brutaktion zweimal (am 7. und 17. Bruttag), um den Entwicklungsstand der Bruteier zu kontrollieren und eventuell unbefruchtete oder abgestorbene Eier auszusortieren.

- **Befruchtete und normal entwickelte Eier** erkennt man bereits im frühen Stadium an der so genannten Blutspinne (Blutgefäße) und dem schwarzen Fleck (Keim) in der Mitte. Ein normal entwickelter Embryo hat eine rötliche Farbe.
- **Ein befruchtetes, aber abgestorbenes Ei** ist schwerer zu identifizieren. Ein roter Ring, der so genannte Blutring, um einen

verschwommenen Keim kann ein deutliches Zeichen sein. Ein abgestorbener Embryo erscheint von der Farbe her grauschwarz und matt.

- Das Leuchtbild eines **unbefruchteten Eies** bleibt klar und durchsichtig, das dunklere Dotter ist deutlich umgrenzt.

Das Wenden

Bei der Naturbrut gehört das Hin- und Herrollen der Eier zu den auffälligsten Beschäftigungen der Glucke. Immer wieder kann man beobachten, wie sie mit äußerster Vorsicht und Geschicklichkeit die Lage der Eier mit ihrem Schnabel verändert. Auch bei der künstlichen Brut müssen die Bruteier mehrmals täglich gewendet werden, damit der Embryo beweglich bleibt und nicht an der Schale festklebt. Bei manchen komfortableren Apparaten geschieht dies automatisch, ansonsten müssen wir dies von Hand übernehmen. Ungefähr drei- bis viermal täglich sollten wir in diesem Fall die Eier vorsichtig um ⅓ bis ¼ ihrer Längsachse drehen. Es ist ratsam, die Eier mit einem Bleistift entsprechend zu kennzeichnen.

Schlupf

Immer wieder wird mit großer Spannung der Tag erwartet, an dem die Küken schlüpfen. Bereits zwischen dem 16. und 17. Bruttag durchbricht der Embryo den geschlossenen Kreislauf im Ei. Sein Schnabel schiebt sich in die Luftblase und die Lungenatmung kann beginnen. Jetzt entwickelt sich bei der Naturbrut auch die Mutter-Kind-Beziehung. Zwei Tage vor dem Schlupf beginnt die erste Verständigung zwischen Küken und Glucke, wobei sich die Küken den speziellen Gluckton ihrer Glucke einprägen und ihr mit entsprechenden Piep-Lauten antworten.

Nach 21 Tagen pickt das Küken die Eischale an. Nun dauert es noch einige Stunden bis es schlüpft.

Bei der natürlichen Brut spielt sich der gesamte Schlupfvorgang im Verborgenen unter der Glucke ab und man kann leider nicht beobachten, welche Schwerstarbeit die kleinen Küken leisten müssen, um sich von der Eischale zu befreien. Bei der künstlichen Brut jedoch kann man über Stunden und manchmal Tage genauestens miterleben, wie diese Befreiungsaktion Stück für Stück vonstatten geht. Mit Hilfe des „Eizahns“, einem im letzten Drittel der Brutzeit auf dem Schnabel gewachsenen Hornhöcker, beginnt das Küken die Eischale durch kräftige „Kopfarbeit“ von innen aufzubrechen. Gleichzeitig stemmt es seine Beine in die entgegengesetzte Richtung. Ungeduldig muss man sich bei seinen Beobachtungen mit oft stundenlangen Pausen abfinden, die das Küken braucht, um zwischendurch auszuruhen und neue Kräfte zu sammeln. Ist der Kampf schließlich gewonnen, was durchaus erst nach vielen Stunden der Fall sein kann, sehen die Tierchen anfangs ziemlich erschöpft, nass, verklebt und recht unproportioniert aus. Dies ändert sich jedoch schnell und endlich kann man die kleinen Federbällchen zum ersten Mal in die Hand nehmen.

Fragen und Antworten zum Schlupf

- **Kann man den Küken beim Schlüpfen helfen?** Küken, die aus eigener Kraft den Schlupf nicht schaffen, sind meist nicht lebensfähig. Gut gemeinte Hilfe kann gefährlich werden, da man bei dem Versuch die Tiere zu befreien, leicht Blutgefäße verletzen kann.
- **Wann dürfen die frisch geschlüpften Küken aus dem Brutapparat genommen werden?** Erst, wenn die Küken sich vollkommen vom Schlupfstress erholt haben, ganz abgetrocknet sind und flauschig aussehen, dürfen sie vorsichtig aus dem Brutapparat gehoben werden. Allerdings müssen sie dann sofort unter eine wärmende Rotlichtlampe.
- **Welche Folgen haben Temperaturschwankungen im Brutapparat?** Größere Abweichungen von der vorgeschriebenen Bruttemperatur wirken sich natürlich negativ auf den Schlupferfolg aus. Geringe Schwankungen (+/− 0,5 °C) werden unserer Erfahrung nach dagegen gut verkraftet und resultieren höchstens in einem leicht verfrühten beziehungsweise verspäteten Schlupfzeitpunkt.
- **Wie wirken sich Schwankungen der Luftfeuchtigkeit im Brutapparat aus?** Auch hier gilt, dass es sich bei den angegebenen Werten um Idealwerte handelt und geringe Schwankungen meist ohne Folgen bleiben. In den letzten Bruttagen sollte man jedoch verstärkt auf eine hohe Luftfeuchtigkeit achten, da die Küken beim Schlupf relativ schnell austrocknen und dann stecken bleiben.
- **Müssen Küken sofort nach dem Schlupf gefüttert und getränkt werden?** Während der ersten zwei Lebenstage ist eine Fütterung nicht erforderlich, da die Küken kurz vor dem Schlupf den Dottersack in sich aufnehmen und somit einen Nahrungsvorrat haben. Frisches Wasser sollte ihnen allerdings von Anfang an zur Verfügung stehen.
- **Kann man einer Glucke fremde Küken untersetzen?** Ist der Schlupf nicht so gut ausgefallen wie erhofft, können der Glucke ein oder zwei Tage danach noch fremde, gleichaltrige Küken problemlos (am besten abends) untergesetzt werden.

Aufzucht von Küken und Jungtieren

Die Aufzucht von natürlich und künstlich erbrüteten Küken ist unterschiedlich. Während wir die Gestaltung der unmittelbaren Bedürfnisse der kleinen Federbällchen wie die notwendige Wärme und Luftfeuchtigkeit bei der natürlichen Aufzucht getrost der Glucke überlassen können, müssen wir bei der Nachzucht aus dem Brutapparat ein weiteres Mal die natürliche Umwelt „künstlich“ nachempfinden.

Einige wichtige Zahlen

- *Raumbedarf 10–12 Küken pro m²*
- *Temperatur im Raum 18–20 °C*
- *Temperatur unter der Heizquelle 30–32 °C*
- *Luftfeuchtigkeit 60–70 %*
- *Aufzuchtverluste 15–20 %*

Natürliche Aufzucht

Der Glucke mit ihren Küken sollte man in den ersten Tagen ein möglichst von den übrigen Hühnern getrenntes Stallabteil zur Verfügung stellen, da es sein kann, dass die Küken von anderen Hennen oder gar vom Hahn angegriffen werden Es sollte hell, zugfrei und trocken sein und etwa 18 bis 20 °C Raumtemperatur haben. Das erforderliche Mikroklima von 32 °C mit 60 bis 70 % Luftfeuchte produziert die Glucke selbst unter ihrem Federkleid. Diesen schützenden Ort verlassen die Kleinen in den ersten drei bis vier Lebenstagen nur selten, sodass wir zur Kontrolle, ob alle Tierchen auch wirklich geschlüpft sind, die Glucke vorsichtig für kurze Zeit vom Nest nehmen sollten. Bei dieser Gelegenheit können wir auch die übrigen Eierschalen und nicht ausgebrüteten Eier entfernen, damit die „Neugeborenen“ genügend Platz und ein sauberes Nest haben. Vor Ablauf der ersten Woche und generell bei regnerischem Wetter dürfen wir die Glucke nicht ins Freie lassen, da die Hühnerküken in den ersten Lebenstagen noch sehr wärmebedürftig sind und vor allem nicht nass werden dürfen. Außerdem ist es vorteilhaft, wenn die Außentemperatur bei den ersten Ausflügen ins Freie mindestens Stalltemperatur, also 18 °C und darüber hat. Allerdings wird die Glucke immer Garant dafür sein, dass die Küken auch kurzzeitige, unvorhergesehene Temperaturschwankungen unter dem schützenden Gefieder schadlos überstehen und dass im Übrigen ihre zarte Brut vehement gegen vermeintliche und tatsächliche Angreifer beschützt wird. Sollte ein Unglück geschehen und die Glucke dauerhaft ausfallen, kann man die kleinen Küken selbst aufziehen oder –

Die Glucke weiß genau, was ihren Küken gut bekommt.

Bei warmem, sonnigem Wetter ist ein Picknick im Freien einfach herrlich.

so vorhanden – einer anderen Glucke anvertrauen. Dabei muss es nicht in jedem Fall eine Hühnerglucke sein; Puten sind zum Beispiel hervorragende Brüterinnen und sehr besorgte Mütter, die eine große Zahl Küken zuverlässig führen können. Küken im Alter von zweieinhalb bis drei Wochen akzeptieren allerdings keine andere Glucke mehr, sodass in diesem Fall nur noch eine „künstliche" Aufzucht, das heißt eine Aufzucht ohne Glucke, möglich ist.

Als erste Nahrung bietet man den kleinen Hühnervögeln auf kleinen Futterbrettchen oder in flachen Schälchen spezielles Kükenfutter (Pressfutter oder Kükenmehl) und dazu fein gehacktes gekochtes Ei und gelegentlich fein geschnittenes Grünzeug aus Löwenzahn und Brennnesseln. Wichtig ist, dass man immer nur kleine Mengen mehrmals am Tag füttert und immer nur so viel, wie die Tiere in kurzer Zeit verzehren können. Anderenfalls würden Futterreste übrig bleiben, die verschimmeln und zu Krankheiten führen können. Dies gilt ganz besonders, wenn man etwa ab der zweiten Woche noch anderes Weichfutter oder selbst zusammengestellte Weichfuttermischungen mit beispielsweise Magerquark verfüttern will. Vor allem sind auch die Futterbehältnisse peinlich sauber zu halten, damit die Reste nicht säuern und Durchfall verursachen. In den ersten zwei bis drei Tagen werden die Tierchen noch recht wenig fressen, da sie noch genügend Nahrung vom Dottersack bekommen, den sie vor dem Schlupf als Überlebensration in sich aufgenommen haben. Trotzdem sollten wir von Anfang an Nahrung und vor allem Wasser bereitstellen, damit die kleinen Küken rasch lernen, sich selbst zu bedienen.

Es ist immer wieder ein Erlebnis zu beobachten, wie die Glucke die noch unerfahrenen Küken durch Locklaute, Pickbewegungen und Präsentieren von kleinen Futterbrocken auf die verschiedenen Leckerbissen hinweist. Und die Kleinen lernen schnell, genießbar von ungenießbar zu unterscheiden.

Künstliche Aufzucht

Bei der künstlichen Aufzucht besteht die „Kunst" des Hühnerhalters darin, die Glucke als Regulator des für die Küken überlebensnotwendigen Mikroklimas durch ein technisches Gerät zu ersetzen, das heißt im Wesentlichen die erforderliche konstante Wärme und Luftfeuchtigkeit künstlich zu erzeugen und zu regeln. Die dafür notwendigen elektrisch betriebenen Geräte wie Infrarotstrahler und Heizstrahler werden im Landhandel angeboten. Sie sind leicht bedienbar und sehr zuverlässig. In der Regel werden die Geräte in einer bestimmten vorgeschriebenen Höhe über der Einstreu an der Decke des Stalls aufgehängt und verbreiten so einen wohligen Wärmekegel, unter dem sich die Hühnerküken gerne aufhalten.

Ob wir die Lampe in der richtigen Höhe aufgehängt haben, können wir leicht erkennen, wenn wir die Küken genau beobachten. Bei der richtigen Einstellung werden sie sich in einem lockeren Verband unter der Wärmequelle bewegen. Ist es ihnen zu kalt, drängen sie sich unter der Lampe dicht zusammen. Ist es zu warm, weichen sie an den Rand des Wärmekegels aus.

Um die notwendige Temperatur von 32 °C im unmittelbaren Umfeld der Küken im Stall halten zu können, empfiehlt es sich, das Aufzuchtareal durch so genannte Kükenringe abzugrenzen. Das ist im einfachsten Fall eine etwa 50 bis 70 Zentimeter hohe Pappkartonbahn, die man in einem großen Bogen kreisförmig zusammensetzt. Dadurch werden Zugluft und unnötiger Wärmeverlust in Bodennähe vermieden, außerdem können die Küken sich nicht

Die richtige Wärme

Unter der Wärmequelle muss die Temperatur etwa 4 cm über dem Boden

- *32 °C während der 1. Woche,*
- *30 °C während der 2. Woche,*
- *28 °C während der 3. Woche,*
- *25 °C während der 4. Woche und*
- *22 °C während der folgenden Wochen betragen.*

Futterbedarf vom Küken bis zur Henne bei handelsüblichem Aufzuchtfutter

Durchschnittlicher täglicher Futterbedarf	
1.–4. Woche	10–30 g
4.–8. Woche	30–55 g
8.–12. Woche	55–75 g
12.–16. Woche	75–90 g
16.–20. Woche	90–100 g
ab 20. Woche	100–120 g

Küken kann man schon von Anfang an vorsichtig aufnehmen und an unsere Hände gewöhnen.

verlaufen. Als Orientierungszahl für die Besatzdichte bei Großhühnern rechnet man mit 10 bis 15 Küken pro Quadratmeter.

Einige Faustregeln für die künstliche Aufzucht

- Für die künstliche Aufzucht gleichermaßen geeignet sind Küken aus dem Brutapparat, zugekaufte Küken oder verwaiste Kükenkinder einer Glucke.
- Die Aufzucht sollte in einem separaten Kükenabteil des Stalls oder in einem gesonderten Raum erfolgen.
- Wichtig ist, dass die angegebenen Temperaturwerte für die verschiedenen Altersabschnitte durch die Wärmequelle sichergestellt sind.
- Zugluft ist unbedingt zu vermeiden.
- Die Umgebungstemperatur im Stall sollte möglichst konstant gehalten werden.
- Das Futter können wir in den ersten Lebenstagen mehrmals auf entsprechenden Futterbrettchen verabreichen.
- Die Gefäße für Futter und Wasser sind jeweils sehr sorgfältig zu reinigen.
- Die Einstreu sollte trocken und staubfrei sein. Am besten eignen sich feine Hobelspäne oder kurz gehäckseltes beziehungsweise „gemahlenes“ Stroh. Insbesondere sollte man darauf achten,

dass um die Tränkgefäße keine feuchten Stellen verbleiben. Lieber öfter nachstreuen oder einige Handvoll Einstreu auswechseln, um es den Krankheitserregern schwer zu machen, die sich im feuchtwarmen Mikroklima schnell wohl fühlen.
- Auslauf sollte möglichst erst nach dem achten Lebenstag und nur bei schönem Wetter erfolgen.

Für die Fütterung der Küken gilt im Grunde die gleiche Empfehlung wie bei der natürlichen Aufzucht. Nur müssen die Kleinen lernen,

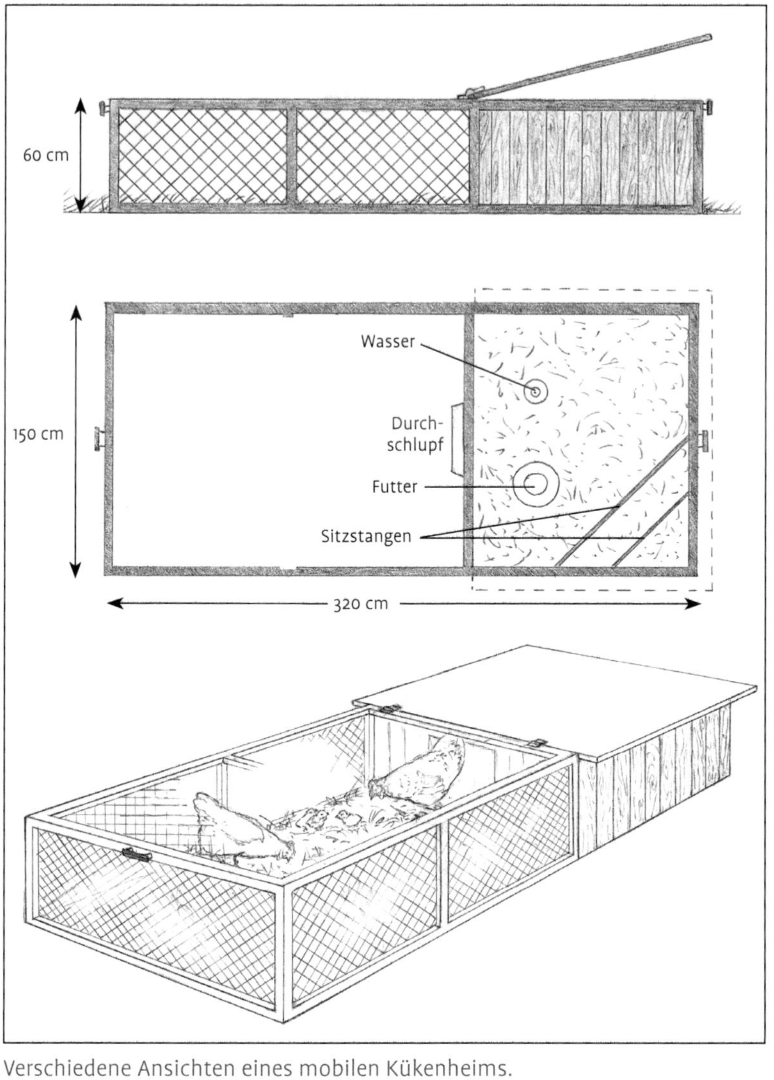

Verschiedene Ansichten eines mobilen Kükenheims.

Viel frische Luft und Bewegung fördern das Wachstum und die Fitness junger Hühnervögel.

ohne die Hilfe der Glucke zurechtzukommen. Doch keine Angst, sie lernen schnell. Wichtig ist, dass sie in den ersten zwei Tagen Wasser finden. Im Bedarfsfall müssen wir ihnen diesen Lebensquell mit etwas Nachdruck zeigen, indem wir sie mehrmals kurz mit den Schnäbelchen in das erfrischende Nass tauchen.

Etwa eine Woche nach dem Schlüpfen können wir die Küken auch ohne eine schützende Glucke ins Freie lassen, wenn die Außentemperaturen es erlauben. Doch Vorsicht, es sollte nicht windig sein und der Boden oder das Gras muss trocken sein, da den Tieren sonst ohne die wärmenden Daunen der Glucke Unterkühlung droht. Außerdem sollte das Areal, in dem sich die Küken aufhalten, unbedingt vor möglichen Feinden, vor allem frei laufenden Katzen und Hunden sowie Greifvögeln und Füchsen gesichert sein. Bewährt hat sich hier ein rundum verdrahtetes mobiles Kükenheim mit war-

Besondere Ansprüche in den drei Kükenperioden

Flaumperiode	1.–3. Lebenswoche	Wärme, eiweißreiches Futter
Befiederungsperiode	3.–6. Lebenswoche	Wärme, Bewegung, Licht, phosphor- und kalkhaltiges Futter
Wachstumsperiode	6.–8. Lebenswoche	Licht, Luft, Bewegung, energiereiches Futter

mem, eingestreutem Unterschlupf, das man bei Bedarf auf der kurz geschnittenen Weide einfach versetzen kann.

Von der ersten bis zur achten Lebenswoche spricht man vom Küken, danach von Junghenne beziehungsweise von Junghahn. Die Kükenzeit unterteilt man in drei verschiedene Perioden, in denen die Küken unterschiedliche Ansprüche haben.

Bei der natürlichen Aufzucht mit einer Glucke beginnen die ersten Auflösungserscheinungen der Familie etwa ab der fünften Lebenswoche. Bei der künstlichen Aufzucht werden in diesem Alter die Geschlechter bereits unter wirtschaftlichen Gesichtspunkten getrennt und separat aufgezogen.

Aufzucht von Junghähnen und Junghennen

Junghähne und Junghennen sollte man nach Abschluss der Befiederungsperiode möglichst getrennt aufziehen, da sie in der Regel unterschiedlichen Bedürfnissen dienen sollen. Die **Junghähne** sind naturgemäß willkommene Lieferanten von schmackhaftem Fleisch. Ihre Lebenserwartung ist dadurch im Vergleich zu den Junghennen erheblich begrenzt. Während die Supermarkthähnchen bereits in fünf bis sechs Wochen nach intensiver Mast schlachtreif sind, sollten wir uns bei der extensiven Hühnerhaltung mehr als doppelt so viel Zeit lassen, zumal wir in der Regel keine speziellen schnell wachsenden Mastrassen haben. So ein junger Masthahn darf dann ruhig 2 bis 2,5 Kilogramm wiegen und etwas Fett angesetzt haben. Durch die Bewegung im Auslauf und den langsameren Wachstumsprozess wird er allemal einen reichlichen, wohlschmeckenden Braten mit festem Fleisch liefern.

Bei den **Junghennen** sollten wir besondere Sorgfalt hinsichtlich Fütterung, Unterkunft und Auslauf walten lassen. Schließlich sollen sie einen guten Eierertrag und auch eine gesunde Nachzucht liefern. In der Phase bis zum ersten Ei mit 18 bis 20 Wochen sollte man ihnen viel Bewegung an Luft und Sonne bieten, einen hygienisch einwandfreien Stall und gutes Futter. Die „jungen Damen“ sollte man nicht „mästen“, sonst werden sie nur fett und faul. Sie sollten immer ein bisschen „hungrig“ sein und in ihrem schönen Auslauf selbst auf Futtersuche gehen, damit sie fleißige Selbstversorger werden. Dazu muss man sie nämlich erziehen. Gleichzeitig sollte man seine Nachzucht sehr genau beobachten und zum Beispiel sehr aggressive Tiere, die sich bereits im jugendlichen Alter am Federkleid ihrer Artgenossen ungebührlich zu schaffen machen (siehe Kapitel „Federpicken“), baldmöglichst aus dem Verkehr ziehen. Gleiches gilt für Tiere, die Fehler im Körperbau zeigen oder aus irgendeinem Grund kümmern. Nur eine konsequente Auslese bei den jungen Hennen ist langfristig der Garant für einen attraktiven Zuchtstamm und eine gesunde, widerstandsfähige Hühnerherde.

Vorbeugen ist besser als heilen – Hühnergesundheit

Die Gesunderhaltung unserer Tiere ist aktiver Tierschutz. Außerdem legen kranke Hühner keine Eier und zeigen ein unbefriedigendes Wachstum.

Denken wir rechtzeitig an eine separate Unterbringungsmöglichkeit für kranke, verletzte oder neuzugekaufte Tiere, um ihre Heilung getrennt von der Herde zu beschleunigen bzw. zu ermöglichen oder um die gesunden Tiere vor einer Ansteckung zu schützen.

Krankheiten vorbeugen

Voraussetzung für eine wirksame Gesundheitsvorsorge sind widerstandsfähige Tiere. Außerdem sollten Krankheitskeime möglichst schlechte Lebensbedingungen und Ausbreitungsmöglichkeiten vorfinden. Die besten Vorsorgemaßnahmen sind:

- ausgewogene und artgemäße Fütterung,
- sauberes, immer verfügbares Wasser,
- regelmäßige Tierkontrolle,
- häufige Reinigung der Futtergefäße, bei Weichfütterung möglichst täglich,
- saubere Tränken,
- lockere, staubfreie Einstreu,
- regelmäßige Reinigung und Desinfektion des gesamten Stalls und der Stalleinrichtung,
- Vermeidung von Zugluft,
- heller und luftiger Stall,
- Anbieten eines Sandbades sowie
- Durchführung der vorgeschriebenen Impfungen.

Klares Auge, leuchtend roter Kamm und Kehllappen, kräftiger Schnabel und glänzendes Gefieder zeugen von der guten Konstitution und Gesundheit dieses Prachtexemplars.

Merkmale eines gesunden Huhns	
Kamm/Kehllappen	hellrot, gut durchblutet
Auge	hell, klar, aufmerksam
Schnabel	kräftig, ohne Ausfluss
Rachenschleimhaut	hellrot
Gefieder	glatt, glänzend, vollständig
Flügel	anliegend, geschlossen
Ständer	gerade, ohne Belag
Kloake	feucht, rosa
Kot	regelmäßig, nicht wässrig
Atmung	kaum wahrnehmbar, ohne Röcheln

Jeder Hühnerhalter sollte sich Grundkennisse über die wichtigsten Krankheiten, ihre Ursachen, Symptome und Behandlungsmöglichkeiten erwerben. In ernsteren Fällen sollte man sich jedoch unverzüglich an einen erfahrenen Tierarzt wenden, um die Tiere nicht unnötig zu quälen.

Hühner sind recht pflegeleicht, wenn man die vorgenannten Grundsätze sorgsam beachtet. Man muss bei ihnen keine Klauen schneiden, sie nicht bürsten oder sonstwie aufwendig behandeln. Das verführt dazu, dass man sie immer nur von Weitem betrachtet. Man sollte sich daher angewöhnen, die Tiere hin und wieder in die Hand zu nehmen und sie aufmerksam zu untersuchen. Nur so kann man beispielsweise vom Federkleid verdeckte Mängel erkennen und rechtzeitig behandeln.

Kranke Hühner putzen sich nicht, sie sitzen teilnahmslos herum und fressen nicht. Dieses Federfüßige Zwerghuhn ist putzmunter.

Ein krankes Huhn erkennen

Wenn wir durch Krankheiten oder Parasitenbefall verursachte Veränderungen erkennen wollen, müssen wir zunächst wissen, wie ein gesundes Huhn aussieht und sich verhält.

Ein gesundes Huhn ist aufmerksam, ständig auf Futtersuche, hat einen gesegneten Appetit, pickt und scharrt mit Freude und pflegt ausgiebig sein Gefieder. Ein krankes Huhn lässt im sprichwörtlichen Sinne die Flügel hängen, frisst ohne Appetit, wirkt teilnahmslos und zieht sich schließlich von seinen Artgenossen zurück.

Weitere Indizien sind z. B. stark verschmutzte Federn an der Kloake, was auf Durchfall hindeutet, sowie ein zunehmend glanzloses Gefieder.

Kranke Tiere selbst behandeln?

Einfache Erkrankungen können wir durchaus in Eigenregie behandeln, wenn die Ursache offensichtlich ist und wir uns mit Mitteln aus unserer kleinen Stallapotheke helfen können. Im Zweifel sollten wir jedoch einen erfahrenen Tierarzt zu Rate ziehen, um den Tieren unnötiges Leid zu ersparen.

Anzeigepflichtige Seuchen

- *Geflügelpest, Vogelgrippe (Virus)*
- *Geflügelcholera (Bakterium)*
- *Newcastle Krankheit (Virus)*

Die wichtigsten Krankheiten

Verursacher von Krankheiten können Viren, Bakterien, Pilze, Parasiten und Verletzungen sein. Um verschiedene Krankheiten beim Wirtschaftsgeflügel zu verhindern, werden prophylaktisch Impfprogramme durchgeführt. Eine solche Maßnahme ist für kleine oder Kleinstbestände nicht in jedem Fall erforderlich, doch gibt es auch für den Halter einer kleinen Hühnerherde seuchenhygienische Vorschriften, die zu beachten sind.

Diese Seuchen sind nach Auftreten unverzüglich beim zuständigen Veterinäramt anzuzeigen. Darüber hinaus ist die Impfung gegen die Newcastle Krankheit inzwischen auch bei Kleinstbeständen vorgeschrieben. Die meisten Impfungen erfolgen über das Trinkwasser nach einem bestimmten System. Bei kleinen Beständen empfiehlt sich eine Verabreichung des mit Wasser angesetzten Impfstoffs mittels einer Dosierspritze direkt in den Schlund. Unerfahrene Tierhalter wenden sich am besten in dieser Angelegenheit an den zuständigen Geflügelgesundheitsdienst, den örtlichen Geflügelzuchtverein oder einen versierten Geflügelhalter.

Die meisten der nachfolgend vorgestellten Krankheiten sollten ohnehin von einem Tierarzt diagnostiziert werden. Der beste Schutz vor Krankheiten ist jedoch nach wie vor eine gute Stallhygiene, sauberes Wasser und Futter sowie in gewissen Abständen, vor allem im Winter und Frühjahr, die Gabe eines Vitaminstoßes über das Trinkwasser.

Geflügelpest (Vogelgrippe)

- ***Erreger**: Grippevirus Typ A/Subtyp H5N1 ist hochpathogen*
- ***Übertragbarkeit:** Alle Vogelarten, u. U. auch andere Spezies inkl. Mensch*
- ***Behandlung:** nicht möglich*
- ***Schutzmaßnahmen:** Vermeidung von Kontakten mit Wildvögeln aller Art z. B. durch Verzicht auf Freilandhaltung, verstärkte Kontrolle und Hygiene. Meldung an Veterinärbehörde im Verdachtsfall, Tötung infizierter Tierbestände.*

Behandlung von Legenot

Unter Legenot versteht man das Unvermögen der Henne, ein zu groß geratenes, unregelmäßig geformtes oder quer liegendes Ei zu legen. Weitere Ursachen für die Legenot könnten auch die teilweise Lähmung oder Entzündung des Eileiters sein. Die recht qualvolle Legenot ist daran zu erkennen, dass die Henne in ungewöhnlich aufrechter Stellung einen Katzenbuckel macht, die Flügel dabei hängen lässt und zudem stark beunruhigt ist. Manchmal lässt sich durch vorsichtiges Massieren und Kneten der Bauchdecke das Ei aus dem Eileiter herausstreichen. Auch ein Einlauf mit Pflanzenöl oder ein die Eileitertätigkeit anregendes Dampfbad können zum

Die wichtigsten Krankheiten im Überblick

Krankheit	Ursache	Symptome	Behandlung
Marek'sche Krankheit (MD)	Hühner-Herpesvirus	Lähmungen der Beine, Hockstellung	nicht möglich, nur vorbeugende Impfung
Newcastle Krankheit (ND/atypische Geflügelpest)	ND-Virus	Atembeschwerden, grünflüssiger Durchfall, Fließeier	nicht möglich, vorbeugende Impfung ist Pflicht
Infektiöse Bronchitis (IB)	IB-Virus	Atemnot, Röcheln, Nasenausfluss, struppiges Gefieder	Heilung nicht möglich, vorbeugende Impfung
Geflügelschnupfen	Bakterien, Mykoplasmen	Nasen- und Augenausfluss, Niesen, piepsende Atmung	mit speziellen Antibiotika, Absonderung der erkrankten Tiere
Geflügelsalmonellosen (u. a. Weiße Küken-ruhr)	Salmonellen	Mattigkeit, Durchfall mit weißem Kot, hängende Flügel	Impfung der Elterntiere, vorbeugende Hygiene bei Brut und Aufzucht
Kokzidiose (Rote Kükenruhr)	Darmparasiten, feucht-warmer Stall	mangelnde Fresslust, Wachstumshemmung, blutiger Kot	Kokzidiosemittel, Verbesserung des Stallklimas, Wechseln der Einstreu
Geflügeltuberkulose	TB–Bakterien (speziell im Auslauf)	blasse Kämme und Kehllappen, weniger Eier, schleichendes Siechtum	Heilung nicht möglich, evtl. Merzen des Bestandes, Meiden des Auslaufs über 2-3 Jahre
Aspergillose	Schimmelpilze in Futter und Einstreu	Abmagerung, Durchfall, Mattigkeit, weniger Eier	Wechsel von Futter und Einstreu, Absondern erkrankter Tiere
Rote Vogelmilbe	Blut saugender Parasit	unruhige Tiere	regelmäßige Kontrolle, Einsatz von Insektiziden, Erneuerung des Sandbads
Räudemilben	Parasit	Borken oder rauer Belag an den Ständern (Kalkbeine)	Reinigung der Sitzstangen, Einsatz von Insektiziden, Einweichen der Borke mit Schmierseife o.Ä.
Hühnerflöhe	Blut saugender Parasit	unruhige, geschwächte Tiere, Nachlassen der Legetätigkeit	Einsatz von Insektiziden
Federlinge	Parasit	Zerstörung der Federn	Einsatz von Insektiziden
Bandwürmer	Innenparasit	Schwächung des Allgemeinbefindens	Entwurmung, Schneckenbekämpfung im Auslauf
Haar-/Spulwürmer	Innenparasit	Durchfall, blasse Kämme, schlechtes Gefieder	Entwurmung, Verbesserung der Stall- und Weidehygiene

Vorbeugende Gesundheitsvorsorge ist auch bei einer kleinen Hühnerherde notwendig.

Erfolg führen. Eventuell lässt sich auch durch vorsichtiges Zerstören des Eies die Qual des armen Tiers beenden. Hierbei muss jedoch mit äußerster Vorsicht vorgegangen werden, da der Eileiter auf keinen Fall verletzt werden darf. Besser ist es wohl in diesem Fall, die Behandlung dem Tierarzt zu überlassen.

Behandlung von Verletzungen

Bei blutenden Verletzungen muss das Tier sofort von der übrigen Herde getrennt werden, da der Anblick von Blut die Artgenossen zum Bepicken der Wunde reizt und die Angelegenheit schnell außer Kontrolle geraten kann und nicht selten in Kannibalismus ausartet. Die Wunde muss in jedem Fall vorsichtig gesäubert und gründlich desinfiziert werden. Erst, wenn die Verletzung vollständig abgeheilt ist, darf das Tier wieder in die Herde zurückgebracht werden.

Behandlung von Vergiftungen

Wenn die Tiere würgen, sich erbrechen, Durchfall und Krämpfe haben, taumeln, unsicher gehen und benommen sind, kann man eine Vergiftung nicht ausschließen. Die Behandlung der erkrankten Tiere richtet sich jeweils nach der Art des aufgenommenen Giftes. Oft gestaltet sich die Ursachenforschung jedoch recht schwierig. Die Aufnahme von Getreidebeizmittel, Kunstdünger und Ratten- oder Pflanzengiften ist die häufigste Ursache von Vergiftungen.

Was in eine kleine Stallapotheke gehört

- *Ein Multivitaminpräparat zur Behandlung und Vorbeugung von Vitaminmangelerkrankungen,*
- *ein Wurmmittel für regelmäßige Wurmkuren,*
- *ein Mittel zur Behandlung von Durchfallerkrankungen,*
- *ein Desinfektionsmittel zur Behandlung von Verletzungen und Hauterkrankungen,*
- *ein Mittel gegen Ektoparasiten (Federlinge, Flöhe, Milben),*
- *eine Wund- und Frostheilsalbe,*
- *ein Mittel zur Behandlung von Augenentzündungen.*

Produkte vom Huhn

Im Gegensatz zu vielen anderen Nutztierarten, die uns nur Fleisch liefern, versorgt uns das Huhn darüber hinaus fast sein ganzes Leben lang regelmäßig mit leckeren Eiern. Insofern ist die Hühnerhaltung nicht nur ein schönes, sondern auch ein lohnendes Hobby, bei dem der Hühnerhalter beinahe täglich das Ergebnis seiner Mühe und das seiner Schützlinge „ernten" kann.

Rund ums Ei

Kein Ei ist wie das andere. Eier sind weiß oder braun, groß oder klein, rundlich oder länglich, frisch oder alt. Ihr Eiklar kann fester oder wässriger sein, ihre Schale dicker oder dünner, rauer oder glatter. Trotz dieser Unterschiede kann auch eine Henne ihre eigenen Eier nicht von anderen unterscheiden. Einen beachtlichen Rang nimmt das Ei als Nahrungsmittel ein. Jeder von uns verspeist im Jahresdurchschnitt ungefähr 240 Stück, entweder versteckt in Teigwaren, Süßwaren und Kuchen oder als Frühstückseier, Spiegeleier, Rühreier oder gar in Form von Eierlikör. Aber noch vielseitiger als ihre heutige Verwendung ist die Geschichte der Eier und ihr Gebrauch in früheren Zeiten und fremden Kulturen.

Aufbau des Hühnereies

Die Schale. Die äußerste Umhüllung des Eies wird von der feinen, glänzenden Schalenoberhaut gebildet. Sie verhindert sowohl das Eindringen von Krankheits- oder Fäulniserregern in das Eiinnere als auch das zu schnelle Austrocknen des Eies.

Und wieder die alte Frage: Was war zuerst da, das Huhn oder das Ei?

Wussten Sie schon, dass …

- *den Toten vorgeschichtlicher Zeit gekochte Eier als Proviant für die Reise ins Jenseits mitgegeben wurden?*
- *in vielen Völkern das Ei bei religiösen Festen als willkommene Opfergabe diente?*
- *Eier in besonderen Hohlräumen mittelalterlicher Stadtmauern einen Festungszauber ausüben sollten?*
- *bis weit über das Mittelalter hinaus die Farbe Rot dominierend blieb für das Osterei?*
- *nach dem Zweiten Weltkrieg das Ei auf dem Schwarzmarkt gleich hinter begehrten Genussmitteln wie der Zigarette gehandelt wurde?*

Das Ei – ein Wunder der Natur.

Das Geheimnis der Schalenfarbe

Zwischen Braun und Weiß gibt es Hühnereier in allen denkbaren Farbabstufungen. Jede Hühnerrasse hat ihre eigene Eierschalenfarbe. Araucana legen sogar Eier mit hellgrüner bis türkisblauer Farbe. Die Schalenfarbe entsteht durch Einlagerung von Pigmenten in die Kalkschale in den letzten Stunden vor der Eiablage.

Befruchtung

Im Eileiter befinden sich so genannte Samentaschen. Nach der Paarung werden hier die Spermien eingelagert und nach und nach abgegeben. Bis zu 14 Tagen nach erfolgter Besamung bleibt ihre Befruchtungsfähigkeit erhalten. Bereits 15 Minuten nach dem Eisprung kann ein Ei befruchtet sein.

Die darunter liegende eigentliche Eischale besteht im Wesentlichen aus Kalk, verfügt über eine hohe Festigkeit und gewährleistet dank ihrer etwa 10 000 Poren einen optimalen Gasaustausch zwischen Eiinnerem und Außenwelt. Dicht unter der Kalkschale liegt die Schalenhaut, weiter innen folgt die Schalenmembran. Am stumpfen Pol des Eies bilden Schalenhaut und Schalenmembran die so genannte Luftkammer.

Das Eiklar. Auch das Eiklar besteht aus mehreren, abwechselnd dick- und dünnflüssigen Schichten. Die dem Dotter anliegende dickflüssige Schicht bildet die so genannten Hagelschnüre aus, die an den beiden Eipolen verankert sind und das Dotter in einer schützenden, aber um die Längsachse drehbaren Schwebelage halten.

Aufbau eines Hühnereies

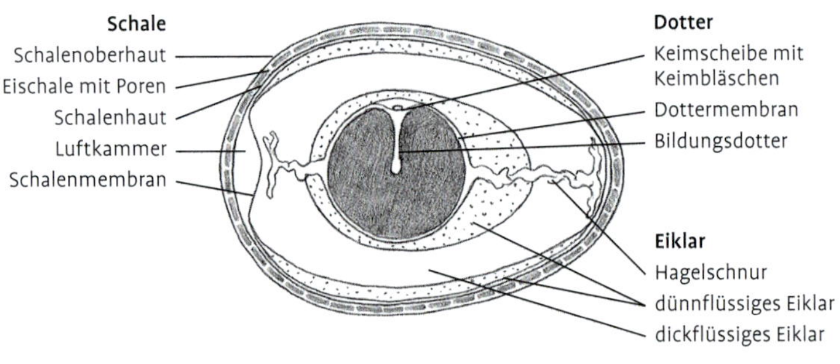

Die einzelnen Schritte bei der Eibildung		
Eileiterabschnitt	**Länge**	**Durchschnittliche Verweildauer**
Eileitertrichter	8 cm	20 Minuten
Eileiterhauptteil	33 cm	2–3 Stunden
Eileiterenge	9,5 cm	1 $^{1}/_{4}$ Stunden
Eihalter (Uterus)	8,5 cm	20-21 Stunden

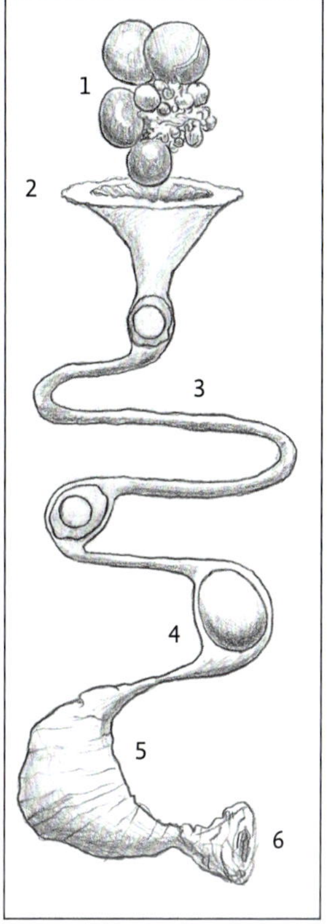

Der Weg zum Ei
1: Eierstock
2: Eileitertrichter
3: Eileiterhauptteil (Eiweißteil)
4: Eileiterenge
5: Eihalter
6: Kloake

Das Dotter. Das Dotter, das von einer Dottermembran umgeben ist, besteht aus drei verschiedenen Schichten, die eine unterschiedliche Helligkeit zeigen. Das so genannte Bildungsdotter trägt die Keimscheibe mit dem Keimbläschen und ist so angelegt, dass es sich in jeder Eilage nach oben ausrichtet.

Wie ein Ei entsteht

Die weiblichen Geschlechtsorgane sind bei den Hühnern wie bei allen Vögeln nur auf der linken Körperseite ausgebildet. Sie bestehen aus Eierstock, Eileiter, Eihalter und Scheide.

Am Eierstock, den man sich ungefähr wie eine Weintraube vorstellen kann, sind eine große Anzahl Eizellen angelegt. Sie bilden kleine Dotterbläschen (Follikel), deren Haut schließlich bei einer bestimmten Größe der Dotterkugel platzt und sie freigibt. Diese gelbe Kugel wird von der trichterförmigen Öffnung des Eileiters aufgefangen. Aus dem Eidotter, das jetzt 24 Stunden lang durch den Eileiter wandert und dabei bearbeitet wird wie an einem „Fließband", entsteht schließlich ein „fix und fertiges" Hühnerei.

Der obere Teil des Eileiters wird relativ schnell durchlaufen, im anschließenden Teil, dem Magnum, wird die Dotterkugel von der ersten Eiklarschicht umhüllt. Abgesondert wird das Eiklar durch Drüsen der Eileiterwände, wobei sich die Dotterkugel laufend um

Nährwert des Hühnereies			
Was ein Hühnerei (ca. 60 g) enthält			
Proteine (Eiweiß)	Mineralstoffe	Vitamine	Brennwert
Proteine (Eiweiß) 6,81 g Fett 5,91 g Kohlenhydrate 0,37 g	Natrium 76,03 mg Kalzium 29,57 mg Eisen 1,11 mg	Vitamin A 0,12 mg Vitamin B1 0,05 mg Vitamin B2 0,16 mg	88 kcal (369 kJ)

Ein kleines Hühnerparadies – für täglich frische Bio-Eier.

Jeden Tag ein Ei?

Alle 24 bis 36 Stunden platzt im Eierstock einer Henne eine Follikelhaut und gibt eine Dotterkugel frei. Diese Dotterkugel wandert in etwa 24 Stunden durch den Eileiter und wird von der Henne als fertiges Ei gelegt. Diese biologischen Tatsachen zeigen, warum jede Henne trotz erheblicher züchterischer Anstrengungen höchstens ein Ei am Tag legen kann.

Abnormität	Aussehen	Ursache
Windeier oder Fließeier	weichschalig oder ganz ohne Kalkschale	Funktionsstörung der Kalkdrüsen im Eihalter oder fehlerhafte Fütterung (zu wenig Kalk)
Spareier	Eier ohne Dotter	nervöse Reizung der Drüsen an den Eileiterwänden
Doppeldotter	normale Eier mit zwei Dotter	zwei zeitgleich geplatzte Follikel werden mit dem gleichen Eiklar umhüllt
Spureier	Eier, die Fremdkörper oder Blutflecken enthalten	durch den Hahnentritt in den Eileiter gelangte Fremdkörper oder geplatzte Blutäderchen
Ei im Ei	Eier, die in ihrem Inneren ein bereits fertiges Ei tragen	physiologische Störungen im Eileiter
Bauch- oder Schichteier	eiförmige Gebilde, die aus zahlreichen übereinander liegenden Schichten bestehen	Dotterkugel fällt statt in den Trichter in die Bauchhöhle, evtl. Entzündungsprozesse im Eileiter

sich selbst dreht. Nachdem es die Eileiterenge passiert hat, gelangt das Ei in den Eihalter, wo es sich am längsten aufhält und den „letzten Schliff" und seine Schale bekommt. Zottenförmige Drüsen scheiden eine kalkhaltige Masse aus, die das fertige Ei umschließt und dann erstarrt. Jetzt fehlt nur noch die Eihaut, gebildet durch ein Sekret der Scheide, und fertig ist das Wunderwerk. Durch Ausstülpen der Scheide wird das Ei ausgestoßen.

Eiklar oder Eiweiß?

Dass das Eiklar volkstümlich als Eiweiß bezeichnet wird, ist wohl auf die Tatsache zurückzuführen, dass das Protein (Eiweiß) im Eiklar unter Hitzeeinfluss stockt und eine weiße Farbe annimmt. Interessanterweise enthält das Eiklar weniger Protein (Eiweiß) als das Dotter.

Was ein Ei so in sich hat

Eine ausgewogene Ernährung ist die Voraussetzung dafür, dass wir uns wohl fühlen, fit und leistungsfähig sind. Zu einer gesunden Vielfalt an Nahrungsmitteln zählen neben Milch und Milchprodukten, Obst und Gemüse, Getreideprodukten und Kartoffeln, Fisch und Fleisch vor allem auch Eier. Zu Recht, denn viele lebenswichtige Stoffe sind im Ei enthalten. Im Vergleich zu anderen Nahrungsmitteln ist der Gehalt an wertvollen Mineralstoffen und Vitaminen sowie hochwertigem Eiweiß und leicht verdaulichen Fetten ungewöhnlich hoch.

Richtige Lagerung von Eiern

Grundsätzlich sollten Eier im Kühlschrank getrennt vor allem von geruchsintensiven Lebensmitteln aufbewahrt werden. Durch die zahlreichen Poren in ihrer Schale nehmen Eier leicht den Geruch anderer Lebensmittel (zum Beispiel Zwiebel, Käse) an. Außerdem sollte man darauf achten, dass das stumpfe Ende des Eies mit der Luftkammer immer nach oben zeigt. Liegt es unten, drängt die Luft nach oben und kann unter Umständen die innere Haut von der Schale lösen, was das Ei besonders anfällig für Keime oder Gerüche macht. Bei sachgemäßer Lagerung im Haushalt bleiben Eier mindestens vier Wochen nach dem Legen frisch. Eimasse oder getrenntes Eigelb und Eiklar kann man ohne weiteres einfrieren. Eischnee sollte dagegen sofort verarbeitet werden. Eigelb kann man bis zu zwei Wochen im Kühlschrank aufbewahren, wenn es mit einer Schicht Öl abgedeckt wird.

Zwerghuhn-Eier im Legenest.

Eiqualität

Bei näherem Hinsehen zeigen sich einige wichtige Unterschiede zwischen den Eiern, vor allem im Hinblick auf die Qualität. Ein gutes Ei wird von ver-

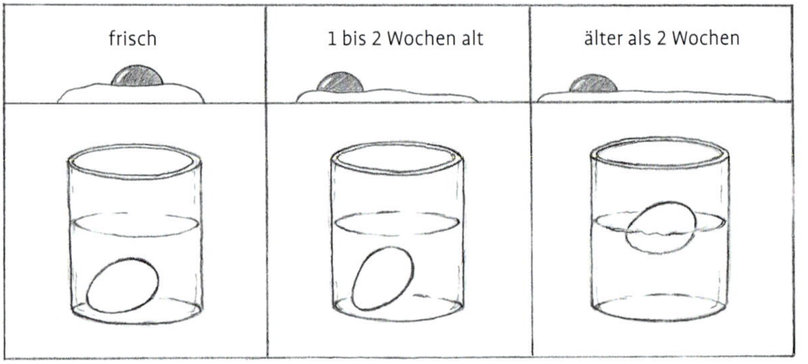

Zwei verschiedene Frischetests.

schiedenen Komponenten geprägt. Die wichtigsten sind: Frische, Aussehen, Dotterfarbe, Geruch und Geschmack sowie Größe und Gewicht.

Frische

Der Frischegrad eines Eies wird als Qualitätsmerkmal hoch eingeschätzt. Doch erst ab dem dritten Tag nach dem Legen erreichen Eier ihren optimalen Geschmack. Auch bei der Verarbeitung (Pellen, Eischnee) bereiten legefrische Eier Probleme. Während der Lagerung verändern sich Festigkeit und Geschmack von Eigelb und Eiklar, gleichzeitig vergrößert sich die Luftkammer, weil durch die feinen Poren ständig Flüssigkeit verdunstet.

Frischetests

- **Beim aufgeschlagenen Ei**: Frische Eier zeigen ein gewölbtes Dotter, der von einem Hof aus dickem Eiklar umgeben ist. Bei älteren Eiern fließt das Eiklar wässrig auseinander und das Dotter ist deutlich abgeflacht.
- **Im Wasser**: Legt man rohe Eier in ein mit Wasser gefülltes Glas, bleiben frische Eier ruhig auf dem Glasboden liegen, ältere richten sich auf und überalterte schwimmen sogar. Ursache: Durch die Ausweitung der Luftblase vergrößert sich mit zunehmendem Alter auch der Auftrieb im Wasser.

Zustand der Schale. Eine verschmutzte Eischale ist kein Zeichen für natürliche Hühnerhaltung, sondern meist ein Hinweis auf hygienische Mängel, welche die innere Qualität und den Geschmack beeinträchtigen können. Auch Eier aus Hühnerhaltung mit Auslauf oder Freilauf haben ein sauberes Äußeres, vorausgesetzt die Haltung wird sachgerecht betrieben.

Dotterfarbe. Gewünscht wird im Allgemeinen eine satte goldgelbe Färbung des Dotters. Die Dotterfarbe ist jedoch nicht abhängig von der Haltungsform, sondern ganz vom Futter und den darin enthaltenen Karotinoiden (natürliche Farbstoffe).
Geruch und Geschmack. Sowohl der Geruch als auch der Geschmack sind vorwiegend vom Futter und der Lagerung bestimmt. Futtermischungen mit auffallendem Eigengeruch sollten deshalb unbedingt vermieden werden. Außerdem sollten die Eier möglichst schnell nach dem Legen eingesammelt und an einem kühlen, geruchsneutralen Ort gelagert werden.

Größe und Gewicht. In erster Linie hängt die Eigröße von der Hühnerrasse ab. Große Hühner legen meist große Eier und kleine legen kleinere Eier. Auch das Alter einer Henne beeinflusst die Eigröße. Junghennen legen deutlich kleinere Eier (so genannte Kükeneier) als ältere Hennen. Üblicherweise beruhen Rezeptangaben auf der Verwendung von Eiern der Gewichtsklasse M.

Im Handel gibt es derzeit vier Gewichtsklassen

Gewichtsklasse XL / sehr groß	73 g und darüber
Gewichtsklasse L / groß	63 g bis 73 g
Gewichtsklasse M / mittel	53 g bis unter 63 g
Gewichtsklasse S / klein	unter 53 g

Noch weitere Fragen?

- **Dürfen oder sollen Eier gewaschen werden?** Natürlich können schmutzige Eier vor dem Verzehr gesäubert werden, am besten mit einem feuchten Tuch. Man sollte sie aber keinesfalls lange waschen oder sogar in Wasser einweichen. Dadurch würde ein Teil des Schmutzes samt Mikroorganismen durch die Poren der Schale ins Eiinnere gelangen.
- **Kann man von der Dotterfarbe auf die Haltungsform schließen?** Verantwortlich für die Dotterfarbe ist die im Futter enthaltene Menge an Karotinoiden; das sind gelbe und rote Farbstoffe, die in Pflanzen aufgebaut werden. Sie können jedoch auch synthetisch hergestellt und dem Futter beigemischt werden. Die Dotterfarbe ist also kein Indiz für eine bestimmte Haltungsform.
- **Schmecken Eier aus Auslaufhaltung besser?** Die Behauptung, Eier aus Auslaufhaltung schmeckten besser als Eier aus einer Innenstallhaltung, ist objektiv gesehen falsch. Geruch und Geschmack eines Eies sind hauptsächlich vom Futter und von der Lagerung der Eier abhängig. Das Verfüttern aromatischer Kräuter kann also genauso zum Wohlgeschmack beitragen, wie sich andererseits die falsche Lagerung der Eier (zum Beispiel neben einem stark riechenden Desinfektionsmittel) geschmacksmindernd auswirken kann.

- **Wie viele Eier kann eine Henne im Jahr legen?** Dank sorgsam ausgetüftelter Haltungssysteme und hochwertiger Futtermittel gelang es, die Legeleistung hochgezüchteten Wirtschaftsgeflügels innerhalb von 20 Jahren von 130 auf über 260 Eier pro Tier und Jahr zu verdoppeln. Solche Wunderleistungen kann man von den extensiv gehaltenen Landhühnern natürlich nicht erwarten. Hier kann man mit einer Legeleistung von 150 bis 180 Eiern sehr zufrieden sein.
- **Können Eier eingefroren werden?** Eiklar und Dotter können zu einer Masse verrührt gemeinsam eingefroren werden, müssen aber je nach späterem Verwendungszweck gezuckert (5 %) oder gesalzen (2 %) werden. Werden sie getrennt voneinander eingefroren, genügt es die Dottermasse zu zuckern oder zu salzen, da sie sich sonst verändern würde.
- **Was ist der Hahnentritt im Ei?** Der so genannte Hahnentritt ist die Keimscheibe, die sich an einer Seite des Dotters gleich unter der Dottermembran befindet. Sie ist der Kern der Eizelle und in ihn muss die männliche Geschlechtszelle gelangen, damit das Ei befruchtet wird.
- **Legen Hühner auch ohne Hahn Eier?** Der Hang zum Eierlegen ist bei unseren Hühnern unabhängig vom Zutun eines Hahnes ausgeprägt. Hähne sind lediglich für die Befruchtung zuständig. Da befruchtete Eier nur für die Zucht und Vermehrung benötigt werden, wird unser täglicher Bedarf an Konsum- und Verarbeitungseiern nahezu ausschließlich durch unbefruchtete Eier gedeckt. Auch für unsere kleine Hühnerhaltung bedeutet das, dass wir unter dem Aspekt einer reinen Selbstversorgung mit Eiern generell keinen Hahn benötigen, der zusätzlich Lebensraum und Futter in unserem Garten beansprucht. Dieser Umstand ist ein großer Vorteil gegenüber der Haltung anderer Nutztierarten, bei denen die Erzeugung der Produkte untrennbar mit der Fortpflanzung verbunden ist (z.B. keine Milch ohne Kalb im jährlichen Rhythmus). Das macht die Hühnerhaltung im Vergleich so effektiv und einfach. Andererseits ist der Hahn natürlich eine Zierde unserer Hühnerherde, die wir nur ungern missen möchten.

Rund ums Fleisch

Beim Schlupf kann man etwa zur Hälfte mit männlichen Küken rechnen. Was liegt also näher, als diese Tiere so lange zu halten und zu füttern, sie ihr kurzes Leben so lange genießen zu lassen, bis sie uns am Ende mit einem leckeren Braten erfreuen? Auch wird es in der Hühnerherde immer wieder Hennen geben, die aus vielen verschiedenen Gründen geschlachtet werden müssen und bei ent-

Die Vormastphase kann gut im begrünten Auslauf erfolgen.

sprechendem Alter noch einen wohlschmeckenden Braten, ein zartes Frikassee oder ein kräftiges Suppenhuhn abgeben. Eine wichtige Voraussetzung dafür ist natürlich, dass wir bei der Auswahl der Hühnerrassen darauf achten, dass es sich nicht nur um Tiere mit einer guten Legeleistung handelt, sondern dass sie sich auch durch eine gute Fleischleistung und Fleischqualität auszeichnen.

Die Mast junger Tiere

Natürlich kann man die Hähnchen wie in gewerblichen Mästereien mit konzentriertem Mastfutter ernähren und ihre Bewegungsfreiheit stark einschränken, um sie innerhalb kürzester Zeit schlachtreif zu trimmen. Da in einer kleinen Hobbyhaltung der Faktor Zeit meist keine große Rolle spielt, können wir die Jungtiere aber älter und größer werden lassen und erst im Alter von zehn bis zwölf Wochen einer zwei- bis dreiwöchigen Endmast unterziehen. In die-

Nährwert eines Huhns

Nährwert je 100 g	gesamt	Brust	Schenkel
Eiweiß	19,9 g	22,2 g	18,1 g
Fett	9,6 g	6,2 g	11,2 g
Eisen	0,7 mg	1,1 mg	1,8 mg
Vitamin B1	0,08 mg	0,07 mg	0,1 mg
Vitamin B2	0,16 mg	0,09 mg	0,24 mg
Brennwert	166 kcal	144 kcal	173 kcal

Energiegehalt pro 100 g = 100 kcal (419 kJ) Pro-Kopf-Verbrauch BRD = 20 kg

Für die Mast geeignete Futtermittel

- *Gekochte Kartoffeln, Topinambur, Mohrrüben,*
- *Weizen- und Haferschälkleie,*
- *Gerstenkörner als Vollkorn,*
- *gebrochener Mais,*
- *getrocknete Kartoffelflocken.*

Zusammensetzung des Schlachtkörpers in %

- *Lebendgewicht 100 %*
- *Blut und Federn 13 %*
- *Kopf, Füße und Eingeweide 17 %*
- *genießbare Organe 6 %*
- *Fleisch 52 %*
- *Knochen 12 %*

ser Phase kann es von Vorteil sein, sie im Stall zu lassen und ihnen ein etwas „mächtigeres“ Futter zu verabreichen.

Die Mast älterer Tiere

Diese Möglichkeit wird heute kaum noch praktiziert, weil die erwachsenen Tiere sehr viel Fett ansetzen, dies aber nicht mehr erwünscht ist. In den so genannten guten alten Zeiten war in diesem Zusammenhang das „Nudeln“ oder „Stopfen“ der Tiere eine weit verbreitete Methode, nämlich ausgewachsenen Tieren durch Zwangsernährung zu mehr Gewicht und Körpermasse zu verhelfen. Wir lehnen ein solch tierquälerisches Verfahren ab und wollen nicht näher darauf eingehen. Es soll hier genügen, festzustellen, dass auch ein erwachsenes Tier, geeignete Rasseauswahl und gute Ernährung vorausgesetzt, einen guten Sonntagsbraten oder ein köstliches Suppenhuhn abgeben kann.

Das Schlachten

Bevor man die Suppe oder den Braten genießen kann, muss man die Tiere schlachten, rupfen und ausnehmen. Dies ist natürlich nicht die angenehmste Seite der Hühnerhaltung, aber wohl nicht zu umgehen; es sei denn, man findet jemanden, der dieses Geschäft für einen erledigt.

Das Schlachten muss fachgerecht durchgeführt werden; das heißt, das Tier ist zunächst gemäß Vorgabe des Tierschutzgesetzes in jedem Fall zu betäuben. Dies geschieht am einfachsten durch einen gezielten kräftigen Schlag mittels eines Rundholzes auf den Hinterkopf des „Opfers“, das man an den Ständern mit dem Kopf nach unten gerichtet festhält. Anschließend wird das Tier sofort getötet, indem man den Kopf mit einem scharfen Beil auf einem Holzklotz vom Rumpf trennt. Zum Ausbluten sollte man das Tier in einen Eimer halten. Das fachgerechte Schlachten, Rupfen und Ausnehmen sollten wir uns am besten einmal von einem erfahrenen Hühnerhalter demonstrieren lassen.

Das Rupfen muss sofort nach dem Ausbluten erfolgen, solange das Tier noch warm ist. Es wird einem erleichtert, wenn man den Schlachtkörper zuvor in warmes Wasser taucht. Gerupft wird am besten im Sitzen mit einer wasserdichten Schürze auf den Knien, indem man mit einer Hand die Ständer hält und mit der anderen zunächst die Schwungfedern der Flügel entfernt, dann die Schwanzfedern und schließlich die Brustfedern in Richtung Schwanz beziehungsweise die Rückenfedern zum Kopf hin.

Zum Ausnehmen trennt man die Halswirbel am unteren Ende zum Schlachtkörper ab und kann nunmehr mit dem Zeigefinger durch die entstandene Öffnung an die Innereien gelangen und diese durch Herumbewegen ablösen. Es folgt ein Schnitt zwischen

Kloake und Schwanz, der um die Kloake herumgeführt wird, sodass man diese mitsamt der daran hängenden Därme herausziehen kann. Vorsicht, den Mastdarm nicht verletzen! Es folgen Muskel und Drüsenmagen sowie die bereits vom Hals her abgelösten Organe Herz, Lunge und Leber. Vorsicht wiederum bei der Galle, die an der leicht grünlichen Farbe zu erkennen ist. Auslaufende Gallenflüssigkeit kann Teile der Innereien und des Fleisches ungenießbar machen. Zum Schluss wird der ausgenommene Schlachtkörper mit klarem Wasser gut ausgespült.

Ein Wort zum Thema Salmonellen

Salmonellen sind Bakterien, von denen einige bei Menschen mit Immunschwäche Darmerkrankungen hervorrufen können. Alte Menschen und Kinder gelten allgemein als immunschwach. Salmonellen kommen überall vor und werden durch Mensch und Tier verbreitet, gelegentlich auch über Nahrungsmittel, vor allem tierischer Herkunft. Entscheidend für die Erkrankung ist die Keimdosis. Hohe Keimzahlen können durch mangelnde Hygiene, falsche Lagerung verderblicher Lebensmittel oder Fehler bei der Speisezubereitung entstehen. Deshalb sollte zum Beispiel tiefgefrorenes Geflügel immer über einem Siebeinsatz aufgetaut werden. Auftauwasser wegschütten und alles, was damit in Berührung gekommen ist, gründlich reinigen. Geflügel innen und außen gut waschen.

Die ernährungsphysiologischen Qualitätsmerkmale

Hühnerfleisch ist leicht verdaulich, fettarm und schmackhaft sowie variantenreich zuzubereiten. Sein hoher Nährwert beruht auf dem günstigen Eiweiß/Kalorien-Verhältnis. Zurecht in die Kritik gekommen ist Hühnerfleisch in den letzten Jahren immer wieder durch Futterzusatzstoffe wie z.B. Antibiotika, die wir unnötigerweise mit dem Fleisch aufnehmen. Diese früher gängige Praxis der Verabreichung von Fütterungsantibiotika als Wachstumsförderer ist jedoch bereits seit vielen Jahren europaweit streng verboten. Erlaubt ist nur noch die Verabreichung notwendiger Impfstoffe und Behandlungsstoffe nach tierärztlicher Indikation, verbunden mit bestimmten Wartezeiten bis zum Schlachttermin. Im Prinzip betrifft dies auch die Hühnerhaltung in biologisch orientierten Betrieben, wozu wir uns ja in gewisser Weise mit unserer kleinen Hühnerhaltung selbst zählen können. Schließlich kennen wir die eigenen Tiere und ihre Haltung mit Blick auf ein qualitätsvolles und unbedenkliches Produkt am besten.

Da Hühnerfleisch etwa im Vergleich zu Rindfleisch nur sehr begrenzt haltbar ist, sollten wir bei der Verarbeitung auf strenge Hygiene und gute Kühlung achten. Dann können wir unseren Braten sicher und mit allen Sinnen genießen.

Service

Zum Weiterlesen

Bauer, Wilhelm: Zwerghühner, 2. Aufl., Verlag Eugen Ulmer, 2015

Bauer, Wilhelm: Geflügel und Kaninchen selbst schlachten, Verlag Eugen Ulmer, 2016

Bauer, Wilhelm: Superfood für Hühner, Tauben und Co., Verlag Eugen Ulmer, 2017

Christ, René, und Bauer, Wilhelm: Geflügel und Kaninchen. Perfekt zerlegen & köstlich zubereiten. Verlag Eugen Ulmer, 2018

Grashorn, Michael; Kuhn, Regina und Volk, Fridhelm: Geflügel – Das Fotobuch für die Praxis. Verlag Eugen Ulmer, 2006

Krause, Antje und Bauer, Wilhelm: Garten sucht Hühner, Verlag Eugen Ulmer, 2018

Peitz, Beate und Peitz, Leopold: Hühner halten. Verlag Eugen Ulmer, 2015

Schmidt, Horst und Proll, Rudi: Taschenatlas Hühner und Zwerghühner, Verlag Eugen Ulmer, 2018

Weitere Informationen

Örtliche Kleintierzuchtvereine, Geflügelzuchtverbände (Länder/Bund), Ortsansässige Tierärzte, Veterinärämter, Regionale Landwirtschaftskammern bzw. Landwirtschaftsämter, die Versuchs- und Forschungsanstalten sowie Landwirtschaftsministerien des Bundes und der Länder.

Tierkauf, Bruteier: Privatbetriebe oder Kleintierzuchtvereine.

Zubehör, Geräte und Futtermittel: Örtlicher Landhandel (z. B. Raiffeisen), örtliche Mühlen, Zoo- und Gartenhandlungen mit Heimtierbedarf.

Dank

Der Verlag dankt dem Kleintierzüchterverein Gaisburg; Gerhard Schulz, Herleshausen; Günther Hess, Förtha; Steffen Fischer, Langenbrand; Familie Schweigert, Mittelfischach, sowie dem Sonnenhof, Aldingen, und ihren Hühnern stellvertretend für alle, die für die Fotoaufnahmen so viel Zeit und Geduld aufgebracht haben.

Register

Sternchen* verweisen auf Abbildungen

Bildquellen

Bäuerle, Gerhard: Seite 36
Bauer, Yvonne: Seite 4, 10, 11o., 14, 23, 27 (2), 28 (2), 29 (2), 30 (2), 31 (2), 32 (2), 33 (2), 34u., 35 (2), 38, 40, 45, 48, 58, 62, 70, 81, 86, 94
Bode, Jürgen: Seite 67
Klewitz-Seemann, Silke: Seite 1, 19, 20, 41, 53, 72, 74, 78
Kuhn, Regina: Seite 2l., 11u., 12, 49, 50, 54, 56, 64, 76, 91
Kuczka, Hans: Seite 59
Reichert, Janne: Seite 6, 7, 87
Reinhard-Tierfoto: Seite 15, 34o., 60, 69, 84
Stuewer, Sabine: Seite 82

Alle Zeichnungen von Sabine Drobik, Rottenburg.

Wilhelm Bauer

HÜHNERSTÄLLE BAUEN

Inhalt

Ein Wort zuvor

Als ich als Kind meine ersten eigenen Zwerghühner erhielt, war ich zumindest in meinem Alter eine Ausnahme und war es für lange Zeit. Der Hühnerhaltung haftete für lange Zeit das Image des Spießigen an. Man wollte damit nichts zu tun haben. Heute, mehr als 35 Jahre später, gibt es viele ehemalige Klassenkameraden, in der Zwischenzeit Familienväter und -mütter, die längst selber Hühner halten. Denn im Gegensatz zu früher ist die Hühnerhaltung heute wieder in. Man hat fast den Eindruck, als trifft sie den Nerv der Zeit, in der man den Eindruck hat, als würde alles bisher Feststehende aus den Angeln gehoben. Neben dem Nutzen von Hühnern in Form von Eiern und Fleisch, haben viele Menschen das Huhn als Heimtier für sich entdeckt.

Da aber viel Wissen rund um Hühner im Lauf der Jahre verloren gegangen ist, sucht man nach passenden Hilfen. Das betrifft gerade auch den Stallbau und alles, was sich darum dreht. Wer nach einer Standardlösung sucht, den muss ich enttäuschen. Hühner und Zwerghühner sind so vielfältig, dass man den komplexen Tieren damit nicht gerecht werden würde. Deshalb sind die in diesem Buch gemachten Ausführungen bewusst so gewählt, dass Ihnen noch Freiraum für eigene Kreativität und Anpassung an bestehende Verhältnisse möglich ist. Lassen Sie sich ruhig darauf ein! Und sollte Ihr erster Stall für Ihre Hühner nicht ideal sein, dann macht auch das nichts. Selbst viele erfahrene Hühnerhalter bauen und optimieren immer wieder aufs Neue.

Wenn Ihnen das hier vorliegende Buch dazu viele Anregungen und Ideen gibt, Ihren Hühnern ein optimales Lebensumfeld zu ermöglichen, dann hat es seinen Sinn erfüllt. Dabei war es mir wichtig aufzuzeigen, was Ihnen die tägliche Arbeit bei Ihren Hühnern erleichtert.

Bedanken möchte ich mich bei meiner Familie, meiner Frau Yvonne und unseren Töchtern Anna und Klara, die mir wieder den nötigen Freiraum gegeben haben. Ganz besonders auch beim Verlag Eugen Ulmer und meiner Lektorin, Antje Munk, die meinen Wünschen immer nachgekommen sind und die 3. Auflage dieses Buches ermöglicht haben.

Ihnen als Leser wünsche ich jeden Tag Freude mit Ihren Hühnern, die in einem hoffentlich hühnergerechten Umfeld leben dürfen.

Wilhelm Bauer

Auch Hühner brauchen ein Dach über dem Kopf

Die Vorfahren unserer Hühner, die wilden Bankivahühner, sind ursprünglich im Dschungel zu Hause. Sie leben in Familienverbänden, suchen ihr Futter und brüten auf dem Boden. Der dichte Bewuchs schützt sie vor Feinden und Regen oder Sonne. Zum Schlafen begeben sie sich allerdings vom Boden weg auf Äste oder Zweige, sie baumen auf. Den Hühnern in unseren Gärten ist es egal, in welchem Stall sie leben, sofern die Grundvoraussetzungen zu ihrem Wohlbefinden erfüllt sind, wie Deckung, Schutz, Sitzstangen und ein Boden zum Scharren.

Der Hühnerstall soll funktional sein, er soll sich nach Möglichkeit aber auch ideal in das Gartenkonzept einbinden lassen und keinesfalls wie ein Fremdkörper wirken. Wenn beim Bau eines Hühnerstalles auf einige Dinge geachtet wird, brauchen sich Funktionalität und Ästhetik dabei keinesfalls ausschließen. Deshalb finden Sie in diesem Buch sehr unterschiedliche Stallvarianten, die ganz verschiedenen Ansprüchen an die Hühnerhaltung gerecht werden sollen. Es werden Beispielställe von der Kleinsthaltung bis hin zu einem Stall für den ambitionierten Rassegeflügelzüchter vorgestellt, denn die Geflügelhaltung und vor allem die Geflügelzucht finden oft in Gemeinschaftszuchtanlagen der örtlichen Geflügel- oder Kleintierzuchtvereine statt.

Dabei ist es durchaus möglich, manchmal sogar wünschenswert, sich aus den verschiedensten Beispielen das für den eigenen Fall Ideale und Passende auszusuchen und entsprechend abzuändern oder zu kombinieren. Gerade die Individualität eines Stalles kann der Freizeitbeschäftigung „Hühnerhaltung" das gewisse Etwas geben und viel Freude bereiten.

Neugierig und vorwitzig – ideale Gartenbewohner.

Tagsüber nutzen diese gold-blaugesäumten Deutschen Zwerg-Wyandotten gerne Sträucher zum Aufbaumen. In der Nacht sollten Sie dies nicht dulden, um Verluste durch Fuchs und Co. zu vermeiden.

Auf die Bäume – Aufbaumen

Obwohl unsere Haushühner zum Teil gravierend anders aussehen als ihre wilden Ahnen, die Bankivahühner, sind sie ihnen im Verhalten doch noch sehr ähnlich. Besonders deutlich wird dies beim Aufbaumen. Die Bankiva gehen nämlich abends ihren Fressfeinden auf dem Boden aus dem Weg und ziehen sich zur Nachtruhe auf einen Schlafbaum zurück. Voraussetzung dafür ist natürlich, dass sie gut fliegen können. Je nach Rangstellung in der Hühnerhierarchie wird dabei die Schlafstelle gewählt: je höher der Rang, desto höher ist der Schlafplatz. Während in der freien Natur genügend Platz vorhanden ist und eventuelle Rangeleien ausgetragen werden können, sieht das im Stall natürlich anders aus. Aus diesem Grund sollten Sie hier die Sitzgelegenheiten auf einer Höhe anbringen. Dies verhindert unnötige Rangeleien und Unruhe im Bestand.

Vor allem recht agile und flugfähige Hühner nutzen auch heute noch gerne jede Chance, um

Jede erhöhte Sitzgelegenheit wird gern besetzt – auch diese rost-rebhuhnfarbigen Welsumer-Hennen tun das gerne.

abends aufzubaumen. Ein alter Obstbaum im Auslauf ist dazu ideal. Eigentlich ist dagegen nichts einzuwenden. Fliegen aber die Hühner am nächsten Morgen etwas zu früh herunter, können sie leichte Beute von Marder, Fuchs und Co. werden. Um sie zu schützen, ist es also besser, sie abends in den Stall zu locken. Mit einer kleinen Körnergabe ist dies einfach möglich.
Funktionalität vor Ästhetik gilt eigentlich fast ausschließlich im Stall. Deshalb verwendet man hier auch gehobelte Dachlatten mit gleicher Dicke als Sitzstangen. Diese sind einfach zu reinigen und desinfizieren. Im Auslauf braucht man darauf keine Rücksicht zu nehmen. Das heißt, dass hier Äste in verschiedener Dicke und auf verschiedenen Höhen angebracht werden können.
Gerne nehmen die Hühner diese Möglichkeiten zum Aufbaumen war, und zwar nicht nur am Abend, sondern auch am Tag. Hier haben sie die Chance, einer eventuellen Auseinandersetzung aus dem Weg zu gehen. Am sinnvollsten ist es natürlich, wenn bereits vorhandene Bäume und Sträucher genutzt werden können.

Tipp vom Profi

Ich habe in mehreren Ausläufen Johannisbeersträucher, die meine Hühner geradezu lieben. Selbstverständlich muss ich bei den reifen Beeren Abstriche im Ertrag hinnehmen, denn was die Hühner in Hüpfhöhe erreichen, wird natürlich geerntet.

Ein Blick zurück

Unzählige Funde aus historischen Zeiten beweisen, dass Hühner uns Menschen schon seit Urzeiten begleiten. Sie lebten im engsten Umfeld ihrer Besitzer, denn Wohnraum und Stall waren damals, wenn man von solchen Bezeichnungen überhaupt sprechen kann, eine Einheit. Auch später wurden die Hühner meistens in den Rinder- und Schweineställen gehalten, ohne dass ihnen dabei eine besondere Stelle, von einer artgerechten Einrichtung ganz zu schweigen, zugeteilt wurde.

Die ersten Hühnerställe waren demnach sehr primitive Unterkünfte, die dem Tier „Huhn" kaum gerecht wurden. Erst als die Bedeutung des Huhnes und seines Produktes, das Ei, mehr in den Vordergrund gerückt wurde, machte man sich Gedanken darüber, wie man die Leistung der Tiere steigern konnte. Dass dazu ein körperliches Wohlbefinden und Gesundheit an oberster Stelle stehen sollte, ist auch heute noch nachzuvollziehen. Will man dies erreichen, muss für die Hühner ein Stall zur Verfügung stehen, der durch artgerechte Bedingungen das Wohlbefinden der Hühner fördert.

Ländliche Idylle mit silber-schwarzgeflockten Ostfriesischen Möwen.

Wertvolle Ratgeber für die richtige Hühnerhaltung waren dann auch die aufkommenden Geflügelzuchtvereine Ende des 19. und Anfang des 20. Jahrhunderts. Durch Importe kamen damals auch neue Hühnerrassen nach Deutschland, die sich vor allem durch große Robustheit und für damalige Zeiten sehr gute Eierleistung auszeichneten.

In Notzeiten war die Hühnerhaltung gefragt und so hielt nach dem Ersten und Zweiten Weltkrieg fast jeder, der nur einen kleinen Platz zur Verfügung hatte, ein paar Hühner. Bekannte Rassen zu dieser Zeit waren Weiße Leghorn und rebhuhnhalsige Italiener, die geradezu zum Synonym für Hühner schlechthin wurden.

Mit der Industrialisierung der Landwirtschaft und dem damit verbundenen Aufkommen von Lege- beziehungsweise Masthybriden konnte die Landwirtschaft zum ersten Mal so viele Eier und Hühnerfleisch produzieren, wie von der Bevölkerung nachgefragt wurde. Die eigene Hühnerhaltung verlor an Attraktivität und brach im Grunde innerhalb weniger Jahre zusammen. Es war „in", würde man heute vielleicht sagen, Geflügelprodukte anonym aus dem Supermarkt zu beziehen. Dieses Verhalten wurde dabei größtenteils ohne Rücksicht auf das Tier „Huhn" gefördert. Ja, es wurde sogar propagiert, dass sich die Hühner in den engen Käfigen, in denen dem einzelnen Tier nicht einmal ein Platz von der Größe eines DIN-A4-Blattes zustand, wohlfühlen würden. Wenngleich wir die Hühner nicht fragen können, so kann man sich doch vorstellen, dass zu einem „tier"würdigen Leben mit Sicherheit mehr gehört als Fressen und Eierlegen. Schließlich war auch die landwirtschaftliche Hühnerhaltung lange Zeit voll und ganz auf Freilandhaltung ausgerichtet. So ist der derzeitige Trend – gerade auch in der Landwirtschaft – so etwas wie ein Rückbesinnen auf den Ursprung.

Erst mit dem Aufkommen der Bio-Landwirtschaft und der Entstehung der entsprechenden Fachverbände stellte sich dieser langsame Umdenkungsprozess ein, der mit der Zeit auch von politischer Seite unterstützt wurde. Mit dem Verbot der Hennenhaltung in sogenannten Legebatterien und mehr Wissen zu den natürlichen Verhaltensweisen der Hühner traten alternative Haltungssysteme immer mehr in den Vordergrund, bei denen das Huhn wieder Huhn sein darf.

Frei von Tendenzen, weil von wirtschaftlichen Aspekten unabhängig, hat eine naturnahe Hühnerhaltung im kleinen Rahmen alle Unbilden der Zeit überdauert. Neben einer geringen Anzahl reiner Privathalter, die Hühner schon immer gehalten hatten, sammelte sich in den Geflügelzuchtvereinen eine große Personenzahl, die man im Hinblick auf eine artgerechte Hühnerhaltung ruhig als ernst zu nehmende Fachleute ansehen darf. Sie haben die Vorteile der privaten Hühnerhaltung schon lange erkannt. Denn neben dem

Gut zu wissen

Ein großer Vorteil für die Produktivität war, dass es gelang, den Bruttrieb bei mehreren Hühnerrassen wegzuzüchten. So legten die Hühner erstmals wirklich höhere Stückzahlen an Eiern, weil sie nicht nach kurzer Zeit mit dem Legen wieder aufhörten, um sich dem Brutgeschäft zu widmen.

Ei aus Freilandhaltung, das im Geschmack wohl unübertrefflich ist, waren sie sich schon sehr früh darüber bewusst, dass neben den Produkten auch der Freizeitwert der Hühnerhaltung nicht zu unterschätzen ist. In einer Zeit, in der beruflicher Stress und Hektik überall um sich greifen, entwickelte sich die Beschäftigung mit Tieren aller Art zu einer Betätigung in der freien Zeit mit wachsender Anerkennung in der Gesellschaft.

So finden immer mehr Menschen, die Entspannung und Erholung suchen, auch den Weg zu Hühnern. Denn diese, vielleicht auf den ersten Blick untypischen Heimtiere, haben sich längst einen sicheren Platz unter den Haustieren erobert.

Lebensmittelskandale und zunehmende Verstädterung tun ein Übriges dazu, dass sich immer mehr Menschen mit Hühnern ein Stück Landleben und Natur nach Hause holen. Bei aller Anspruchslosigkeit, die Hühner auszeichnet, muss man als Hühnerhalter dennoch einiges Wissen haben, um ihnen gerecht zu werden. Aber das gilt ja für jedes Tier.

Huhn ist nicht gleich Huhn

Gut zu wissen

Im Deutschen Rassegeflügelstandard sind 101 Rassen großer Hühner und 92 Zwerghuhnrassen anerkannt und ausführlich beschrieben.

Menschen, die der Rassegeflügelzucht fern stehen, kennen vielleicht weiße, braune und schwarze Hühner, zumeist Legehybriden – Zwerghühner sind den wenigsten bekannt. Dabei gibt es kaum eine Tierart, die in ihrem Erscheinungsbild so unterschiedlich sein kann, wie eben die Hühner und deren Zwergformen.

Die einzelnen Rassen gibt es meistens in mehreren Gefiederfarben und -zeichnungen, sodass für wirklich jeden Geschmack etwas dabei ist. Doch nicht nur im Erscheinungsbild unterscheiden sich die Rassen, dies ist nur das augenfälligste Merkmal. Sie unterscheiden sich zum Teil grundlegend im Temperament, der Legeleistung und in ihrem Sozialverhalten.

Zugegeben, die Legeleistung der speziell darauf gezüchteten Hybriden ist schlicht und ergreifend spitze und vom züchterischen Standpunkt her hoch anzuerkennen. Doch die Individualität einer Rasse blieb dabei leider auf der Strecke. Gerade diese macht aber den Reiz von Hühnern und Zwerghühnern aus.

Je nach Ihren Anforderungen und Wünschen können Sie sich eine passende Rasse auswählen. Dass bei besonders extravaganten Hühnerrassen auch der Stall besonderen Anforderungen gerecht werden muss, weil sie für ein rassegerechtes Leben der Tiere unverzichtbar sind, versteht sich von selbst. Auch wenn für die meisten Vertreter der Gattung Huhn ziemlich ähnliche Voraussetzungen erfüllt sein müssen, ist es doch auch immer sinnvoll, sich mit erfahrenen Haltern einer bestimmten Rasse zu unterhalten, um Informationen und Tipps aus erster Hand zu erhalten.

Schutz unter Bäumen und Sträuchern ist nicht nur bei Seidenhühnern besonders beliebt.

Grundsätzlich sind die Rahmenbedingungen dafür, dass sich Hühner und Zwerghühner wohlfühlen, nicht besonders schwer zu erfüllen. Man sollte aber einige biologische Merkmale und Verhaltensweisen kennen, um manches verstehen und bei Stallbau und Auslaufgestaltung berücksichtigen zu können:

- Hühner besitzen ein sehr großes Gesichtsfeld und demnach einen sehr großen Sehwinkel.
- Ihre Tiefenwahrnehmung ist nicht besonders ausgeprägt, dennoch können sie kleine bewegliche Objekte wie Würmer und Käfer sehr gezielt aufnehmen.
- Eine Ohrmuschel ist bei Hühnern wie bei allen Vögeln nicht ausgebildet. Davon unabhängig ist ihr Hörsinn sehr gut ausgeprägt. Da Hühner in Gemeinschaft leben, ist es ein Bestandteil ihres Verhaltens, selbst leiseste Töne wahrnehmen und einem bestimmten Individuum zuordnen zu können. Am markantesten deutlich wird dies beim Zwiegespräch zwischen Glucke und frisch geschlüpften Küken.
- Die übliche Körpertemperatur der Hühner liegt zwischen 40 und 43 °Celsius. Durch das Aufplustern des Gefieders und in einem geringen Umfang auch durch Hecheln sorgen sie dafür, dass es zu

Verständigung muss sein!

Hühner laufen laut gackernd und wie von Sinnen mit weit aufgerissenen Augen und Schnäbeln auseinander – dieses Bild aus Comics kennt wohl jeder.
Wer allerdings daraus schließt, dass dies die einzigen Laute sind, die Hühner von sich geben, wird erstaunt feststellen, wie facettenreich die Verständigung zwischen Hühnern abläuft. Von leisesten Tönen, die wir kaum wahrnehmen, bis hin zum bereits beschriebenen Panikgackern.
Wer einmal erlebt hat, wie zart und sanft die Glucke mit ihren Küken spricht, kann sich kaum vorstellen, dass es eben jene „Mama“ ist, die sich nur wenige Minuten später einen lautstarken Disput mit einer Kollegin liefert.
Dieses außergewöhnliche Hörvermögen bedeutet für den Halter aber auch, dass er mit seinen Tieren immer wieder sprechen sollte. Natürlich nicht laut und hektisch,

Wenn Sie sich mit Ihren Hühnern intensiv beschäftigen, werden sie schnell handzahm, dabei sind Leckerbissen ungemein förderlich wie diese Deutschen Sperber zeigen.

Egal, wie groß die Hühnerfamilie ist, es wird den ganzen Tag miteinander „gesprochen", wobei der Hahn – hier ein gold-porzellanfarbiger Federfüßiger Zwerghahn – gerne das Kommando übernehmen will.

sondern ruhig. Plötzliche, laute Geräusche sollte man vermeiden. Passieren sie dennoch, braucht man sich nicht zu wundern, wenn die Tiere panisch auseinanderrennen.
Was bedeutet diese Fähigkeit aber für den Stallbau und die Umgebung? Je vielfältiger die Lebensumwelt der Hühner gestaltet ist, desto vielfältiger erlebt man die Kommunikation der Tiere untereinander. Mit etwas Übung lernen Sie schnell, wie Ihre Hühner sich fühlen. Gehen Sie zum Stall, so ertönt ein vielstimmiges Gegacker in den vielfältigsten Tonlagen, gerade so, als wollten die Hennen Sie begrüßen. Entsprechend werden die Hühner erschrecken, wenn jemand unvermittelt vor ihnen steht – auch wenn es der sonst bekannte Herr im Hause ist. Jetzt können Sie sich also vorstellen, was es für Hühner bedeutet, in einem tristen Umfeld leben zu müssen. Büsche, Sträucher und Bäume, aber auch jegliche sonstige Strukturierung des Auslaufes schaffen zusätzliche Anreize. Die Hühner hören etwas, vielleicht auch den Artgenossen hinter dem Strauch, und schauen nach, was dort ist. Dies sollten Sie sich immer vor Augen halten, wenn es darum geht, einen Hühnergarten anzulegen.

Gut zu wissen

Hühner stehen – was die Hörfähigkeit angeht – dem Hund ziemlich nahe. Man weiß heute, dass die Hühnersprache rund 30 verschiedene Laute umfasst und zum Teil völlig unterschiedlich verläuft.

keiner gesundheitsbedrohlichen Absenkung oder Erhöhung ihrer Körpertemperatur kommt. Das bedeutet, dass Hühner recht gut mit den üblichen Temperaturschwankungen zurechtkommen. In einem entsprechend isolierten Stall bewegen sich die Temperaturen meistens in einem Rahmen, in dem die Hühner ihre körpereigenen „Notprogramme“ kaum benötigen, was weniger Stress bedeutet und sich positiv auf ihr Wohlbefinden auswirkt.

Die richtige Stallgröße

Wer mit dem Gedanken spielt, einen Hühnerstall zu bauen, sucht nach bestimmten festen Größen und Erfahrungswerten, um keine Fehler zu machen oder sie von vornherein auszuschließen.

Die Frage der richtigen Größe eines Stalles ist dabei von besonderer Bedeutung. Dabei müsste sie eigentlich lauten: Wie viele

Hühner- und Zwerghuhnrassen, die Besonderheiten am Stall brauchen

Rasse	Besonderheiten
Italiener, Zwerg-Italiener, Minorka, Zwerg-Minorka, Amerikanische Leghorn, Amerikanische Zwerg-Leghorn	Stalldämmung, da es sonst zu Erfrierungen an Kämmen und Kehllappen kommen kann.
Indische Kämpfer, Brahma, Cochin, Zwerg-Cochin, Seidenhühner, Zwerg-Seidenhühner, Siamesische Zwerg-Seidenhühner	Nieder angebrachte Sitzstangen und Legenester, da es sonst beim Abfliegen zu Verstauchungen kommen kann, bzw. die Rassen kaum fliegen.
Phönix, Zwerg-Phönix, Yokohama, Zwerg-Yokohama, Ohiki	Großer Abstand der Sitzstangen von Wand und Kotbrett, damit die langen Schwanzfedern nicht verschmutzen und abgestoßen werden.

Platzbedarf unterschiedlicher Hühner- und Zwerghuhnrassen

Durchschnittsangaben pro Quadratmeter		
Sehr große Rassen	Brahma, Cochin, Orpington …	bis 3 Tiere
Große Rassen	New Hampshire, Rhodeländer, Niederrheiner, Mastbroiler …	bis 4 Tiere
Leichte Rassen	Italiener, Vorwerkhühner, Ostfriesische Möwen, Hamburger …	bis 4 Tiere
Verzwergte Großrassen	Zwerg-Welsumer, Zwerg-Amrocks, Zwerg-Barnevelder, Deutsche Zwerg-Wyandotten …	bis 5 Tiere
Leichte Zwerghuhnrassen	Zwerg-Lakenfelder, Zwerg-Hamburger, Federfüßige Zwerghühner, Zwerg-Cochin …	bis 6 Tiere
Sehr kleine Zwerghuhnrassen	Sebright, Antwerpener Bartzwerge, Chabo, Bantam …	bis 8 Tiere

Verteilen sich die Küken so gleichmäßig wie diese weißen und schwarzen Seidenhühner, fühlen sie sich rundum wohl.

Tiere kann oder will ich halten? Die Antwort darauf kann ganz verschieden ausfallen, je nachdem, ob ein bestehendes Gebäude genutzt werden oder ganz neu gebaut werden soll. Außerdem unterscheiden sich die Hühner der verschiedenen Rassen zum Teil in Größe, Gewicht und Temperament so gravierend, dass eine Pauschalisierung hinsichtlich der Stallgröße unmöglich ist.

Legt man eine reine Stallhaltung zugrunde, kommen Brahma mit einem Körpergewicht von fast fünf Kilogramm und ihrem ruhigen Wesen mit relativ wenig Platz aus, flüchtigere, leichte Rassen benötigen etwas mehr.

Da für den Hobby-Hühnerhalter eine reine Stallhaltung, von wenigen, zeitlich begrenzten Ausnahmen abgesehen, nicht in Frage kommt, sind solche Überlegungen eher theoretisch und zweitrangig. Die Erfahrungen bei Züchtern können für die eigene Hühnerhaltung eine wichtige Entscheidungshilfe sein.

Berechnung der Stallfläche

Der Flächenberechnung legt man die Anzahl der Tiere pro Quadratmeter zugrunde:

Gut zu wissen

Besonders wer mit dem Gedanken spielt, ausgesprochene Zierhühner wie verschiedene Langschwanzhühnerrassen und deren Zwerge zu halten, tut gut daran, sich mit Züchtern zu unterhalten, um die speziellen Erfahrungen mit diesen Hühnern kennenzulernen und entsprechend verfahren zu können.

- Bei den wirklich großen Hühnerrassen Brahma, Cochin, Jersey Giants usw. sind dies ungefähr drei,
- bei mittelschweren Rassen wie New Hampshire, Australorps etwa vier,
- für die leichteren Rassen wie Ostfriesische Möwen oder Hamburger kann man ebenfalls bis zu vier Tiere pro Quadratmeter rechnen, ohne einen Überbesatz befürchten zu müssen.

Bei Zwerghühnern, die sich in sogenannte Urzwerge und verzwergte Großrassen aufteilen, kann die Tierzahl pro Quadratmeter großzügiger bemessen werden.

Die wirklichen Winzlinge unter den Zwerghühnern, Bantam, Sebright usw., können durchaus so gehalten werden, dass sich acht Tiere auf einem Quadratmeter sehr wohlfühlen und ihr rassetypisches Verhalten zeigen können.

- Bei den meisten verzwergten Rassen wie Deutsche Zwerg-Wyandotten, Zwerg-Welsumer usw. rechnet man durchschnittlich fünf Tiere.

Diese Zahlen sollen als Anhaltspunkte verstanden werden, die ein zusätzliches Platzangebot im Hühnerauslauf, auch „Hühnergarten“ genannt, mit berücksichtigen. Beachten Sie bei Ihren Planungen aber immer, dass es in den seltensten Fällen bei der ursprünglich ausgewählten Anzahl an Hennen bleibt. Spätestens wenn die Legeleistung nachlässt und man sich an eigene Eier gewöhnt hat, muss man sich mit diesem Gedanken befassen – noch dazu, wenn man die Hühner nicht schlachten will. Ideal ist es dann, wenn etwas mehr Platz vorhanden ist oder man den Stall sogar abteilen kann.

Nutzung eines bestehenden Gebäudes

Hühner stellen an ihre Unterbringung keine besonders hohen Anforderungen, sodass oft mit sehr wenig finanziellem und handwerklichem Aufwand ein Gebäude wie ein Gartenhaus, ehemaliger Hundezwinger oder auch nur eine größere Hundehütte zum geeigneten Heim für ein paar Hühner oder Zwerghühner werden kann.

Auf älteren Grundstücken findet man nicht selten noch einen ursprünglichen Hühnerstall, seit Jahrzehnten nicht mehr als solcher benutzt, der lediglich wiederbelebt werden muss.

Bei all diesen Beispielen sind meistens die Außenwände unveränderbar, die optimalen Rahmenbedingungen wie bei einem Neubau hat man nicht. Aber beim Innenausbau kann man seiner Phantasie und seinen Möglichkeiten freien Lauf lassen. Trotz dieser Beschränkungen können sich die Hühner und Zwerghühner sehr wohl fühlen, denn man braucht keinesfalls eine „Hühnervilla“, um den Bedürfnissen der Tiere gerecht zu werden.

Eher hat man den Eindruck, dass eine gewisse Natürlichkeit den Tieren sehr entgegenkommt und sich positiv von der möglichen Sterilität eines Neubaus abhebt.

Fertigstall

Gab es vor Jahrzehnten nur ein bis zwei Firmen, die Fertigställe angeboten haben, so hat sich dies inzwischen gravierend geändert. Vor allem in Heimwerkermärkten und im Gartenfachhandel werden verschiedenste Ställe angeboten, die einen einfachen Einstieg in die Hühnerhaltung bieten. Sie sind in der Regel aus Holz und stellen eine Komplettlösung, also inklusive vorgebauter Voliere, dar.

Auch eine Gartenhütte kann zum Hühnerstall umgebaut werden. Für New Hampshire muss durchaus ein stattlicher Platz vorhanden sein.

Vor dem Kauf sollte man dabei allerdings genau auf die Qualität des verwendeten Holzes achten. Oft sind die Materialien qualitativ so dürftig, dass eine längere Lebensdauer kaum gewährleistet ist. Aufgrund des sehr günstigen Preises dieser Ställe ist auch die Dicke des verwendeten Holzes kaum befriedigend.

Da man die Hühnerhaltung aber keinesfalls als eine kurze Laune betrachten sollte, muss man der Dauerhaftigkeit des Stalles schon besondere Aufmerksamkeit widmen. Ein weiterer Grund, von einem Fertigstall Abstand zu nehmen, kann die vorgegebene Größe sein, wenn sie nicht zu den örtlichen Gegebenheiten passt, weil der Stall entweder zu groß oder zu klein ist.

So sind Fertigställe für die meisten Halter auf Dauer kaum eine befriedigende Lösung, weil das Ziel, einen Stall zu haben, der den eigenen Ansprüchen und natürlich denen seiner Bewohner in idealer Weise entspricht, nicht erfüllt wird.

Wollen Sie sich dennoch für einen Fertigstall entscheiden, sollten Sie sich umsehen. Dabei ist es nicht immer einfach, an entsprechende Adressen zu gelangen, denn ein Hühnerstall ist kein Allerweltsprodukt. Wertvolle Hilfe sind landwirtschaftliche Wochenblätter und die Fachzeitschriften der Rassegeflügelzüchter. Überhaupt ist die Verbindung zum örtlichen Kleintier- oder Geflügelzuchtverein anzuraten. Hier bekommen Sie mit Sicherheit Tipps und Hinweise aus der Praxis.

Vom Schreiner gebaut

Eine Alternative zu Fertigställen ist ein in Ihrem Auftrag von einer Schreinerei gebauter Hühnerstall. Findet man dabei eine seriöse Werkstatt und bringt dort seine Wünsche vor, muss solch ein Stall nicht unbedingt sehr teuer sein. Er wird zwar mehr kosten als ein mit den gleichen Materialien selbst gebauter, weil die Arbeitszeit des Handwerkers bezahlt werden muss. Aber man kann sich sicher sein, dass eine exakte Verarbeitung die Regel ist und man deshalb sehr viel Freude an seinem Stall haben wird. Ein weiterer Vorteil ist, dass einem der Schreiner wertvolle Tipps und Anregungen geben kann, um diesen oder jenen Wunsch in der Ausführung zu optimieren.

Herausragend ist der Service, den die meisten Schreinereien bieten. Zum Beispiel übernehmen sie auch das Aufstellen des neuen Stalles am dafür vorgesehenen Platz. Man muss dann lediglich das Fundament beziehungsweise den Standplatz entsprechend vorbereiten. Sind die Seiten nicht zu lang, wird die Schreinerei die Wände wie bei einem Fertighaus komplett vorbereiten, sodass sie nur noch zusammengeschraubt werden müssen. Dies bringt eine immense Arbeitsersparnis beim Aufstellen mit sich und innerhalb eines Tages ist der Stall komplett nutzbar.

Ein solches Baukastensystem kann man selbstverständlich auch anwenden, wenn man den Stall selbst baut. Dabei werden die einzelnen Elemente mit entsprechend langen Schlossschrauben verbunden.

Kleinststall

Viele Hühnerhalter wollen ihre Tierhaltung in einem wirklich kleinen Rahmen betreiben. Sogenannte Kleinstställe sind hierfür eine Lösung, die sich für diesen Fall anbietet und trotzdem den Tieren entgegenkommt. Für die Haltung von zwei bis drei Hühnern oder auch eine Glucke sind solche Ställe ideal.

Diese Stallform hat meistens Nachteile für den Komfort des Halters, aber keinesfalls für die Stallbewohner:

- Kleinstställe können selten vollständig betreten werden, sondern durch eine kleinere Tür ist höchstens der gebückte Zugang möglich. Sie können aber auch so klein sein, dass jegliche Pflege- und Betreuungsarbeiten von außen getätigt werden müssen. Um die Kontrolle und Reinigung solcher Kleinstställe leicht durchführen zu können, ist es meistens sinnvoll, ein aufklappbares Dach einzuplanen. Seit geraumer Zeit werden diese Ställe mit einer passend gearbeiteten Kunststoffwanne im Bodenbereich angeboten. Dabei handelt es sich meistens um die in der Kaninchenzucht verwendeten Kotwannen. Wer sich einen solchen Stall selbst bauen will, kann diesbezüglich auf Standardmaße zurückgreifen. Es gibt aber auch Wannenhersteller, die nach Maß fertigen. Größer als 90 x 80 Zentimeter sollten sie aufgrund der Handlichkeit und des Gewichts nicht sein.

- Ihr Gewicht ist unter Umständen so gering, dass sie mit wenig körperlichem Aufwand regelmäßig an einen anderen Ort des Gartens gestellt werden können. In der Schweiz habe ich erstmals eine spezielle Mechanik kennengelernt. Dabei werden durch Umlegen eines Hebels die seitlichen Räder etwas nach unten gedrückt und der Stall angehoben. Damit kann der Stall, oftmals auch mit direkt angebautem Kleingehege, von einer Person spielend leicht versetzt werden. Für Menschen, die nur über wenig Platz verfügen, kann dies eine sinnvolle Lösung sein.
- Durch einen kleinen vorgebauten Auslauf wird zudem die Bodenvegetation unterhalb des Stalles gut geschützt.
- Die Innengestaltung eines Kleinstalles unterscheidet sich aber wegen des sehr begrenzten Raumes teilweise von größeren Ställen.

Klein, kleiner, am kleinsten – bewegliches Heim für eine Glucke samt Küken.

Beweglicher Stall

Auf sehr großen Grundstücken, in Obstbaumplantagen und Streuobstwiesen kann ebenfalls Hühnerhaltung betrieben werden. Da diese Grundstücke meistens etwas außerhalb der Gemeinde liegen, ist eine feste, dauerhafte Bebauung oft aus baurechtlichen Gründen nicht möglich. Hier sind bewegliche Ställe, zum Beispiel ein ausrangierter Bauwagen oder Schäferkarren, eine sinnvolle Alternative.

Der Innenausbau solcher Ställe erfolgt wie bei einem festen Stall mit dem Unterschied, dass die Materialien auch unter dem Gewichtsaspekt ausgewählt werden müssen. Denn spätestens, wenn der Stall auf ein anderes Grundstück gezogen werden muss, ist dies auch aus verkehrstechnischen Gründen von Belang. Das bedeutet, dass ein solcher Stall verkehrssicher sein muss, und zwar unabhängig davon, wie weit der Weg auf öffentlichen Straßen und Wegen ist. Wird der Stall hingegen auf dem Grundstück versetzt, spielt es keine Rolle.

Gut zu wissen

Bei Angriffen von Greifvögeln suchen die Hühner schnell Deckung, die sie entweder unter dem Wagen oder auch innen finden. Ein großer Eingang wie eine offene Tür ist deshalb besonders anzuraten. Sie kann abends abgeschlossen werden.

Dieser ausrangierte Wagen ist eine komfortable und gleichzeitig mobile Unterkunft für die Hühner.

Durch das Versetzen des Stalles ist zumeist ein bewegliches Zaunsystem nötig, um größere Flächen hühnersicher einzufrieden.

Absolute Priorität bei solchen beweglichen Hühnerställen ist die feste Verschließbarkeit bei Nacht, denn durch die abgeschiedene Lage ist die Gefahr von Raubwild sehr hoch und auch menschlicher Vandalismus nicht auszuschließen.

Offenfrontstall

In der gesamten Tierhaltung ist in den letzten Jahren eine Tendenz hin zu einer naturnahen Haltung festzustellen. Dies zeigt sich in der steigenden Anzahl sogenannter Offenfrontställe. Man versteht darunter einfach gebaute Ställe, die maximal auf drei Seiten geschlossen sind. Die Tiere sind so vor den Witterungsunbilden geschützt und erleben dennoch das Klima sehr deutlich. Eine besondere Abhärtung von in Offenfrontställen gehaltenen Tieren ist zweifelsfrei festzustellen.

Da Geflügel aber durch allerlei Raubzeug gefährdet ist, hat sich der Offenfrontstall-Gedanke in der Hühnerhaltung aus rein praktischen Erwägungen heraus noch nicht durchgesetzt. Mit Windschutznetzen, wie sie in der Rinder-, Schafe- und Pferdehaltung nicht mehr wegzudenken sind, könnte sich dies aber ändern. Durch die spezielle Maschenweite lassen die Netze zwar die Frischluft in das Stallinnere, verhindern aber Zugluft, denn es findet eine Verwirbelung der Luft direkt nach dem Eintritt statt. Stabilität und damit Lebensdauer dieser Netze sind sehr hoch. Für Geflügel-Offenfrontställe wären diese Windschutznetze eine überlegenswerte Alternative anstelle einer massiv gestalteten Wand.

Werden die Hühner bereits in einem Offenfrontstall aufgezogen oder kommen im Sommer in einen solchen Stall, gewöhnen sie sich schnell an die Temperaturschwankungen und zeichnen sich durch eine gesunde Konstitution aus.

Aber vor allem Hühnerrassen mit sehr großen Kämmen und Kehllappen können bei dieser Haltungsform im Winter Probleme mit Erfrierungen bekommen. Mit entsprechender Vaselinebehandlung kann dies zwar etwas gemildert werden, ein vollständiger Schutz ist es aber nicht. Wer dennoch zu einem Offenfrontstall tendiert, sollte bezüglich der Rassenwahl entsprechend agieren. Klassische Beispiele dafür sind Rassen mit Rosenkamm, aber auch mit Bärten usw.

Dass die Eierleistung allerdings im Herbst und Winter geringer ausfällt als in einem geschlossenen Stall, der vielleicht sogar isoliert ist, darf nicht verschwiegen werden, denn die Vögel leben unter natürlicheren Licht- und Temperaturbedingungen.

Ebenfalls sind die Geräusche der Hühner besser zu hören. Vor allem wer einen Hahn hält, wird dies deutlich merken.

Stallklima

Das Stallklima ist entscheidend wichtig für das Wohlbefinden der Hühner. Nicht umsonst wird in der Wirtschaftsgeflügelzucht alles unternommen, um das Stallklima möglichst optimal zu gestalten. Mangelhafte Rahmenbedingungen sorgen dafür, dass die Leistungsfähigkeit der Hühner sehr schnell abnimmt und die Anfälligkeit gegenüber gängigen Krankheiten um ein Vielfaches höher ist als bei gutem Stallklima.

Die zum Teil immensen Aufwendungen in der Wirtschaftsgeflügelzucht können und brauchen in der privaten Hühnerhaltung dafür nicht getätigt werden. Die Hühner haben in der Regel Freilauf, sodass sie genügend Sauerstoff erhalten. Nichtsdestotrotz sollte durch einfache Maßnahmen das Stallklima bestmöglich gestaltet werden. Die wichtigsten Faktoren sind dabei Trockenheit, Licht und Luft.

Trockenheit

Genügende Trockenheit ist mit einem soliden Stall bereits gegeben. Wird dann noch ein Windfang angebracht und die Stellung des Stalles so gewählt, dass kein Schlagwetter ins Innere gelangen kann, sind alle Forderungen diesbezüglich erfüllt. Gute Dämmung verhindert, dass sich schädliches Kondenswasser bilden kann. Kalte Temperaturen sind nämlich nicht unbedingt das Problem. Das werden sie erst, wenn Feuchtigkeit im Spiel ist. Diese hat in der Regel massive Einwirkungen auf den Gesundheitszustand der Hühner.

Sonnenlicht

Ist es möglich, die Stallfront nach Süden oder Südosten auszurichten, ist ein weiterer wichtiger Faktor erfüllt. Genügend große Fenster ermöglichen es, dass die Helligkeit der Sonne bis in den letzten Winkel des Stalles reicht. Gerade dies darf man nicht unterschätzen, denn Tiere, die Sonneneinstrahlung erhalten, werden deutlich weniger krank als solche in dunklen Ställen. Das alte Sprichwort in der Tierhaltung drückt dies so aus: „Dort, wo die Sonne hinkommt, ist der Tierarzt weit!“

Eine große Fensterfläche mit viel Sonneneinstrahlung ist ideal für das Wohlbefinden dieser birkenfarbigen Zwerg-Cochin.

Den Stall selbst bauen

Am besten werden alle Anforderungen an einen Hühnerstall durch einen Neubau erfüllt und wenn dies in Selbstbauweise geschieht, kann man die örtlichen Rahmenbedingungen in idealer Weise berücksichtigen. Wenn man einen für seine Rasse optimal ausgestalteten Stall bauen oder ganz einfach nicht das nötige Budget für einen Fertigstall aufbringen will oder kann, ist der Selbstbau von Vorteil.

Doch zuvor sind einige Überlegungen nötig. Zuerst werden Sie sich ehrlicherweise eingestehen müssen, dass Sie alleine wohl kaum einen Stallbau bewältigen können. Selbst wenn man sich selber viel zutraut, braucht man zumindest einen Helfer für die größeren Arbeiten oder einfach nur zum Halten größerer Bauteile. Dazu kommt eine erhebliche Anzahl passender Werkzeuge, die man von der Gründung bis hin zur Dacheindeckung benötigt.

Die vielfältigen und sehr unterschiedlichen Arbeiten lassen sich zur vollsten Zufriedenheit nur mit dem richtigen Werkzeug erledigen. Mit Hammer, Beißzange und Bohrmaschine kommt man nicht weit, will man später keine bösen Überraschungen erleben.

Dennoch entstehen die meisten Hühnerställe in Selbstbauweise. Zum einen kann man mit etwas handwerklichem Geschick sehr viel erreichen und zum anderen wächst man bekannterweise an seinen Aufgaben. Für viele Bauanfänger liegt das Hauptproblem meistens darin, dass sie nicht genau wissen, wie die Vorgehensweise beim Bauablauf ist. Sobald Sie aber einen klaren Plan über die einzelnen Schritte, das Material und das Werkzeug dazu haben, können Sie getrost ans Werk gehen. Es sind Baumaterialien auf dem Markt, die sich auch vom weniger Geübten gut handhaben lassen.

Gut zu wissen

Sehr viele Fachmärkte bieten Kurse für Heimwerker an, die man ohne Einschränkung auch nutzen kann, wenn man einen Hühnerstall bauen will. Hier können Sie unter Anleitung Erfahrungen mit verschiedenen Materialien machen und später bei Ihrem Stallprojekt anwenden.

Hühnerhalter, die in einem Geflügel- oder Kleintierzuchtverein Mitglied sind, erhalten praktisch immer Mithilfe in Rat und Tat von Vereinskollegen. Daneben basieren die Anleitungen und Beispiele dieses Buches auf praktischen Erfahrungen von Hühnerhaltern und -züchtern.

Für die einzelnen Bauabschnitte ist es auf jeden Fall sinnvoll, sich einen Ablaufplan zu erstellen. Entsprechende Materiallisten mit den benötigten Mengen schaffen eine größere Planungssicherheit und schützen vor bösen Überraschungen beim Bau.

Standort

Grundsätzlich sind die vorhandene Freifläche und die Lage eines Grundstückes für die Standortwahl des zukünftigen Hühnerstalles entscheidend. Daneben fließen nachbarschafts- und baurechtliche Vorgaben wie Grenzabstände oder der persönliche Wunsch, den Hühnerstall in einer ganz bestimmten Ecke des Gartens zu haben, maßgeblich in die Standortwahl ein. Bei allen Vorplanungen muss man sich unbedingt vor Augen führen, dass Hühner keine Tiere sind, die im Haus gehalten werden. Trotzdem müssen sie jeden Tag, bei jeder Witterung, selbst im tiefsten Winter und bei stürmischem Regen versorgt werden. Schon ein zu langer Weg vom Wohnhaus kann dann auf Dauer zum Ärgernis werden.

Das allerwichtigste Kriterium bei der Standortwahl ist aber mit Sicherheit die genügende Sonneneinstrahlung. Vor allem im zeitigen Frühjahr, späten Herbst und im Winter ist man für jeden Sonnenstrahl dankbar, der den Hühnerstall erwärmt, denn feuchte Kälte ist den Hühnern alles andere als zuträglich und macht sie auf Dauer krank. Der Vorfahr unserer Hühner, das wilde Bankivahuhn, stammt aus dem tropischen Urwald Südostasiens und kommt deshalb mit warmen Temperaturen besser zurecht.

Aber auch zu hohe Temperaturen machen den Hühnern zu schaffen. Wer die Wahl hat, sollte demnach den Stall so stellen, dass umgebende Bäume im Hochsommer genügend Schatten spenden. Durch die Pflanzung eines Baumes können Sie für die kommenden Jahre vorsorgen.

Im Idealfall sollte die Stellung des Stalles so gewählt werden, dass die Fensteröffnungen nach Süden oder Südosten zeigen. Damit erreicht man die größtmögliche Sonneneinstrahlung und somit auch Helligkeit im Stall während des Jahreslaufes.

Neben dem allgemeinen Wohlbefinden der Hühner sind Faktoren wie die richtigen Lichtverhältnisse auch für die Legeleistung wichtig. In der landwirtschaftlichen Hühnerhaltung werden die Ställe in einem bestimmten Rhythmus beleuchtet, um die Legephase auszudehnen und die Leistung zu erhöhen.

Ein kompakter Stall, bei dem die großen Fenster zugleich der Zugang sind.

Ausmessen und vorbereiten

Im seltensten Fall wird die Stelle, an der der zukünftige Hühnerstall stehen soll, vollkommen eben sein. Sind die Bodenwellen nur gering, braucht man sich keine größeren Gedanken zu machen. An einem leichten Hang müssen die Voraussetzungen für den Hühnerstall dagegen ganz anders geschaffen werden.

Schritt für Schritt

- Im Normalfall messen Sie den vorgesehenen Platz mit einem Meterstab grob ein und markieren sich einen festen Punkt. Von hier aus gehen Sie im rechten Winkel (90°) zu den anderen Eckpunkten und schlagen dort ebenfalls einen Holzpflock oder Metallstab in die Erde. Dann können die Grabungsarbeiten für das Fundament beginnen.
- Spätestens wenn dieses aber ausgegraben ist, müssen Sie nochmals ausmessen und weitere Stäbe, meist Metallstäbe, hinter den Fundamentecken einschlagen. An ihnen binden Sie die Richtschnur an und führen sie waagerecht von Eckpunkt zu Eckpunkt. Dazu sollten Sie mit einer Wasserwaage arbeiten.
- Ist dies geschehen, können Sie die endgültige Fundamenthöhe festlegen. Oft fällt in diesem Moment auch die Unebenheit des Geländes das erste Mal so richtig ins Auge. Wer bezüglich der eventuell vorhandenen Unebenheiten bereits im Vorfeld Klarheit haben möchte, wie hoch der Ausgleich sein muss, sollte mit

einem Nivelliergerät das Gelände einmessen. Unter Umständen kann dann durch Abgraben die Fundamenthöhe beziehungsweise die Materialmenge beeinflusst werden. Da man in aller Regel nicht über ein solches Gerät verfügt, sollte man mit einer Bau- oder Vermessungsfirma Kontakt aufnehmen. Hier bekommt man mit Sicherheit die nötige Unterstützung.
- Das Fundament sollte mindestens 10 bis 20 Zentimeter über das umgebende Erdreich hinausragen, damit selbst bei starken Regenfällen kein Wasser in das Stallinnere laufen kann.

Fundament

Gut zu wissen

In unserem mitteleuropäischen Klima hat sich, damit das Fundament frostfrei steht, eine Tiefe von 80 bis 100 Zentimetern bewährt.

Ställe, die an einem bestimmten Ort auf Dauer geplant sind, benötigen ein Fundament. Darunter versteht man einen Betonsockel, der unter dem gesamten Stall verläuft. Damit selbst bei tiefsten Temperaturen eine absolute Standfestigkeit gegeben ist und keine Frostrisse auftreten, gründet man ein Fundament absolut frostsicher. Dazu muss es so tief in den Boden eingegraben sein, dass es im unteren Bereich frostfrei steht.

Ausschachten

Bevor das eigentliche Fundament eingebracht werden kann, muss der Bodengrund zuvor ausgeschachtet werden. Dies kann, je nach Bodenbeschaffenheit, recht anstrengend sein und auch einige Zeit beanspruchen. Geschieht das Ausschachten von Hand, sind dazu Spaten und Schaufel zu empfehlen. Der Graben sollte in Fundamentbreite mindestens 30 Zentimeter betragen, damit man mit der Schaufel ohne Probleme darin arbeiten und die Erde leicht herausheben kann.

Wem das Ausschachten von Hand zu aufwendig und anstrengend erscheint, kann diese Arbeit auch mit einem Minibagger erledigen, den man in den meisten Baumärkten und Maschinenringen recht günstig leihen kann. Die Bedienung eines solchen Kleinbaggers ist recht einfach und nach einer kurzen Einführung durch das Fachpersonal auch für Ungeübte zu bewältigen. Verwendet man einen Minibagger, ergibt sich aus dessen Schaufelbreite die Fundamentbreite, die erfahrungsgemäß bei reichlich 30 Zentimetern liegt. Da normalerweise mehrere Minibagger im Verleih zur Verfügung stehen, tut man gut daran, sich im Voraus zu vergewissern, welche Breite er haben darf, damit er auch auf das Grundstück gelangen kann. Die kleinste Ausführung, meist mit Vollgummiketten, ist am ehesten zu empfehlen. Er ist so schmal, dass selbst normal breite Wege damit befahren werden können. Durch die Vollgummiketten kann man sogar einzelne Treppenstufen befahren, ohne Schäden anzurichten.

Schalen

Während das Erdreich die Schalung für das unter der Erdkante liegende Fundament bildet, muss man oberhalb eine Schalung anbringen. Dazu verwendet man spezielle Schaltafeln, wie sie im Baustoffhandel erhältlich sind. Auch genügend stabile Bretter erfüllen den gleichen Zweck. Darüber hinaus benötigt man einige Holzspieße und -latten, um die Schalungsbretter nach außen zu fixieren.

Da sich die Fundamenthöhe aus dem umgebenden Geländeniveau ergibt, ist es sinnvoll und für Anfänger auch wesentlich einfacher, wenn die Schaltafeln oder -bretter nicht allzu hoch sind. Auf ebenem Gelände genügt in der Regel eine Fundamenthöhe von 25 Zentimetern, sodass die Schalung nicht wesentlich höher als 30 Zentimeter zu sein braucht. Durch das Austarieren der richtigen Fundamenthöhe mit Richtschnur und Wasserwaage ist eine exakte Höhe der Schalung nicht wichtig.

Als nächsten Schritt muss man das Fundament verwahren, indem man Baustahl einbringt. Allzu viel ist nicht nötig, denn die Belastung des Fundamentes ist nicht besonders groß. Ein solches ideales Fundament für Hühnerställe wird allerdings in den seltensten Fällen hergestellt. Vor allem bei der Gründungstiefe sind die „Bauherren“ etwas nachlässiger und hören bei etwa 40 Zentimetern auf zu graben, meist sogar, ohne dass später Baumängel auftreten. Eine absolute Frostsicherheit ist aber so nicht gegeben.

Da die bisher beschriebene Weise, die Schalung richtig auszuführen, zeitaufwendig ist und einiges an Erfahrung erfordert, können alternativ Stellplatten verwendet werden, die es in Höhen von 20, 25 und 30 Zentimetern gibt. Sie werden auf das bereits gegossene unterirdische, noch feuchte Fundament gestellt und mit feuchtkrümeligem Beton beidseitig angehäuft. Stellplatten haben den entscheidenden Vorteil, dass sie mit Wasserwaage und Gummihammer sehr einfach „ins Wasser“ gebracht werden können.

Bei einer Stellplattenbreite von sechs bis acht Zentimetern können diese mit wenig Aufwand transportiert werden. Die Länge der Platten beträgt einen Meter, sodass man sich bei der Planung seines Hühnerstalles auf dieses Maß einstellen sollte, will man mit den Stellplatten arbeiten. Sonst müssen sie mit einer Stein-Trennscheibe auf die passende Länge eingekürzt werden.

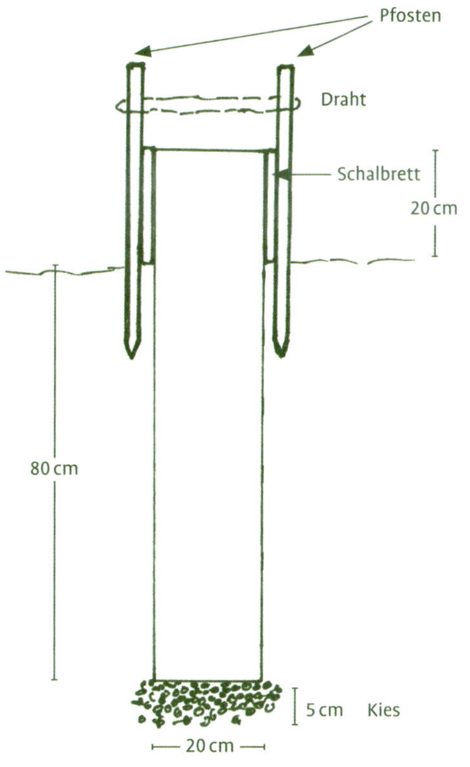

Aufbau einer Schalung für ein Fundament, das auf Frosttiefe gegründet ist.

Links: Mit einer gespannten Schnur als Richtlinie können Sie das Fundament exakt ausgraben. Mitte: Setzen Sie die Stellplatten in eine Betonschicht. Rechts: Vor allem an den Stößen der Stellplatten sollten Sie zur Stabilität mehr Beton anhäufen.

Betonieren

Ausgegossen werden die verschalten Fundamente sowohl unter- als auch oberirdisch mit Beton. Aufgrund der geringen Menge, die man für einen normal großen Hühnerstall braucht, wird man selten Fertigbeton kommen lassen, sondern ihn selbst mischen. Dazu verwendet man ein Sand-Kiesgemisch in der Körnung 0-16 und Zement. Diese beiden Komponenten werden im Verhältnis von 3:1 bis 4:1 gut durchgemischt und anschließend mit Wasser vermengt. Bei sehr geringen Mengen kann dies in einer Schubkarre oder auf einem befestigten Boden geschehen. Am leichtesten geht es natürlich mit einem kleinen Betonmischer, der an eine übliche Steckdose angeschlossen werden kann und keinen Starkstrom braucht.

Fertigbeton ist sehr feucht und regelrecht fließfähig, bedingt durch den Transport im Betonmischer und das Auswerfen. Von Hand angemachter Beton ist in aller Regel viel trockener. Er trocknet dadurch wesentlich schneller aus. Trotzdem sollten Sie ihn am besten mit einem Metallstab dicht einstampfen. Damit werden Hohlräume im Fundament vermieden, was der Stabilität sehr dienlich ist. Auch einen professioneller „Rüttler" können Sie mieten, wenngleich dies bei solch kleinen Betonarbeiten kaum einmal nötig ist.

Wer sich entscheidet, Stellplatten zu verwenden, sollte den Beton nur erdfeucht anmischen. Auf den ersten Blick könnte man meinen, dass er nicht die nötige Festigkeit bekommt, was aber täuscht. Er hat bereits in diesem Zustand eine hohe Standfestigkeit und gibt den Stellplatten schon da genügend Stütze.

Streifen- und Punktfundament

Alternativ zu solch festen Fundamenten werden für Hühnerställe auch bewegliche Streifenfundamente benutzt. Auf einer Mineralbetonschicht, die zirka 20 Zentimeter tief in den Boden reichen sollte, legt man diese einfach auf und verwendet im Regelfall dazu handelsübliche Fensterstürze. Sie sind stabil genug und haben eine Metallverwahrung. Als Nachteil ist zu sehen, dass sie nur etwa zehn Zentimeter hoch und deshalb für unebenes Gelände kaum geeignet sind, weil Geländeunebenheiten so gut wie nicht ausgeglichen werden können.

Auf unebenem Gelände kommt man mit Punktfundamenten besser zum Ziel. Auch sie werden im Baustoffhandel angeboten und werden gleich wie Streifenfundamente auf einer Mineralbetonschicht gelagert. Damit können Unebenheiten von bis zu 40 Zentimetern ausgeglichen werden, sodass darauf auch Ställe in leichter Hanglage gebaut werden können.

Eine Abwandlung eines Punktfundamentes wird vor allem dann angewandt, wenn der Stall an einem Hang gebaut wird und ein großer Höhenunterschied ausgeglichen werden muss. Dazu werden normalerweise Abwasserrohre mit einem Durchmesser von zirka 20 Zentimetern etwa 50 Zentimeter tief in den Boden eingegraben und anschließend mit Beton aufgefüllt. Durch diese Vorgehensweise kann man sich die umständlichen Schalungsarbeiten sparen.

Bodenplatte

Soll die Fläche unter dem eigentlichen Stall den Hühnern zur Verfügung gestellt werden, wie es beispielsweise durch den darunter entstehenden Raum bei einem Punktfundament möglich ist, belässt man im Normalfall die natürliche Bodenbeschaffenheit.

Bei einem herkömmlichen Fundament, das entweder durch eine Schalung oder mit Stellplatten gemacht wurde, sollte unter den Stall eine massive Bodenplatte kommen. So wird dem eigentlichen Stallboden ein kompakter Untergrund geboten und es kann sich kein Ungeziefer, vor allem Mäuse und Ratten, darunter einnisten. Dies ist der entscheidende Vorteil, denn haben sich diese Tiere erst einmal etabliert, ist die Bekämpfung ein großes und dauerhaftes Problem.

Entscheiden Sie sich für eine Bodenplatte, sollten Sie folgende Vorgehensweise beachten:

- Innerhalb des über der Erde ragenden Fundamentes bringen Sie als unterste Schicht zirka 10 Zentimeter Mineralbeton – die sogenannte Sauberkeitsschicht – auf das gewachsene Erdreich ein.
- Darauf legen Sie eine Folie flächig aus. Jetzt wird der Beton eingebracht, der im gleichen Verhältnis wie für das Fundament hergestellt wird.

Hinweis

Die stabilste und häufigste Ausführung für einen Stall ist ein mit dem Boden dauerhaft verbundenes Fundament. Der Stall ruht vollständig darauf und hat eine feste Gründung. Alle anderen Fundamentarten sind zwar einfacher zu erstellen, doch liegt der Stall nur punktuell auf. Bei genügender Fundamenthöhe kann es dann aber als Vorteil angesehen werden, dass unter dem Stall Raum bleibt, der gestaltet und für die Hühner zugänglich gemacht werden kann.

- Die gesamte Betonbodenplatte wird etwa zehn bis 15 Zentimeter dick, wobei etwa in der Hälfte der Höhe eine Baustahlmatte eingelegt werden sollte. Diese verhindert, dass die Betonplatte später Risse bekommt.
- Haben Sie das Fundament exakt auf die gleiche Höhe gebracht, ist das Glätten der Bodenplatte kein Problem. Mit einem stabilen Holzbrett oder einem Richtbrett aus Aluminium können Sie es auf dem Fundament abziehen. Darunter versteht man das Auflegen der Latte auf die beiden gegenüberliegenden Fundamente, die dann gleichmäßig hin und her gerückt wird.
- Bei dieser Arbeit sollte man unbedingt zu zweit sein, um die Bodenplatte möglichst zügig und an einem Stück betonieren zu können. Vor allem bei sehr warmem Wetter muss man darauf achten, dass sie nicht zu schnell trocknet, weil sich sonst Trocknungsrisse bilden können. Dann kann es nötig sein, die Bodenplatte etwas mit Wasser zu besprenkeln.
- Wird auf die Bodenplatte der eigentliche Stallboden aufgebracht, brauchen Sie sich um absolute Geschlossenheit keine Gedanken machen. Andernfalls müssen Sie dafür sorgen, dass er absolut glatt ist. Dazu bearbeiten Sie die Oberfläche Stück für Stück mit einer sogenannten Reibescheibe, der Beton darf allerdings nicht zu feucht sein. Sonst ist es sinnvoller, noch etwas zu warten. Ist der Beton schon recht gut abgetrocknet, tauchen Sie zur Bearbeitung das Reibebrett immer wieder in Wasser.

Verschiedene Wandkonstruktionen

Die gängigsten Wandkonstruktionen sind die gemauerte Massivwand und die Holzständerkonstruktion. Beide haben ihre Vor- und Nachteile und lassen sich nicht direkt miteinander vergleichen. Allgemein gilt die Holzständerkonstruktion als einfacher in der Ausführung, sodass sie von den meisten Stallbauern angewendet wird.

Beide Varianten werden hier vorgestellt. Bei Wandkonstruktionen sollte außerdem im Voraus klar sein, welche Dachform später darauf gestellt werden soll, denn dies bestimmt die Höhen der einzelnen Wände.

Gut zu wissen

Üblich ist eine Wandstärke von 18 Zentimetern. Sie genügt bei einem üblichen Dachaufbau auch den statischen Anforderungen für einen Hühnerstall.

Mauerwerk

Der Fachhandel bietet eine umfangreiche Auswahl an verschiedensten Baumaterialien für Mauerwerk an. Am gängigsten sind Kalksandsteine, Bimssteine oder auch Hohllochsteine, die es in verschiedenen Höhen und Stärken gibt.

Die Steine werden in Mörtel gesetzt, den man am besten als Sackware im Fachhandel bezieht. Er ist zwar etwas teurer als selbst gemischter Mörtel, seine Vorzüge liegen jedoch in der Gleichmäßigkeit des Materials und der besseren Verarbeitbarkeit.

Die einzelnen Steine werden möglichst waagerecht auf das Fundament gesetzt, wobei die nächste Reihe im Versatz gesetzt werden muss, um keine durchgehenden vertikalen Fugen zu erhalten, die die Statik der Mauer stören. Beim Mauern ist neben der waagerechten Horizontalen immer auch darauf zu achten, dass die einzelnen Steinreihen vertikal im Lot sind. Unter Umständen können kleine Holzkeile, die unter die Steine geschoben werden, hier sehr hilfreich sein.

Eine Alternative zum Mauerbau sind Betonschalungssteine. Sie gibt es in geschliffener Ausführung, sodass sie einfach wie ein Baukastensystem aufeinander gestellt werden können. Die geschliffenen Steine sind zwar etwas teurer, man braucht sich aber um die Korrektheit der Wand keine Gedanken machen. Bei den ungeschliffenen Schalungssteinen sollte man immer wieder mit der Wasserwaage kontrollieren, ob alles im Lot ist. Die Verarbeitung der Schalungssteine ist denkbar einfach. Man stellt drei Steinreihen aufeinander und füllt sie mit Beton aus. Die Füllung der obersten Steine sollte aber bis maximal rund sieben Zentimeter zur Oberkante erfolgen, sodass eine stabile Verbindung zu den nächsten Steinreihen erfolgt. Diese werden nämlich erst am nächsten Tag aufgeschichtet, wenn die untere Betonmenge schon etwas gefestigt ist. Eingelegte Stabeisen, und zwar sowohl vertikal als auch horizontal, sorgen für zusätzliche Stabilität und verbindet die Steinreihen. Mit Betonschalungssteinen erreicht man eine sehr massive und stabile Wandkonstruktion.

Nicht vergessen

Wer sich entschließt, ein Mauerwerk zu erstellen, muss sich bereits im Vorfeld darüber klar sein, wo Öffnungen für Fenster, Lüftung und Türen vorgesehen werden müssen. Ein nachträgliches Anbringen von Öffnungen ist sehr arbeits- und zeitintensiv und kann die Statik der Wand entscheidend stören.

Die im Wohnbereich gern verwendeten Gasbetonsteine (Ytong) können jederzeit auch für den Hühnerstall genommen werden. Sie sind leicht, einfach zu verarbeiten und können selbst mit einem gewöhnlichen Fuchsschwanz gesägt werden. Verbunden werden die Steine mit einem speziellen Gasbetonstein-Kleber, den der Fachhandel bereithält.

Um das Mauerwerk dauerhaft zu schützen, muss es sowohl innen als auch außen verputzt werden. Im Außenbereich geschieht dies in der Regel mit einem Rauputz, der fertig in Eimern zu beziehen ist. Aufgebracht wird er mit einer Glättungsscheibe, und dies ist auch für den Ungeübten nicht schwierig. Entweder der Putz ist schon in der gewünschten Farbe getönt oder man wird den abgetrockneten Putz zweimal mit einer guten Fassadenfarbe streichen.

Im Innenbereich hat sich ein Zementhaftputz bewährt. Üblicher Kalkzementputz ist nicht so hart und kann unter Umständen Schäden bekommen, wenn Hühner daran picken. Beim Zementhaftputz ist dies nicht der Fall. In der Verarbeitung gleichen sich beide. Der Innenputz wird ebenfalls mit der Glättungsscheibe aufgebracht, wobei darauf zu achten ist, dass die Wand gleichmäßig verputzt wird. Hierzu ist schon etwas an Erfahrung nötig. Holen Sie sich entweder Hilfe oder üben Sie an einer Stelle, die nicht sofort ins Auge fällt. Die Wasserwaage sollte aber immer wieder zur Hand genommen werden. Achten Sie darauf, immer nur kleine Mengen anzumischen und diese nach und nach zu verarbeiten. Der richtige Wasseranteil wird auf den Säcken angegeben.

Holzständerkonstruktion

Für Holzständerwände verwendet man vierkantige Holzbalken in unterschiedlicher Stärke. Bei sehr kleinen Ställen genügt eine Balkenstärke von zirka 6×6 Zentimetern, für größere sollten es 10×10 Zentimeter sein.

Eine bewährte Vorgehensweise ist, als Grundlage ringsum auf das Fundament je einen Holzbalken zu schrauben. Dabei wird mit einem Holz-Stein-Bohrer durch das Holz in das Fundament gebohrt, in das Fundament ein Dübel eingebracht und anschließend eine genügend lange Schraube durch das Holz in das Fundament eingedreht. Bei 10 Zentimeter dicken Holzbalken sollten die Schrauben etwa 16 Zentimeter lang sein, um genügend Halt zu gewährleisten. Der Abstand von Schraube zu Schraube sollte 60 Zentimeter nicht überschreiten, weil auf diesen Grundhölzern (Grundpfetten) die weitere Wandkonstruktion aufgebaut wird.

Während früher die vertikalen Balken durch einen Zapfen mit den Grundpfetten verbunden wurden, geschieht dies heute in der Regel mit Lochmetallwinkeln und Lochmetallplatten. Diese Verbinder sind recht günstig und leicht zu verarbeiten. Sie werden entweder verschraubt oder genagelt.

Die Abstände der vertikalen Balken können bis zu einem Meter betragen. Hier sollte man sich an seinen Stallmaßen orientieren und entsprechend passend einteilen. Dabei ist es durchaus sinnvoll, die Balken für eingeplante Fenster und Türen gleich im passenden Abstand zu stellen. So hat man später keinen zusätzlichen Aufwand und eine stabile Konstruktion. In einer Höhe von zirka einem

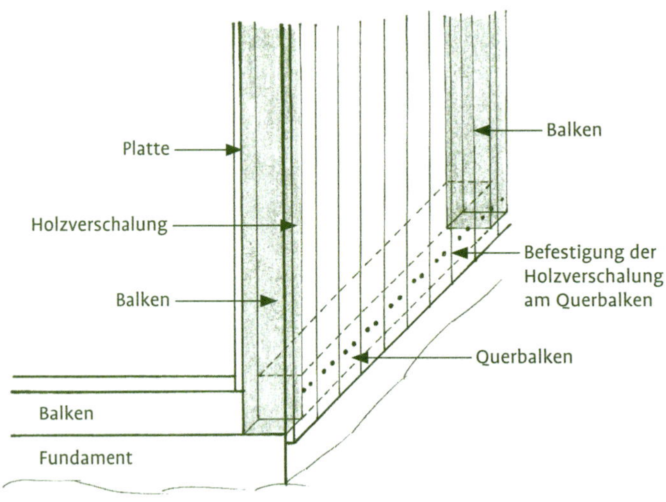

Verschalung einer Holzständerkonstruktion. Die Zwischenräume können mit Dämmmaterial ausgefüllt werden.

Meter sind horizontale Riegel einzuplanen. Auch sie werden mit Metallwinkeln befestigt, können aber zusätzlich noch mit den vertikalen Balken verschraubt werden.

Wie bei den Grundpfetten wird nach Erreichen der gewünschten Stallhöhe oben ein weiterer Balkenkranz angebracht, sodass die vertikalen Balken unten und oben wiederum durch Balken stabilisiert werden. Diagonal angebrachte Streben zwischen den Riegeln bringen weitere Stabilität. Sie werden von den unteren Stallecken aus diagonal nach oben geführt.

Vor dem Bau ist es sinnvoll, eine Holzstückliste anzufertigen, die möglichst alle benötigten Holzbalkenlängen enthalten sollte. Im Fachhandel sind Holzbalken meist nicht in der Länge zu erhalten, wie man sie benötigt. Man muss sie also zuschneiden lassen oder selbst auf das entsprechende Maß absägen. Das Ablängen der Balken geschieht am besten mit einer Kappsäge. Mit ihr erhält man einen absolut geraden Schnitt, der für ein exaktes Arbeiten nötig ist.

Obwohl die horizontalen Riegel etwas schwächer in der Ausführung sein können, ist es empfehlenswert, alles in einer Holzstärke auszuführen. Erfahrungsgemäß gibt es so weniger Reste als bei verschiedenen Holzstärken.

Verkleidung

Verkleidet werden können die Holzständer kann je nach Geschmack des Bauherren. Wird auf eine Dämmung verzichtet, genügt die Verkleidung der Außenwand. Ist eine Verkleidung im Innern vorgesehen oder aufgrund einer Dämmung notwendig, geschieht dies am besten mit Holzplatten, die eine glatte Oberfläche aufweisen. Eine Plattenstärke von 10 bis 12 Millimeter genügt hier, weil sie keine besondere Last tragen müssen. 18 Millimeter sind natürlich besser. Durch die deutlich geringere Stoßanzahl sind Platten dabei Brettern vorzuziehen. Denn auch hier würde Ungeziefer eine Heimstatt geboten.

Die Platten werden auf die Holzbalkenkonstruktion geschraubt, wobei darauf zu achten ist, dass die Schrauben versenkt werden. Bei der Verschalung muss man sehr exakt arbeiten, um zum Beispiel Mäusen keinen Eingang in die Balkenzwischenräume zu bieten. Ist ihnen dies erst einmal gelungen, kann man sie kaum bekämpfen und muss fast immer die Innenverschalung wieder entfernen.

Die Außenwände werden meistens mit Nut- und Federbrettern verschalt, wobei die Stärke der Bretter mindestens 22 Millimeter betragen sollte. Sie werden vertikal, Brett für Brett angeschraubt. Eine horizontale Lattung sieht man heute kaum noch, da hauptsächlich Nut- und Federbretter Verwendung finden. Durch die schmale Sichtbreite sieht der Stall sonst in Querlattung recht gedrückt und unruhig aus.

Ein besonders rustikales Aussehen erhält der Stall, wenn er mit sägerauen Brettern verschalt wird. Dann kann es jedoch sinnvoll sein, eine sogenannte Stülpschalung zu verwenden. Dabei wird über dem Stoß ein weiteres Brett angebracht, sodass selbst bei starkem Schwund eine geschlossene Front erscheint. Den gleichen Effekt erreicht man durch Verkleidung der Außenwand mit Plattenware, auf die dann lediglich Bretter zur Zierde angebracht werden.

Dämmung

Bei gemauerten Ställen wird man auf eine Dämmung verzichten, denn das Mauerwerk schafft ein relativ gleichmäßiges Stallklima. Bei Holzställen sieht dies anders aus. Hier ist eine Dämmung sinnvoll, weil sie dafür sorgt, dass die Temperaturschwankungen im Stall geringer ausfallen. Üblich ist eine Zwischenbalkendämmung. Das heißt, das Dämmmaterial wird in die Leerräume der Holzständerkonstruktion eingebracht. Eine besondere Befestigung ist nicht nötig, sofern das Material exakt zugeschnitten wird. Dazu verwendet werden können alle auch im Wohnhausbau üblichen Materialien wie die preisgünstigen Styroporplatten.

In diesem kleinen Hühnerstall herrscht durch seine Dämmung immer ein ausgeglichenes Stallklima, sodass sich die Deutschen Zwerg-Wyandotten wohlfühlen.

Die Verschalung muss sehr exakt ausgeführt werden, denn Dämmmaterialien haben auf Mäuse und sonstiges Ungeziefer eine geradezu magische Anziehungskraft. Sie finden darin optimale Bedingungen, um ihre Nester anzulegen. Eine Bekämpfung ist dann fast unmöglich und die komplette Ablösung der Schalung notwendig.

Auch wenn allgemein gilt, dass Geflügel winterhart ist, also unter unserem mitteleuropäischen Klima nicht leidet, kann es bei Hahn und Hennen in ungedämmten Ställen zu Erfrierungen an Kamm und Kehllappen kommen und zwar besonders, wenn der Stall nicht trocken genug ist – das Stallklima also nicht stimmt. Dann bildet sich Kondenswasser (Schwitzwasser) hauptsächlich an den Innenscheiben der Fenster. Entdecken Sie dieses Phänomen, müssen Sie schnell handeln, um dauerhafte Schäden bei den Tieren zu verhindern.

Gut zu wissen

Neben einem gleichmäßigeren Stallklima hat die Dämmung den nützlichen Nebeneffekt des Schallschutzes. Vor allem, wenn man einen Hahn halten will, sorgt die Dämmung dafür, dass der morgendliche Krähruf nicht zu stark nach außen dringt.

Schallschutz

Während das weibliche Geschlecht der Hühnervögel ruhig ist, von einem aufgeregten Gackern einmal abgesehen, kann man dies vom Hahn nun wirklich nicht behaupten. Sein frühmorgendlicher Ruf hat schon zu manchem Ärger zwischen Halter und Nachbarn geführt, die die Begeisterung für die Hühner und ihren Beschützer nicht teilen. Selbst wenn man im Vorfeld mit allen Beteiligten gesprochen und zunächst keine Einwände gegen eine Hühnerhaltung angeführt wurden, kann sich dies schnell ändern, wenn der Hahnenschrei den Schlaf stört.

Wer weiß, welch intensives Familienleben Hühner mit einem Hahn entwickeln und dies erleben oder Küken aufziehen möchte, kommt um die Haltung eines Hahnes nicht herum. Um eine Belästigung der Nachbarschaft zu minimieren, sollten Sie sich mit dem Schallschutz beschäftigen. Dieser kann sich auf den Stall beschränken, denn der Krähruf stört, wenn man dies überhaupt so nennen will, nur am Morgen, wenn die Tiere noch drinnen sind.

Eine vollständige Dämmung des Stalles, auch an der Decke, macht schon viel aus. Doppelverglasung bei den Fenstern und fachmännische Anschlüsse der Fensterrahmen mit PU-Schaum sind ein weiterer Pluspunkt im Hinblick auf einen Schallschutz. Dass die Fenster und auch Lüftungsschlitze bei Nacht verschlossen sein müssen, sollte selbstverständlich sein.

Gut zu wissen

Wertvolle Hilfe und weitere Tipps zum Schallschutz erhalten Sie im Baustoffhandel.

Fenster

Helligkeit ist ein entscheidender Faktor in der Hühnerhaltung und extrem wichtig. Sie trägt wesentlich zum Wohlbefinden der Tiere bei. Allein deshalb muss man den Fenstern und deren Größe besondere Aufmerksamkeit schenken.

Große Fenster sorgen dafür, dass es innen immer hell und freundlich ist.

Allgemein wird davon ausgegangen, dass die Fensterfläche etwa 4 % bis 5 % der Stallgrundfläche ausmachen sollte. Von alten Hühnerställen kennt man die großen Holzfenster. Sie waren wohl bis in die 1950er-Jahre das Nonplusultra beim Hühnerstallbau. Heute müsste man sich solche Fenster extra und teuer anfertigen lassen. Man wird deshalb auf gängige, isolierverglaste Fenstergrößen zurückgreifen, wie sie die meisten Baumärkte aus Holz oder Kunststoff auf Vorrat haben. Holzfenster sind bei regelmäßigem Wiederholungsanstrich in der Haltbarkeit dem Kunststofffenster keinesfalls unterlegen.

Beim Fensterkauf sollten Sie darauf achten, dass sie sowohl ganz zu öffnen sind als auch eine Kippfunktion haben. Dies kann vor allem im Sommer für das Lüften ein großer Vorteil sein.

Leider kann man bei den modernen Fenstern die Flügel nur mit größerem Aufwand komplett aushängen, deshalb kann eine sinnvolle Alternative sein, ältere Fenster, die bei einer Hausrenovierung ausgetauscht werden, für den Hühnerstall zu verwenden. Diese werden meistens komplett mit Rahmen ausgewechselt und entsorgt. Mit einem Neuanstrich versehen, leisten solche Fenster im Hühnerstall noch gute Dienste. Man sollte dann entsprechende

Aussparungen vorsehen, denn die alten Fenster können ganz ungewöhnliche Maße aufweisen, weil sie in früheren Zeiten individuell gefertigt wurden.

Anstelle von kompletten Fenstern können Sie auch einfache Holzrahmen anbringen, die mit Plexiglas oder Hohlkammerprofilen versehen werden. Bei beiden Ausführungen sollten Sie darauf achten, dass die Rahmen leicht auszuhängen sind, denn ständig verschlossene Fenster sind vor allem im Sommer nicht ideal. In der heißen Jahreszeit hängen die meisten Hühnerhalter die Fenster komplett aus, öffnen die Flügel ganz oder kippen sie zumindest.

Es lohnt sich, zu jedem Fenster einen einfachen Holzrahmen anzufertigen, der mit kleinmaschigem Drahtgeflecht bespannt wird. Im Stallinnern hinter dem Fenster befestigt, können so keine Federviehräuber wie Marder, Iltis und Wiesel eindringen und, je nach Bedarf, können die Fenster dauerhaft offen bleiben. Die Befestigung der Drahtrahmen geschieht am besten mit Flügelschrauben, denn sie lassen sich leichter öffnen als herkömmliche Muttern. Solche Drahtrahmen schaffen zudem ein sehr gutes Stallklima, da immer genügend Frischluft vorhanden ist. Im Übergang zur kalten Jahreszeit sollten sie dann aber wieder ausgetauscht werden.

Türen

Die Tür verschließt den Hühnerstall nach außen, sollte deshalb stabil sein und in der Qualität je nach dem Standort des Stalles gewählt werden. Eingangstüren sollten immer außen anschlagen und sich gegen die Hauptwindrichtung öffnen lassen.

In der massivsten Ausführung als komplette Stahltüren eignen sie sich nur zum Einbau bei gemauerten Ställen. Bei Holzställen wird man normalerweise auch auf Holztüren zurückgreifen, die entweder selbst gebaut oder im Fachhandel gekauft werden.

Will man den Stall verschließen können, ist der Kauf einer Tür mit eingebautem Schloss der richtige Weg. Die Preise für solche Türen sind nicht besonders hoch. Mit einem Schutzanstrich versehen, haben sie eine sehr lange Haltbarkeit.

Genügt ein einfacher Riegel oder ein Vorhängeschloss, kann man die Tür auch selbst bauen. Das Material für die einfachste Ausführung ist eine gut 30 Millimeter starke Mehrschichtholzplatte, die mit einfachen Scharnieren am Rahmen befestigt wird. Stabiler ist eine Tür aus einzelnen Brettern, die im Innern mit Quer- und Diagonalbrett versehen wird. Aufgrund des höheren Gewichtes einer solchen Tür eignen sich Metallbänder besser als normale Scharniere, um sie zu befestigen.

Die Türhöhe sollte so gewählt werden, dass man ohne Probleme den Stall betreten kann. Wichtiger als die Höhe ist allerdings die

Breite. 85 Zentimeter sind, wo immer es geht, anzustreben. Denn dann kann man mit einer Schubkarre in den Stall fahren, was vor allem zum Reinigen vorteilhaft ist.

Kleinere Türen, vor allem bei Kleinstställen, in denen man nicht aufrecht stehen kann, werden fast ausnahmslos aus Mehrschichtplatten gefertigt. Sie sind in der Herstellung sehr einfach und auch dem Anfänger zu empfehlen.

Wer sehr große Hühner, wie diese gelb-schwarzgesäumten Orpington, hält, muss den Ausschlupf entsprechend planen.

Ausschlupf

Unter diesem Begriff versteht man die Öffnung im Stall, aus der die Hühner in den Auslauf gelangen. Die Größe der Öffnung sollte so bemessen sein, dass die Tiere zwar bequem nach außen gelangen können, aber so klein, dass nicht unnötig viel Zugluft in den Stall kommt und Spatzen und sonstige Vögel davon abgehalten werden, in den Stall zu fliegen. Diese Tiere könnten durch ihre Ausscheidungen Krankheiten übertragen.

Eine wirksame Hilfe kann ein kleiner Lamellenvorhang sein, den man am Ausschlupf anbringt. Nach kurzer Gewöhnungszeit werden sich die Hühner ohne Einschränkungen dadurch bewegen. Wildlebende Vögel dagegen gewöhnen sich in der Regel nicht daran und bleiben draußen.

Besonders wichtig ist, dass der Ausschlupf fest verschlossen werden kann. Normalerweise geschieht dies mit einem einfachen Holzschieber, der in zwei Führungsschienen läuft. Mit Hilfe einer Schnur, die über Rollen geführt wird, lässt sich der Schieber bewegen. Keinesfalls darf der Holzschieber zu leicht sein, Raubwild ist ungemein geschickt und könnte sonst leicht eindringen, besonders wenn der Holzschieber eine raue Oberfläche hat. Eine glatte Holzplatte oder ein dickerer Kunststoffschieber sind wesentlich besser geeignet.

Gut zu wissen

Die Maße des Ausschlupfes ergeben sich aus der Größe der gehaltenen Hühner oder Zwerghühner. Für absolute Riesenrassen sollten Sie 40 Zentimeter Breite und 50 Zentimeter Höhe wählen. Für normalgroße Hühner genügen 35 × 45 Zentimeter. Der Ausschlupf für Zwerghühner liegt im mittleren Größenbereich von 25 × 35 Zentimetern.

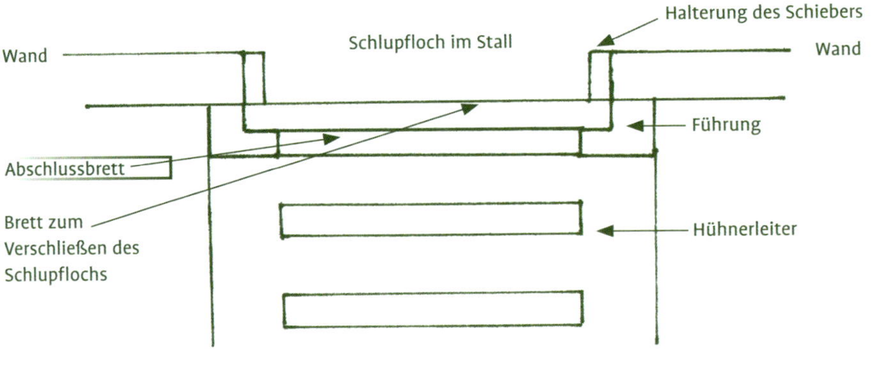

Aufbau eines praktikablen Ausschlupfes von oben.

Damit der Schieber einwandfrei schließt, sollte er nicht auf dem Boden aufstehen. Hier kann sich Einstreu dazwischenschieben, was unter Umständen schon reicht, um ein Eindringen von Raubzeug zu ermöglichen. Dies ist natürlich auf jeden Fall zu vermeiden. Am sinnvollsten ist es deshalb, wenn der eigentliche Ausschlupf nicht direkt auf dem Boden seine Unterkante hat, sondern etwa in 20 bis 25 Zentimetern Höhe. Dies reicht in aller Regel aus, damit keine Einstreu herausgetragen wird, auf der anderen Seite können die Hühner den Stall trotzdem bequem verlassen. Um absolute Sicherheit zu haben, ist eine zusätzliche Fixierung des Schiebers im geschlossenen Zustand empfehlenswert.

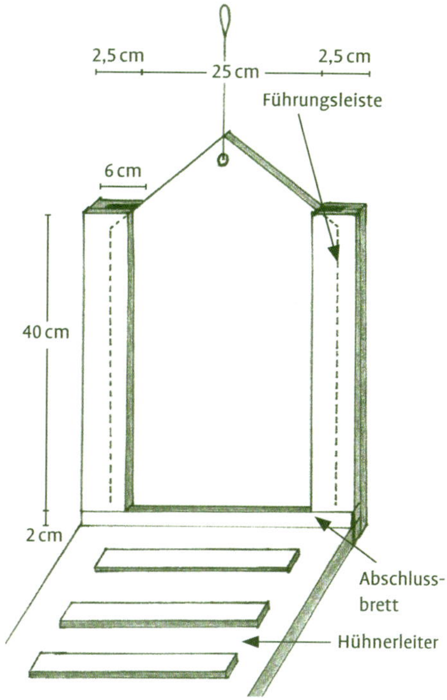

Achten Sie darauf, dass der Ausschlupf vollständig schließt. Wählen Sie die Führungsleisten so, dass das Schließbrett leicht läuft.

Da der nächtliche Verschluss des Hühnerstalles sehr wichtig ist und bereits ein einmaliges Vergessen fatale Folgen haben kann, lohnt sich auch folgende Alternative: elektrische Türöffner, die mit einer Zeitschaltuhr den Schieber öffnen oder verschließen und im Fachhandel erhältlich sind. Vor der Inbetriebnahme sollte man genau überprüfen, zu welcher Zeit alle Hühner im Stall sind, um nicht eine böse Überraschung zu erleben. Auch muss die Zeitschaltuhr immer wieder an jahreszeitliche Verhältnisse angepasst werden, im Herbst und Winter suchen die Hühner den sicheren Stall deutlich früher auf als an hellen Sommerabenden.

Da Hühner gerne auch mit anderen Tieren zusammen gehalten werden beziehungsweise gemeinsame Ausläufe nutzen, kann ein Ausschlupf auch zum Eingang für andere Tiere werden. Man denke nur an vorwitzige Ziegen, die sich den Weg durch den Ausschlupf bahnen und im Stall Hühnerfutter fressen. Um dies zu verhindern, kann man vor den eigentlichen Ausschlupf ein etwa ein Meter langes Stück Holzzaun parallel zur Stallwand aufstellen. Der Abstand zum Stall sollte etwa 30 Zentimeter betragen. Damit ist es recht eng und durch den 90°-Winkel kann kein anderes Tier in den Hühnerstall gelangen.

Eine interessante Bastler-Idee: Hier wurde ein Rollladen-Motor zum elektronischen Stallwächter umfunktioniert.

Ausstiege und Windfang

Gegen Zugluft hat sich vor dem Ausschlupf ein sogenannter Windfang bewährt. Dies ist ein kleiner Vorbau, der gegen die übliche Windrichtung angebracht wird und den direkten Zugang zum Schlupfloch verhindert. Das Tier muss um die Ecke gehen, um ins Stallinnere zu gelangen.

Mit diesem Windfang vor dem Ausschlupf verhindern Sie störende Bodenwinde im Stallinnern, was dieser silberfarbig-gebänderten Zwerg-Cochin-Henne gefällt.

Für den Windfang sollte man möglichst wetterbeständiges Material verwenden wie die sehr haltbaren Siebdruckplatten, die auch im Anhängerbau verwendet werden. Es sind wasserfeste Holz-Mehrschichtplatten, die sich verschrauben lassen.

Da die meisten Ställe höher als das umgebende Bodenniveau liegen, bringt man am sinnvollsten einen Ausstieg an – besser bekannt als Hühnerleiter. Diese wird entweder direkt an Ausschlupf oder Windfang mit kleinen Scharnieren angebracht oder einfach mit Schraubhaken in Ösen eingehängt.

Während bei allen Utensilien und Bestandteilen im Hühnerstallbau grundsätzlich Materialien verwendet werden, die eine glatte Oberfläche haben sollten, nimmt man für die Hühnerleiter am sinnvollsten sägeraue Bretter. Die Hühner können darauf nicht rutschen und haben einen sicheren Zugang zum Stall. Es scheint Hühnern sichtlich Spaß zu machen, auf Hühnerleitern zu laufen. Man sollte darauf grundsätzlich nicht verzichten, selbst wenn der Ausschlupf nur 25 Zentimeter über dem umgebenden Bodenniveau liegt. Doch auch große Höhenunterschiede von mehreren Metern lassen sich mit der Hühnerleiter überbrücken. Die Breite sollte sich an der Ausschlupfbreite orientieren und die Querlatten im Abstand von zirka 18 bis 20 Zentimeter darauf geschraubt werden.

Stallboden

Der eigentliche Hühnerstallboden sollte niemals gewachsener Boden sein. Die Reinigungsmöglichkeiten wären nicht gegeben und allerlei Ungeziefer die Regel. Böden aus Backsteinen sind ein Relikt aus der Vergangenheit und auch Betonböden, wie sie durch eine Bodenplatte bereits vorhanden sind, werden heute nicht mehr so belassen. Vor allem im Winter sind sie kaum trocken und dauerhaft kalt der Gesundheit von Hühnern abträglich.

Holzplatten

Über die Betonbodenplatte legt man eine Schicht Dachpappe als sogenannte Dampfsperre. Darauf werden etwa fünf Zentimeter hohe Holzbalken gelegt und mit dem Fundament und der Bodenplatte verschraubt. Auf sie kommen nun wasserfeste Holzplatten, und zwar so, dass die gesamte Bodenfläche belegt ist. Sie bilden den eigentlichen Stallboden und so sollte die Dicke der Platten zirka 22 mm betragen. Sie sind begehbar und biegen sich auch bei starker Belastung nicht durch.

Sie können Siebdruckplatten oder einfache Pressspanplatten verwenden, achten Sie jedoch unbedingt darauf, dass die Oberfläche glatt ist. Allein aus diesem Grund sind die heute sehr beliebten OSB-Platten ungeeignet, ebenso wie Holzbretter. Die vielen beim Verlegen entstehenden Stöße, also Ritzen im Holz, lassen sich auf Dauer nicht sauber halten und bieten Ungeziefer Unterschlupf.

Bei Ställen, die keine betonierte Bodenplatte als Untergrund besitzen, ist ein doppelter Holzfußboden unbedingt anzuraten. Der Abstand der Zwischenbalken von zirka 5×5 cm sollte dabei 60 Zentimeter nicht überschreiten, damit er stabil ist und größerer Belastung standhält.

Damit der Boden von unten her nicht zu stark auskühlen kann, sollten Sie die Sparrenzwischenräume unbedingt isolieren. Dazu verwenden Sie am besten das gleiche Material wie bei der Wanddämmung.

PVC

Eine noch glattere Bodenfläche lässt sich durch einen zusätzlichen PVC-Belag erreichen. Die im Handel üblichen Breiten reichen fast immer aus, um den gesamten Stall auf einmal auszulegen. Hinderliche Stöße gibt es dann nicht. Keinesfalls sollten Sie den Boden schwimmend verlegen, sondern nach Möglichkeit flächig und zumindest mit doppelseitigem Klebeband fixieren.

Fliesen

Eine ebenfalls sehr saubere Lösung ist das Fliesen des Stallbodens und für den handwerklich geschickten Stallbauer auch kein größerer Aufwand. Dabei werden die Fliesen direkt auf die Bodenplatte aufgebracht. Ein solcher Boden kann auch nass gewischt werden, was vor allem dann von Vorteil sein kann, wenn man keine Tiefstreu verwendet.

Lüftung

Gute, zugfreie Lüftung im Stall ist in der Hühnerhaltung unverzichtbar. Auf Ventilatoren, wie sie in der Wirtschaftsgeflügelzucht die Regel sind, wird man wohl verzichten. Eine preisgünstige und wenig aufwendige Alternative ist der Einbau leichter Nassraumventilatoren, wie sie im Hausbau verwendet werden. Damit werden verbrauchte Luftmassen aus dem Stall befördert.

Solche Kleinventilatoren sind zwar sinnvoll, aber keinesfalls immer notwendig. Bei einer geringen, der vorhandenen Stallfläche angepassten Anzahl an Tieren, kommt man mit einem natürlichen Lüftungsverfahren, der sogenannten Schwerkraftlüftung, vollauf zurecht.

Dazu ein wenig Physik: Erwärmte Luft dehnt sich aus und bekommt dadurch ein spezifisch leichteres Gewicht, das sie nach oben steigen lässt. Kalte Luft dagegen sinkt ab. Machen Sie sich dieses Prinzip zunutze und Sie erreichen auf diese Weise eine genügende Lüftung des Stalles. Luftzufuhr und Luftabfuhr sollten so gestaltet sein, dass ein möglichst gleichmäßiger Austausch von frischer und verbrauchter Luft stattfinden kann. Dafür haben sich sogenannte Lüftungsschlitze bewährt, längliche Aussparungen in der Stallwand, die etwa 20 Zentimeter unterhalb der Stalldecke angebracht werden. Die Höhe dieser Lüftungsschlitze beträgt zirka 10 Zentimeter.

Um ein Eindringen von Spatzen und sonstigem Getier in den Stall zu verhindern, müssen die Schlitze mit einem feinmaschigen Drahtgewebe bespannt werden. Nach mehrjährigem Gebrauch kann es sinnvoll sein, dieses Gewebe auszutauschen oder richtig abzukehren, damit deutlich mehr Luft nach innen oder außen dringen kann, der beste Beweis im Übrigen, dass dieses Prinzip der Lüftung funktioniert hat.

Die Lüftungsschlitze sollten sowohl an der Vorder- als auch der Rückseite des Stalles angebracht werden. Bei einem Pultdach ist dies am einfachsten. Die kältere Luft tritt an der Rückseite in den

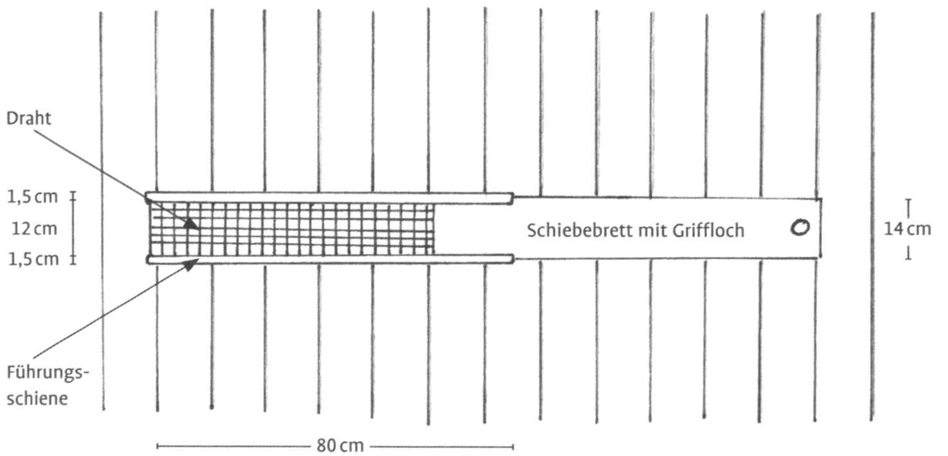

Lüftungsschlitze sollten an der niederen Wand eines Stalles eingeplant werden, um die optimale Lüftung zu gewährleisten.

Stall ein, senkt sich ab, erwärmt sich und dehnt sich aus. Diese warme Luft steigt nun nach oben und tritt an den höher liegenden Lüftungsschlitzen an der Vorderseite nach außen. Wie erwähnt, sind durch die Dachneigung beim Pultdach der niedrigere Eintritt und die höhere Austrittsöffnung durch die Bauform vorgegeben.

Da die Lüftungsschlitze Öffnungen in der Stallwand sind, müssen sie bei starkem Unwetter, wenn beispielsweise Wasser durch Schlagregen einzudringen droht, verschlossen werden können. Dafür sieht man am besten einfache Holzschieber vor, die den Lüftungsschlitz je nach Bedarf schließen oder öffnen lassen.

Bei einem Satteldach sieht die Entlüftung etwas anders aus, denn normalerweise sind die gegenüberliegenden Seitenwände gleich hoch. Selbstverständlich können die Lüftungsschlitze unterschiedlich hoch angebracht werden, doch meistens wird man bei Satteldächern eine Dachlüftung einplanen. Dabei werden die Lüftungsschlitze in den Wänden auf gleicher Höhe an zwei gegenüberliegenden Seiten angebracht. Die kalte Luft tritt hier beidseitig ein und die erwärmte entweicht über das Dach. Wird der Raum unter dem Dach nicht genutzt, kann man bei der Eindeckung einfach ein paar Lüftungsziegel vorsehen.

Ist eine Nutzung des Raumes unter dem Dach vorgesehen, ist eine Zwischendecke zum eigentlichen Stallraum vorhanden. Sieht man jetzt keine Möglichkeit vor, die erwärmte Luft entweichen zu lassen, kann es bezüglich des Stallklimas zu echten Problemen kommen. Mit dem Einbau von Lüftungsschächten in der Stalldecke, die bis unter den Dachfirst gehen, beugt man dem vor. Entweder man baut selbst Schlote aus Holz oder verwendet Rohre aus Kunststoff, die die Luft nach oben entweichen lassen. Als Durchmesser solcher Lüftungsschächte haben sich etwa 20 Zentimeter bewährt. Die nach oben steigende Luft entweicht entweder über Lüftungsziegel oder spezielle Dachfirstziegel, die eine Entlüftung zulassen.

Die Anzahl der Lüftungsschächte kann variieren. Ein solcher Lüftungsschacht pro acht Quadratmeter Stallfläche sorgt für einen ausreichenden Luftaustausch.

Selbstverständlich sind Lüftungseinrichtungen keinesfalls die einzige Möglichkeit, Luft in den Stall und auch wieder nach außen zu leiten. Vor allem im Sommer ist es üblich, dass die Fensterflügel ausgehängt oder zumindest gekippt werden, um eine große Menge Frischluft in den Stall zu bringen. Sofern es die Witterung zulässt, sollten Sie selbst im Winter die Fenster kippen. Fällt die Temperatur aber deutlich unter 0 °Celsius oder verhindert eine hohe Schneedecke den Gang in den Auslauf, werden die Lüftungsvorrichtungen unverzichtbar, wenn die Hühner den ganzen Tag im Stall verbringen müssen.

Anstriche

Um eine größere Haltbarkeit der verwendeten Materialien zu erreichen, wird man nicht umhin kommen, sie durch Anstriche vor der Witterung vor allem im Außenbereich zu schützen.

Nicht nur im Innenbereich spielen auch ästhetische Gründe eine Rolle. Den Hühnerstall sollte man außen ebenfalls farblich gefällig gestalten, damit er sich harmonisch in das natürliche Umfeld eingliedert und nicht wie ein Fremdkörper wirkt. Dabei braucht man nicht immer auf die üblichen Brauntöne zurückgreifen. Hier darf man ruhig einmal kreativ sein. Ob man die Innenverkleidung streichen will, bleibt jedem selbst überlassen.

Früher wurden die Ställe innen gekalkt. Dazu wurde Löschkalk mit Wasser angesetzt und anschließend mit einem großen Pinsel aufgetragen. Der Vorteil dabei ist, dass Kalkmilch desinfizierende Wirkung besitzt. So ganz nebenbei wird man feststellen, wie gerne Hühner an der Wand picken, wenn diese gekalkt ist. Eine Alternative zur selbst hergestellten Kalkmilch ist Kalkfarbe aus dem Handel. Sie lässt sich direkt aus dem Eimer verstreichen und hat die gleichen Vorzüge. Wer Kalkmilch nicht verwenden will oder wem sie wie ein Relikt aus vergangenen Zeiten erscheint, kann natürlich den Innenraum auch mit normaler Dispersionsfarbe streichen. Obwohl Anstriche innen nicht unbedingt nötig sind, machen sie den Stall doch hell und geben ihm ein frisches Aussehen.

Wo immer möglich, sollte man gerade im Innenbereich auf Bio-Qualität der Farbe zurückgreifen und selbst dann nach dem Streichen die Farbe vollständig austrocknen und ausdünsten lassen. Es ist noch immer die Regel, die Außenschalung mindestens zweimal zu sreichen, soll sie dauerhaft Bestand haben. Dazu sollte man eine wirklich gute Holzschutzlasur oder -farbe verwenden. Während Lasuren die Holzstruktur und -maserung noch erkennen lassen, erreicht man mit Holzschutzfarben eine vollständige Abdeckung. Farben auf Acrylbasis gehen etwas mit der Temperatur mit und blättern damit nicht so leicht ab. Dunklere Farbtöne bieten durch das darin enthaltene Pigment einen größeren Schutz als hellere und sollten demnach den Vorzug erhalten. Früher enthielten Farben in aller Regel stark giftige Lösungsmittel. Die meisten Farben sind heute auf Wasserbasis und damit weit weniger umweltschädlich. In der Zwischenzeit gibt es zahlreiche Bio-Farben, die den konventionellen in nichts nachstehen.

Machen Sie einen Probeanstrich, bevor Sie den Stall großflächig streichen. Dazu verwenden Sie am besten Holzabschnitte, die Sie zu einer größeren Fläche zusammenlegen. Gefällt Ihnen die Farbe nicht, können Sie immer noch umschwenken. Aus diesem Grund sollte die erste Farbdose immer klein sein. Passt die Farbe, können

Sie dann zum größeren Gebinde greifen. Gefällt sie Ihnen aber nicht, ist der finanzielle Schaden nicht allzu groß. Gute Farbe hat nämlich ihren Preis.

Um möglichst lange an seinem Stall Freude zu haben, wiederholt man den Anstrich am besten im zweijährigen Rhythmus. An Stellen, die der Witterung sehr stark ausgesetzt sind, kann sogar ein jährlicher Anstrich vonnöten sein. Damit ist dann aber auch gewährleistet, dass die Holzstruktur intakt bleibt und der Stall immer wie neu aussieht. Vor dem Wiederholungsanstrich sollte man das Holz mit einem feinen Sandpapier anrauen, um alte, losgelöste Farbreste zu entfernen, dann abkehren oder abreiben, um das Holz für die frische Farbe aufnahmefähiger zu machen.

Der eigentliche Anstrich erfolgt mit einem hochwertigen Borstenpinsel, der nicht gleich zu Beginn sehr viele Borsten fallen lässt. Am besten streicht man jedes Brett für sich, und zwar von oben nach unten. Tropffarbe wird damit aufgenommen und man sieht keine unschönen Farbübergänge.

Vor dem allerersten Anstrich muss das Holz fett- und staubfrei sein. Eine einmalige Grundierung mit sogenanntem Schutzgrund verhindert die Blaufäule des Holzes und verleiht ihm eine höhere Haltbarkeit. Es ist jedoch unbedingt darauf zu achten, dass diese Grundierung vollständig ausgetrocknet ist, ehe man den endgültigen Anstrich mit Lasur oder Farbe aufträgt.

Vermehrt findet man auch Holzverschalungen, die keinen schützenden Holzanstrich erhalten. Grundsätzlich ist dagegen nichts einzuwenden. Das Holz graut natürlich, was unweigerlich seinen Reiz hat. Vor allem aus der Alpenregion kennt man dies. Das Holz muss dann aber auf jeden Fall vollständig abtrocknen können. Staunässe, egal in welcher Form, würde das Holz in kurzer Zeit verfaulen lassen. Das heute angebotene Holz ist fast ausschließlich in Trocknungskammern getrocknet. Eine natürliche Trocknung findet also nicht mehr statt und damit ist auch die Haltbarkeit ohne Anstrich heruntergesetzt. Nicht umsonst haben unsere Vorfahren ihr Bauholz bei abnehmendem Mond geschlagen und entsprechend gelagert. Dies ist nicht mehr die Regel. Den heute vorhandenen Tatsachen muss also Rechnung getragen werden.

Mauerwerk und damit der aufgebrachte Putz wird mit einer Fassadenfarbe zweimal gestrichen. Dabei sollte man nicht unbedingt auf das preisgünstigste Produkt zurückgreifen, denn gerade bei Fassadenfarbe können die Qualitätsunterschiede gravierend sein. Greifen Sie auch hier zu Bio-Qualität – Sie werden es nicht bereuen. Je nach Witterungseinflüssen kann ein Wiederholungsanstrich bereits nach drei bis vier Jahren anstehen. Im Normalfall ist die Haltbarkeit von Fassadenfarben jedoch deutlich höher als die von Holzschutzlasuren oder -farben.

Gut zu wissen

Selten stimmen die Angaben zur Ergiebigkeit von Holzschutzfarben mit dem tatsächlichen Verbrauch überein. Daran sollten Sie beim Einkauf von Farben, Grundierungen und Lasuren denken und vielleicht einen Testlauf mit einer kleineren Menge machen, gerade auch wenn Sie Farben mischen lassen.

Baustoffübersicht für den Stallbau

nach Robiller, 2007

Verwendung	Baumaterial	Vor- und Nachteile	Wartungsaufwand, Haltbarkeit
Außen- und Innenwände	Gasbeton-steine (z. B. Ytong)	Sehr einfache Verarbeitung. Die Steine in unterschiedlichen Dicken werden mittels einer Säge in die passende Länge geschnitten und mit Hilfe eines speziellen Klebers dauerhaft verbunden. Sehr gute Wärmedämmung.	Wenn die Steine verputzt werden, unbegrenzt.
Außen- und Innenwände	Ziegelsteine	Steine müssen mit Zementmörtel aufgemauert werden, was Erfahrung erfordert. Sehr gute Wärmedämmung.	Unbegrenzt. Steine müssen nicht unbedingt verputzt werden.
Außen- und Innenwände	Kalksand-steine	Steine müssen wie Ziegelsteine verarbeitet werden. Sehr glatte Oberfläche, die Parasiten keinen Unterschlupf bietet.	Unbegrenzt. Steine müssen nicht unbedingt verputzt werden.
Außen- und Innenwände	Holzständer-konstruktion	Sehr einfache Verarbeitung. Die Balken in unterschiedlichen Querschnitten werden mit einer Säge auf die passende Länge geschnitten und mit Schrauben, Nägeln oder Metallwinkeln miteinander verbunden. Je nach Dämmmaterial zwischen den Balken eine sehr gute Dämmung.	Werden die Balken durch eine enstprechende Verkleidung vor Nässe geschützt, im Grund unbegrenzt.
Bodenbelag	Beton	Sehr einfach zu reinigen. Bietet dauerhaften Schutz gegen das Eindringen von Ungeziefer. Bei ungenügender Isolierung und Lüftung sehr kalt und unter Umständen feucht.	Keiner. Unbegrenzt.
Bodenbelag	Holz	Wird zum eigentlichen Boden (z. B. Beton) eine Dampfsperre und eine Unterkonstruktion eingeplant, ist der Boden sehr warm. Einfache Reinigung. Üblicherweise werden Pressspan- oder Mehrschichtplatten verwendet, so dass wenig Stöße entstehen. Zum zusätzlichen Schutz kann die Oberfläche mit einem Parkettlack gestrichen werden.	Bei Schutz vor Nässe und ordnungsgemäßer Verarbeitung sehr gut.
Bodenbelag	Fliesen	Als Unterkonstruktion sollte ein Betonboden vorhanden sein. Mit etwas Erfahrung können die Fließen mit möglichst glatter Oberfläche selbst verlegt werden. Boden kann selbst nass gewischt werden, was vor allem bei Desinfektionen ein großer Vorteil ist.	Keiner. Unbegrenzt.
Dach-eindeckung	Bitumen-pappe (Dachpappe)	Sehr einfache Verarbeitung. Um einen beständigen Schutz zu erhalten, sollten mehrere Lagen übereinander angebracht werden. Die Bitumenpappe wird mit Hilfe von speziellen „Dachpappenstiften" befestigt. Geringer Kostenaufwand.	Sollte in regelmäßigen Abständen (ca. 8–10 Jahre) erneuert werden.
Dach-eindeckung	Bitumen-schindeln	Schindeln gibt es in verschiedenen Farben und Formen. Sie werden nach einem festgelegten Plan (liegt jeder Verpackungseinheit bei) verlegt. Die Schindeln werden durch angebrachte Klebestreifen miteinan-der verbunden. Einfache Verarbeitung.	Sollte in regelmäßigen Abständen (ca. 10–15 Jahre) erneuert werden.

Verwendung	Baumaterial	Vor- und Nachteile	Wartungsaufwand, Haltbarkeit
Dacheindeckung	Bitumenwellbahn	Wellbahnen gibt es in verschiedenen Farben. Unter den Wellen müssen entsprechende Kunststoff-Abstandhalter angebracht werden, die es im Fachhandel gibt. Da das Gewicht der Platten sehr gering ist, benötigen sie keinen besonders starken Unterbau. Mit Bitumenwellbahnen können auch größere Dachflächen sehr einfach eingedeckt werden.	Die Haltbarkeit ist in etwa mit der von Bitumenschindeln zu vergleichen.
Dacheindeckung	Ton- oder Betonziegel	Sehr dauerhafte und stabile Dacheindeckung, die durch das hohe Gewicht aber einen stabilen Unterbau benötigt. Um eine optimale Lage der Ziegel zu erreichen, muss der Abstand der Dachlattenunterkonstruktion passend zum Ziegelfabrikat gewählt werden.	Beinahe unbegrenzt.
Dacheindeckung	Faserzementplatten	Stabile Dacheindeckung, die heute asbestfrei ist und deshalb ohne Bedenken verwendet werden kann. Hohes Gewicht, so dass auch hier ein entsprechend stabiler Unterbau nötig ist. Unter die Wellen sind am besten entsprechende Abstandhalter anzubringen, durch die die Platten mittels spezieller Schrauben befestigt werden.	Keiner. Unbegrenzt.
Wandverkleidung	Bretterverschalung	Unterschiedliche Ausführungsarten (Stülpschalung, Nut- und Federschalung, usw.). Es sollte auf eine sehr gute Qualität des Holzes geachtet werden. Während im Innenbereich kein Schutzanstrich nötig ist, muss das Holz im Außenbereich vorschriftsmäßig mit einer Grundierung und einem anschließenden Schutzanstrich versehen werden. Als Unterkonstruktion dient üblicherweise eine Holzständerkonstruktion. Im Innenbereich können viele Holzstöße als Unterschlupf für Parasiten dienen.	Innenbereich: Regelmäßige Bekämpfung von Außenparasiten in den Holzritzen. Außenbereich: Turnusmäßiger Wiederholungsanstrich. Sehr große Haltbarkeitsdauer.
Wandverkleidung	Gipskartonplatten	Einfache Verarbeitung. Platten im Normmaß werden auf die Unterkonstruktion (Holzständer oder Mauerwerk) aufgeschraubt bzw. mit einem Haftkleber angebracht. Stöße sollten mit spezieller Spachtelmasse überzogen werden. Sowohl im Innen- als auch im Außenbereich sollte die Fläche mit einem Putz überzogen werden.	Bei ordnungsgemäßer Verarbeitung sehr lange Haltbarkeit. Putz im Außenbereich sollte regelmäßig gestrichen werden.
Wandverkleidung	Pressspanplatten / Mehrschichtplatten	Sehr einfache Verarbeitung. Platten werden auf Holzständer geschraubt. Große Flächen können mit wenig Aufwand verkleidet werden. Kaum Stöße bieten Parasiten keinen Unterschlupf. Im Innenbereich ist kein zusätzlicher Schutzanstrich nötig. Weiß gestrichen wirkt das Stallinnere sehr hell. Als Unterkonstruktion für eine Wandverschalung (Sichtschalung), sollte ein Schutzanstrich durchgeführt werden.	Sehr gering und nahezu unbegrenzte Haltbarkeit.
Wandverkleidung	OSB-Platten	Platten werden wie Pressspanplatten mit Hilfe einer Säge verarbeitet. Durch die sehr grobe Oberflächenstruktur sollten sie als Wandverschalung im Innenbereich nicht unbedingt verarbeitet werden.	Sehr gering und nahezu unbegrenzte Haltbarkeit.

Einbrecher im Hühnerstall

Tipp vom Profi

Ein abendlicher Kontrollgang zum Hühnerstall, ob dieser auch wirklich verschlossen ist, gibt dem Hühnerhalter die nötige Sicherheit und Ruhe. Sonst kann es vorkommen, dass man nochmal aus dem Bett muss ....

„Fuchs du hast die Gans gestohlen" ist der Titel eines bekannten Kinderliedes. Füchse lieben aber nicht nur Gänse, sondern sind an jeder Art von Federvieh interessiert. Aber während früher die Gefahr für die Hühner nur bei einer Haltung am Ortsrand auftrat, ist spätestens mit dem Auftreten der so genannten Stadtfüchse überall damit zu rechnen. Neben dem Fuchs kommen vor allem Marder, Mink, Waschbär, Wiesel und Mauswiesel in Betracht. Sie alle können Hühnern gefährlich werden und geraten in eine Art Blutrausch, wenn sie erst einmal in den Stall eingedrungen sind. Während Fuchs und Waschbären die Hühner töten und wegtragen, töten die anderen alle Hühner, „saugen" ihnen das Blut aus und lassen sie liegen. Wenn man an einem Morgen nach einem solchen Gemetzel in den Stall kommt und die Folgen sieht, kann man sich vorstellen, was da passiert ist ...

Ein Riegel am Schieber verhindert, dass er nachts „unbefugt" aufgeschoben werden kann.

Der beste Schutz ist ein gut verschließbarer Stall, der spätestens mit Einbruch der Nacht verschlossen werden muss. Der Schieber am Schlupfloch muss so schwer sein, dass ihn ein „Räuber" nicht leicht nach oben schieben kann. Alle Riegel sollten im Idealfall eine zusätzliche Sicherung haben.
Ist dem Stall ein Kaltscharrraum vorgebaut, muss man hier auf eine gute Drahtqualität achten, die die größeren Räuber nicht einfach durchbeißen können. Bezüglich der Maschenweite gilt die Faustregel, dass wenn der Kopf durchpasst, auch der Rest des Körpers hindurch gelangt. Um das kleine Mauswiesel sicher draußen zu halten, sollte die Maschenweite maximal 11 Millimeter sein.
Ein weiterer Hühnerräuber ist der Habicht, auch als Hühnerhabicht bezeichnet. Erst in den letzten Jahren nutzt er zur Jagd auch Gebiete, die stark bebaut sind. Der Angriff erfolgt aus der Luft und mit einer solchen Geschwindigkeit, dass den Hühnern selten eine Chance bleibt. Der ideale Schutz ist eine Überdeckung des Auslaufes. Wo sich das nicht realisieren lässt, schafft eine abwechslungsreiche Bepflanzung des Auslaufes, unter der die Hühner Schutz suchen können, eine Alternative.

Dachkonstruktionen

Die häufigste und am wenigsten aufwendige Dachform bei Hühnerställen ist das Pultdach. Wesentlich seltener ist das Satteldach, zumindest wenn der Stall in Selbstbauweise erstellt wurde. Man unterscheidet zwischen gleichschenkligem und ungleichschenkligem Satteldach. Diese Dachformen erfordern schon einiges an technischem Wissen und Erfahrung, um sie aufzustellen. Trotzdem gibt es immer wieder Gründe für diese Dachform. Denn im zusätzlich gewonnenen Raum lässt sich allerhand Nützliches wie Futter- und Einstreuvorräte sowie Zubehör sicher und trocken unterbringen.

Gut zu wissen

Flachdächer scheiden für Hühnerställe fast immer aus und zwar weniger aus ästhetischen Gründen, sondern weil sie vom Laien auf Dauer kaum dicht zu bekommen sind. Man müsste einen Fachbetrieb damit betrauen und damit steht der finanzielle Aufwand nicht mehr im Verhältnis zum Nutzen.

Pultdach

Dazu wurden die gegenüberliegenden Wände beim Bau bereits verschieden hoch gezogen und der obere Kranz aus Vierkanthölzern bei der Holzkonstruktion verschraubt.

Die Vierkanthölzer für das Dach, die Sparren, werden nun in einem Abstand von zirka 60 bis 80 Zentimeter verlegt und mit Winkelverbindern sowie durchgehenden Schrauben mit der Wandkonstruktion verbunden. Bei gemauerten Ställen sollten Sie die Vierkanthölzer einmauern und damit eine feste Verbindung erreichen.

Als Querschnitt der Vierkanthölzer können Sie etwa 8 × 12 Zentimeter annehmen, wenn die zu überspannende Länge drei Meter nicht übersteigt. Um eine satte Auflage auf die Rahmenhölzer zu erreichen, kann es nötig sein, die Sparren etwas auszusägen. Dies darf aber nur in einem geringen Umfang geschehen, damit die Statik des Daches nicht gefährdet ist. Die Draufsicht der Sparren wird nun mit Holzbrettern oder Plattenware versiegelt.

Je nachdem, ob die Wände bereits gedämmt sind, ist auch eine Dachdämmung zu empfehlen. Am sinnvollsten ist dabei eine Zwischensparrendämmung. Dazu werden die Sparrengefache mit einem handelsüblichen Dämmstoff ausgefüllt. Die Stalldecke muss dann zusätzlich verkleidet werden. Je nach Vorliebe kann man hier unterschiedliche Materialien wählen, die aber grundsätzlich möglichst wenige Ritzen oder Stöße bei der Verarbeitung entstehen lassen sollten. Plattenware ist hier mit Sicherheit einer Bretterdecke vorzuziehen.

Obwohl ein Gefälle von 10 % meist als ausreichend angesehen wird, bieten 15 %, also 15 Zentimeter Gefälle auf einen laufenden Meter Dachlänge, mehr Sicherheit. Dann ist auf jeden Fall gewährleistet, dass das Wasser schnell und restlos ablaufen kann. Bei nur 10 % Gefälle kann es bei tauender Schneelast unter Umständen zu Staunässe kommen.

Diese Neigungsangaben gelten für Bitumenschindeln oder auch gewöhnliche Dachpappe sowie Faserzementplatten. Bei einer Ziegeleindeckung, die bei der heutigen Bauweise für einen Pultdachstall kaum in Betracht kommt, müsste das Gefälle 30 % betragen, um ein schnelles Abfließen des Wassers zu erreichen.

Genügend große Dachvorsprünge sind auf jeden Fall vorzusehen, damit Tropfwasser nicht an den Stallwänden herunterläuft. An der Vorderseite kann dies ruhig 35 Zentimeter betragen, während an der Rückseite 20 bis 25 Zentimeter genügen. Seitlich genügt ebenfalls ein Vorsprung wie an der Rückseite des Stalles, um sich harmonisch einzufügen. Größer sollten diese Maße nicht gewählt werden, da Schneelasten sonst zu Statikschwierigkeiten führen könnten.

Satteldach

Einen größeren Arbeits-, aber auch Materialaufwand haben Sie bei Satteldächern. Gewöhnlich wird ein gleichschenkliges Satteldach gebaut. In manchen Gegenden Süddeutschlands ist das ungleichschenklige Satteldach, die „Gaulskopfhütte“, jedoch ein typisches architektonisches Gestaltungsmerkmal und deshalb sehr beliebt.

Die Dachneigung wird sich wohl bei 45 % einpendeln: Überaus gefällig wirkt es übrigens, und das nicht nur bei einem Satteldach, wenn man sich an den Vorgaben der umgebenden Gebäude orientiert.

Das Satteldach wird auf die Wandkonstruktionen und die nötige Decke aufgebaut. Normal ist eine gewöhnliche Balkendecke, wobei der gleiche Querschnitt der Kanthölzer wie beim Pultdach zu wählen ist.

- Die Firstpfette wird auf senkrecht gestellte Hölzer an den beiden Stirnseiten aufgelegt und befestigt. Wird die Firstpfette über eine Länge von mehr als drei Metern gespannt, sollten Sie auf jeden Fall weitere Stützen einplanen.
- Die seitlich, immer paarweise einander gegenüber liegend anzubringenden Sparren werden zur Firstpfette hin etwas ausgesägt und nach und nach aufgelegt sowie mit dieser verbunden.
- Weitere Verkleidungen der Sparren werden wie beim Pultdach beschrieben vorgenommen.

Etwas komplizierter erscheint die Ausbildung des Firstes. Hier müssen Sie auf spezielle Angebote des Fachhandels wie Firstziegel oder Ähnliches zurückgreifen.

Gut zu wissen

Ein garantiert statisch einwandfreies Satteldach lässt sich kaum ohne fachlichen Rat erstellen, daran sollte man bei dieser anspruchsvollen Aufgabe immer denken.

Dacheindeckung

Gebräuchliche Baustoffe zur Dacheindeckung sind Faserzementplatten, Bitumenpappe in Band-, Schindelform oder als Wellplatten, Metallprofile sowie Ziegel aus Ton oder Beton.

Bitumen

Die günstigste Dacheindeckung ist immer noch die Bitumenpappe in Bandform, umgangssprachlich als Dachpappe bekannt. Sie wird quer zum Dachverlauf von unten nach oben verlegt. Dabei sollte eine Überlappung von reichlich 20 Zentimetern angestrebt werden. An den Dachrändern ist es sinnvoll, die Bitumenbahn über den Dachvorsprung umzuschlagen.

Bei kleineren Ställen wird die Befestigung mit „Dachpappenstiften“ vorgenommen, wobei diese im Abstand von etwa 20 Zentimeter eingeschlagen werden müssen. Eine bessere Haltbarkeit erreicht man, wenn man die einzelnen Bahnen mit speziellem Bitumenkleber verbindet, wobei vor allem die Stöße genau kontrolliert werden müssen.

Dacheindeckungen mit Bitumenpappe, die eine besandete Oberfläche haben, besitzen in der Regel eine etwa knapp zehnjährige Haltbarkeitsdauer, wenn die Pappe aufgenagelt ist. Es ist deshalb ratsam, die Dacheindeckung vor den Herbstwettern zu kontrollieren und gegebenenfalls zu reparieren. Viele Halter nageln die neue Dacheindeckung einfach darüber, sodass mit der Zeit mehrere Lagen übereinander liegen. Selbstverständlich kann die alte Lage auch entfernt werden.

Bitumenschindeln haben eine wesentlich längere Haltbarkeit und wirken auch ästhetischer. Sie gibt es in verschiedenen Farbtönen und Schindelformen. Auch sie werden von unten nach oben verlegt und mit Dachpappenstiften fixiert. Die Schindeln, die im

Gut zu wissen

Bitumenpappe und -schindeln zur Dacheindeckung lassen sich mit einem Cutter (Teppichmesser) schneiden, sodass sie auch von Anfängern ohne Probleme verlegt werden können.

Ein kleiner Stall mit Satteldach und Bitumeneindeckung.

Versatz verlegt werden, haben an der Unterseite einen Klebestreifen, der zur vorigen Reihe eine zusätzliche Verbindung schafft.

Bitumen in Wellplattenform eignet sich für die Eindeckung kleinerer Ställe ganz hervorragend. Die Platten werden je nach Bedarf um eine oder zwei Wellen überlappt. Die Länge beträgt im Regelfall etwas mehr als zwei Meter und die Breite einen knappen Meter. Befestigt werden sie mit speziellen Schrauben, die an den Höhen der Wellen in den Unterbau geschraubt werden. Dabei darf man nicht vergessen, dass darunter spezielle Kunststoffkappen gelegt werden müssen, die genau das Wellenprofil zeigen. Die Haltbarkeit dieser Wellformplatten ist in etwa mit der von Bitumenschindeln gleichzusetzen und liegt bei sachgemäßer Handhabung leicht bei 15 Jahren.

Faserzement

Eine wesentlich stabilere Möglichkeit der Dacheindeckung, wobei ebenfalls größere Flächen ohne große Vorkenntnisse gedeckt werden können, sind Faserzementplatten. Auch sie gibt es in mehreren Farbtönungen, Wellprofilen und Längen.

Die Verlegung gestaltet sich wie bei der leichten Bitumenvariante, wobei aber keine Unterbauteile verwendet werden müssen, da das Wellprofil über genügend Stabilität verfügt.

Die Schrauben zur Befestigung brauchen spezielle Kunststoffkappen, damit durch die Schrauböffnung kein Wasser auf die Holzunterkonstruktion gelangen kann.

Bei einem hohen Wellenprofil muss am vorderen und hinteren Dachabschluss ein spezielles Abschlusselement verwendet werden. Dies verhindert das Eindringen starker Winde, die unter Umständen die Dacheindeckung gefährden würden. Zudem wird Vögeln und Insekten wie Wespen oder Hornissen der Eintritt verwehrt.

Blech

Blechdächer haben eine lange Haltbarkeit und müssten deshalb eigentlich ganz oben auf der Beliebtheitsskala stehen. Für die Verarbeitung braucht man aber viel Erfahrung und unter Umständen entsprechende Maschinen. Musste man sich so ein Dach erstellen lassen, kam relativ schnell eine stattliche Summe zusammen. Das war mit ein Hauptgrund, weshalb Blechdächer kaum zu finden waren.

Nun bieten Baumärkte so genannte Trapezbleche an, die in verschiedenen Größen zu finden sind. Sie sind von den Kosten her durchaus mit anderen Dacheindeckungen zu vergleichen und stellen deshalb eine gute Alternative dar. Man kann davon ausgehen, dass durch dieses relativ neue Angebot solche Trapezbleche in Zukunft vermehrt verbaut werden.

Ziegel

Eine Eindeckung mit Ziegeln aus Ton oder aus Beton kommt für kleinere Hühnerställe kaum in Betracht. Die Gründe dazu liegen auf der Hand. Das hohe Gewicht und der dadurch nötige stabile und aufwendige Unterbau lassen die meisten Hühnerhalter zu den anderen Dacheindeckungen greifen. Dennoch haben Ziegel, sofern sie fachgerecht mit Unterlüftung verlegt werden, wozu man eine Konterlattung braucht, durchaus ihre Berechtigung.

Preisvergleich verschiedener Dacheindeckungsformen (Durchschnittspreise pro Quadratmeter)	
Bitumenpappe	1,10 € bis 1,80 €
Bitumenschindeln (eckige Form)	6,50 € bis 8,00 €
Bitumenschindeln (Biberschwanzform)	9,00 € bis 10,00 €
Bitumenwellbahn	3,50 € bis 6,00 €
Faserzementplatten	18,00 € bis 25,00 €
Trapezbleche	7,00 € bis 12,00 €
Tonziegel (einfache Form)	10,00 € bis 15,00 €
Betonziegel (einfache Form)	7,00 € bis 12,00 €

Preisvergleich verschiedener, lichtdurchlässiger Dacheindeckungsformen (Durchschnittspreise pro Quadratmeter)	
Wellpolyester	ca. 5,00 €
Wellprofile aus PVC	ca. 9,00 €
Acryl-Wellplatten	ca. 30,00 €
Doppelstegplatten (6 mm)	ca. 20,00 €
Glasziegel	ca. 25,00 € pro Stück

Vor allem bei Satteldachställen wirken sie ungemein ästhetisch und fügen sich optisch in das Umfeld meist ohne Probleme ein.

Durch verschiedene Ziegelfabrikate kann der Abstand der Lattung ganz unterschiedlich sein. Bei Ziegeleindeckungen ist es ratsam, einen Fachmann zu Rate zu ziehen. Denn nur ein gleichmäßig eingedecktes Ziegeldach ist auch eine Zierde.

Dachrinne

Während der trockenen Jahreszeit kann man es sich manchmal kaum vorstellen, welche Wassermengen anfallen und das umgebende Gelände innerhalb kürzester Zeit in eine Schlammwüste verwandeln können. Gerade im Umfeld eines Stalles, das täglich betreten wird, ist so etwas auf die Dauer nicht tragbar.

Mit einer Dachrinne kann das Wasser eines Daches an eine bestimmte Stelle transportiert werden. Je nach gewünschtem Aussehen und natürlich nach den finanziellen Voraussetzungen können diese Rinnen aus Kunststoff, Titanzink oder gar Kupfer gestaltet sein. Bei größeren Ställen und entsprechender Eindeckung, vornehmlich bei Ziegeln, sollte man sich den Einbau von sogenannten Einlaufblechen in die Regenrinne überlegen.

Die Dachrinnenhalter werden mit Schrauben an den Dachsparren befestigt und die Dachrinne darin eingehängt. Alternativ gibt es auch Dachrinnenhalter, die nachträglich an die obere Ausdehnung eines Wellplattenprofils angeschraubt werden. Man kann also zunächst versuchen, ob man ohne Dachrinne auskommt und sie mit wenig Aufwand nachrüsten. Das Gefälle der Dachrinne kann an den Haltern mittels einer Schraube eingestellt werden.

Besteht die Möglichkeit, die Dachrinne mit einem Fallrohr an die Kanalisation des Wohnhauses anzuschließen, sollte man dies tun und damit das Regenwasser ableiten. Meist aber wird das Wasser als Gießwasser gesammelt, was mit einem Regensammler und einer handelsüblichen Regentonne am Fallrohr leicht zu bewerkstelligen ist.

Um bei überlaufender Regentonne keine Dauernässe entstehen zu lassen, sollte man den Boden unter der Regentonne etwa 20 Zentimeter tief ausgraben und mit grobem Kies auffüllen. Die Kiesschicht kann sehr viel Wasser aufnehmen, ohne die umgebende Humusschicht zu stark zu belasten.

Wer keine Regentonne aufstellen will und das Regenwasser nicht über die Kanalisation entsorgen kann, sollte die Grube am Fallrohr gut 60 Zentimeter tief ausheben und Kies einschütten. Mit einer am Dachrinnenausfluss herunterhängenden Kette läuft das Wasser gleichmäßig ins Kiesbett und kann dort langsam versickern.

Installationen

Nur bei Kleinstställen wird man wohl auf die nötigsten Installationen verzichten. Bei größeren Ställen aber ist der Aufwand durchaus zu bewältigen und die Vorteile überwiegen bei weitem. Alle Installationen müssen von Fachleuten ausgeführt werden, damit eine Gewährleistung gegeben ist. Bei Elektroinstallationen kann es einfach lebensgefährlich werden, wenn man sich daran ohne das nötige Fachwissen versucht.

Elektrotechnik

Für Fragen steht hier mit Sicherheit zuerst der Fachelektriker zur Verfügung. Nicht abnehmen können wird er dem Stallbesitzer die Entscheidungen über den Umfang der elektrotechnischen Installation. Jeder muss für sich entscheiden, welchen Aufwand er betreiben möchte. Ein Kostenvoranschlag und die Beratung des Elektrikers aber können schließlich dabei helfen.

Schließt der Stall nicht direkt an ein Gebäude mit Stromanschluss an, muss man über ein Erdkabel (Type: NYY-JX 1,5/2,5 mm^2) den Strom heranführen. Dabei sollte ein mindestens 60 Zentimeter tiefer Graben ausgehoben und das Erdkabel vom Fachmann eingelegt werden. Dieses wird vollständig mit Flusssand umgeben. Darauf schütten Sie noch einmal etwa zehn bis 15 Zentimeter Flusssand, ehe Sie ein Warnband darüberlegen. Erst dann decken Sie es mit Erde ab. Bei zukünftigen Grabungsarbeiten ist an diesem Warnband sofort kenntlich, dass es bei allzu unvorsichtigem Vorgehen riskant werden kann.

Das Stromkabel wird entweder über die Wand in das Stallinnere geführt oder durch ein druckbeständiges Leerrohr, das bereits bei den Schalungsarbeiten für das Fundament eingelegt wurde. Es ist sinnvoll, an der Verteilereinheit im Stall eine stationäre Zeitschaltuhr und schaltbare Steckdosen vorzusehen. Dies ist zwar etwas teurer, kommt aber dem täglichen Tun sehr entgegen.

Die Kabel im Stallinneren wird ein Elektriker in kleinen Kabelkanälen oder schmalen Leerrohren verlegen. Wer die Elektroinstallation in Eigenregie durchführt, wird wahrscheinlich einfache Kabelklammern verwenden. Beide Möglichkeiten sind machbar, wenngleich Leerrohre meistens die Chance bieten, zu einem späteren Zeitpunkt weitere Kabel zu führen.

Gut zu wissen

Übliche Lampen in Hühnerställen sind Feuchtraum-Röhrenleuchten oder Bootslampen. Bei beiden ist das Leuchtmittel unter einer Kunststoff- oder Glasabdeckung und damit vor Feuchtigkeit und starkem Staub geschützt.

Beleuchtung

Es gibt zwei Gründe für eine elektrische Beleuchtung im Stall. Nicht alle Tätigkeiten lassen sich bei Tageslicht erledigen und Helligkeit oder Lichtstrahlung ist für die Legetätigkeit der Hühner entscheidend wichtig. Vor allem in der Herbst- und Winterzeit kann eine künstliche Verlängerung des Tageslichtes auf zirka 14 Stunden die Legeleistung enorm steigern.

Elektroinstallation mit Einzelschaltung für verschiedene Ställe, die zusätzlich über eine Zeitschaltuhr gesteuert werden können.

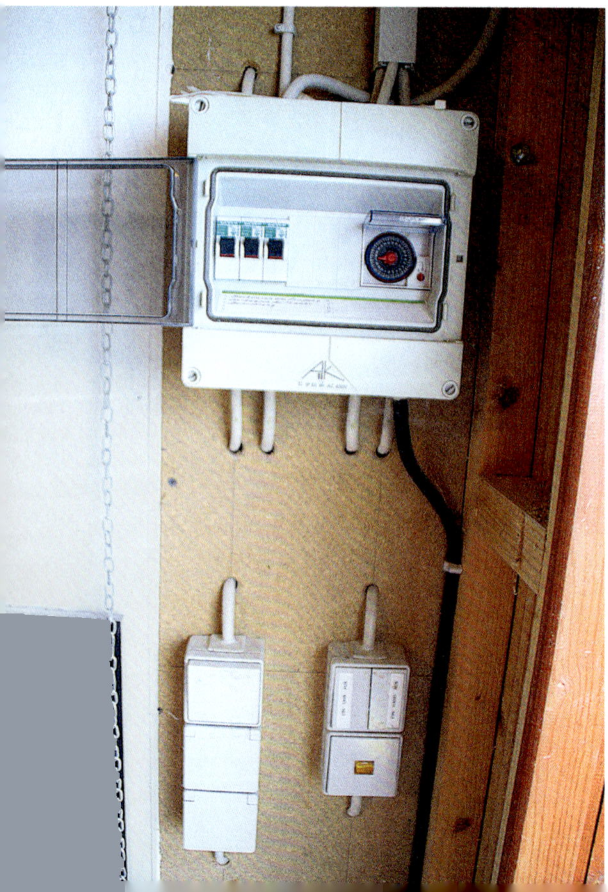

Steckdosen

Im Stall sollten die Steckdosen grundsätzlich einen Deckel haben und mindestens 30 Zentimeter oberhalb vom Boden angebracht sein, damit sie, wenn sie gerade nicht gebraucht werden, vor Staub geschützt sind.

Spätestens wenn die Temperaturen deutlich unter 0 °Celsius fallen und das Wasser in den Tränken einfriert, wird man eine Steckdose im Hühnerstall zu schätzen wissen. Ein spezieller elektrischer Tränkenwärmer direkt unter der Tränke kann dann das Einfrieren verhindern, sodass den Tieren ganztägig Wasser zur Verfügung steht. Sonst wird man im Winter unter Umständen zweimal täglich frisches Wasser zu den Hühnern tragen müssen.

Heizung

Hühner sind winterhart und brauchen unter unseren mitteleuropäischen Bedingungen keine Heizung. Ist jedoch das Stallklima nicht optimal und vor allem eine zu hohe Luftfeuchtigkeit zu befürchten, können Frostwächter eine wertvolle

Hilfe sein. Dabei handelt es sich nicht um eine Heizung im herkömmlichen Sinn, sondern um ein kleines Heizgerät, ähnlich einem Heizlüfter, das ein Absinken der Stalltemperatur unter 0 °Celsius verhindert.

Will man als Hühnerhalter oder gar -züchter Bruteier sammeln und muss dies im Hinblick auf eine vollständige Entwicklung der Tiere schon im zeitigen Frühjahr tun, kann ein solcher Frostwächter die zu starke Auskühlung der Eier verhindern. Im Gegensatz zu den wirklich stromfressenden Heizsystemen aus dem Wohnungsbau sind die Frostwächter absolut sparsam.

Es versteht sich von selbst, dass der Frostwächter aus Sicherheitsgründen mindestens 70 Zentimeter über der Einstreu angebracht werden muss. Ideal ist es natürlich, wenn er gar nicht im eigentlichen Stall aufgehängt wird, sondern in einem kleinen Vorraum – so kann kein Huhn direkt mit ihm in Kontakt kommen.

Wassertechnik

Ob man sich für einen Wasseranschluss im Hühnerstall entscheidet, sollte gut überlegt sein, denn normalerweise braucht man außer dem täglich frischen Trinkwasser im Stall kein weiteres Wasser. Lediglich bei größeren Beständen in mehreren Stallabteilen oder wenn beispielsweise kein entsprechender Raum zum Reinigen der Tränken vorhanden ist, sollten Sie überlegen, ob sich diese Investition lohnt. Der Wasserinstallateur ist dazu der richtige Fachmann, der Sie beraten kann.

Im Gegensatz zum Stromkabel muss ein Wasserrohr, wenn Sie den Anschluss auch im Winter nutzen wollen, unterhalb der Frostgrenze im Boden geführt werden. Das heißt, dass für ein nicht gesondert isoliertes Rohr ein Graben von einem Meter Tiefe ausgehoben werden muss.

Da das Wasserrohr üblicherweise unterirdisch in den Hühnerstall geführt wird, sollte auch dafür bereits bei der Schalung des Fundamentes ein Leerrohr eingeplant werden. Das Wasserrohr ist durch eine Isolierung dicker und so sollte man sich im Vorfeld mit seinem Installateur besprechen, welchen Durchmesser das entsprechende Leerrohr haben muss.

Automatische Tränksysteme

Ist ein Wasseranschluss im Stall vorhanden, können Sie mit sehr geringem Aufwand ein automatisches Tränksystem einbauen – wie es in der Wirtschaftsgeflügelzucht üblich ist. Die finanziellen Aufwendungen dafür sind sehr gering. Ob man sich für eine Nippel- oder eine Napftränke entscheidet, ist dabei den persönlichen Vorlieben des Hühnerhalters vorbehalten.

Neben den Tränken benötigen Sie die entsprechenden Kunststoffschläuche und Verbindungsstücke sowie einen Ausgleichswasserkasten, der vor dem Tränksystem direkt an die Wasserleitung angeschlossen wird.

Die meisten Hühnerhalter und -züchter haben immer noch Bedenken gegen solche automatischen Tränksysteme. Doch diese sind unbegründet, denn neben den geringen finanziellen Aufwendungen und dem sehr zeitsparenden System darf man vor allem die hygienischen Vorteile nicht unterschätzen, die diese Systeme haben. Wer bereits einen Wasseranschluss hat, sollte sich diese Möglichkeit durchaus durch den Kopf gehen lassen und dabei die Bestandsgröße als das allein entscheidende Kriterium ansehen.

Tipp

Das Tränksystem mit dem Ausgleichswasserkasten kann aber auch ohne Anschluss an eine vorhandene Wasserleitung genutzt werden. Dann müssen Sie ihn eben mit der Gießkanne füllen. Man hat den gleichen Effekt wie bei anderen Tränken mit Wasserreservoir. Die Tränknippel oder auch kleinen Trinknäpfe haben aber den entscheidenden Vorteil, dass das Wasser stets sauber ist.

Waschbecken

Ein Waschbecken ist eigentlich nur dann vorzusehen, wenn sich vor den eigentlichen Stall ein kleiner Wirtschaftsraum anschließt. Dort leistet das Waschbecken bei der täglichen Reinigung der Tränke und der Wiederbefüllung wertvolle Dienste. Einfache Metallbecken oder stabile Kunststoffbecken sind hier am praktischsten. Bei der Platzierung des Waschbeckens ist zu berücksichtigen, dass die Oberkante des Beckens zum Auslauf des Wasserhahns entsprechend groß gewählt wird, denn dann lassen sich die Tränken, die meistens höher als breit sind, leicht und ohne Behinderung befüllen.

Abwasser

Grundsätzlich muss der Leitung entnommenes Wasser dem Wasserkreislauf, in diesem Fall dem Abwasserkreislauf, wieder zugeführt werden. Deshalb sollte der Stall unbedingt an die Kanalisation angeschlossen sein. Meist ist dies mit wenig Aufwand möglich. Doch wenn nicht, wird man auf ein Waschbecken verzichten müssen oder das Wasser aus dem Waschbecken in einem Eimer abfangen und an den nächsten Ausguss tragen. Alternativ kann ein größerer Behälter in die Bodenplatte eingebracht werden, der von Zeit zu Zeit mit einer Pumpe entleert wird.

Inneneinteilung und Einrichtung

Nur bei Kleinstställen und privater Hühnerhaltung ohne Nachzuchtabsicht oder mit einem separaten Wirtschaftsraum braucht man sich um die Inneneinteilung eines Stalles keine Gedanken machen. Für die meisten Hühnerhalter und vor allem -züchter wird eine sinnvolle Inneneinteilung des Stalles wichtig sein. Jeder, der mit dem Gedanken spielt, Nachzucht von seinen Tieren zu erbrüten und aufzuziehen, wird um mehrere Stallabteile nicht herumkommen. Auch ambitionierte Geflügelzüchter, die mit mehreren Zuchtstämmen arbeiten und ihre Jungtiere nach Geschlechtern getrennt aufziehen, brauchen mehrere Stallabteile.

In Gemeinschaftszuchtanlagen der örtlichen Kleintierzuchtvereine sieht man oft größere Stallgebäude, die durch geschickte, zweckmäßige Einteilung nicht als ein, sondern als mehrere Ställe gezählt werden können. So ist es in jedem Fall sinnvoll, wenn man die Möglichkeit dazu hat, einen Wirtschaftsraum oder auch Vorraum vor dem eigentlichen Stall einzuplanen.

Tipp

Haben Sie die Absicht, mehrere Hähne zu halten, kann das Trennbrett 60 bis 70 Zentimeter hoch sein. Dadurch wird verhindert, dass sich die Hähne ständig sehen und durch das Abtrenngitter zanken können.

Abtrennungen

Will man einen größeren Stall in mehrere Teilställe abtrennen, sollte man die Wände möglichst ohne größeren Aufwand erstellen. Als Rahmenhölzer verwendet man gehobelte Holzbalken im Format 4×4 Zentimeter. Diese werden wiederum mit Metallwinkeln und Schrauben an Boden, Decke und Wänden befestigt. Zur zusätzlichen Stabilisierung bringt man am Boden als Abtrennung ein Holzbrett von etwa 25 bis 30 Zentimeter Höhe an.

Im Türenbereich sollte ebenfalls ein Trennbrett angebracht werden, doch sollte dieses maximal 30 Zentimeter hoch sein, damit den Tieren ein ungestörtes Hindurchgehen möglich ist. Neben der höheren Stabilität erfüllt dieses Brett aber noch einen ganz einfachen Zweck: Es kann keine Einstreu zwischen den Ställen hin- und hergelangen.

Die Fläche zur Decke hin kann mit Armierungsmatten für Stuckateure abschließen. Sie sind mit einer einfachen Drahtschere zu beschneiden und haben eine Maschenweite von 5×5 Zentimeter. Dies hat den Vorteil, dass sich darin kein Staub verfängt, der kleinmaschigeres Geflecht auf die Dauer unansehnlich machen würde. Bei vollständig geschlossenen Abtrennungswänden ist nachteilig, dass eine Überprüfung des Gesamtbestandes nur dann möglich ist, wenn jeder einzelne Stall geöffnet wird.

Vor dem Eingang zum ersten Teilstall ist es ratsam, einen Metallrost als Schuhabstreifer vorzusehen, der nicht unbedingt dauerhaft befestigt zu sein braucht. Beim Wiederverlassen transportiert man so nicht unnötig Einstreubestandteile an den Schuhen mit nach außen.

Die einfachsten Türen sind für Abtrennungen gerade richtig, sie sollen ihren Zweck erfüllen, aber keinesfalls schwer sein. Sinnvoll sind Türen, die ganz aus einer einzigen Holzplatte bestehen. Mehrschichtplatten haben die nötige Stabilität und vor allem verziehen sie sich nicht. Je nach Bedarf kann man ein Sichtfenster aussägen und mit dem grobmaschigen Armierungsdrahtgeflecht bespannen. Beim Aussägen muss man darauf achten, dass der bleibende Rahmen auf allen Seiten mindestens 20 Zentimeter beträgt. Zum gefälligeren Aussehen lässt man den unteren Rahmen etwas breiter (30 cm) stehen. Befestigt wird die Tür mit einfachen Scharnieren, die bei dem geringen Gewicht solcher Türen vollauf reichen.

Eine interessante Alternative zu normal angeschlagenen Türen sind Schiebetüren, vor allem bei schmaleren Ställen. Die Gestaltung der Türen ist dabei dieselbe, nur dass die Türen in U-Profilen geführt werden. Im Metallfachhandel gibt es entsprechende Systeme, sodass Sie das für sich passende auswählen können. Grundsätzlich ist darauf zu achten, dass genügend Stabilität vorhanden ist. Nicht selten findet man nämlich Aufhängungen, die für Schranktüren konzipiert wurden. Sie sind so filigran, dass sie der Staubbelastung in einem Hühnerstall auf Dauer kaum Stand halten. Lieber ein einfaches, aber stabiles System auswählen.

Stalleinrichtung

Damit sich Hühner wohlfühlen, muss nicht nur der Stall einigen Anforderungen genügen, sondern auch die Inneneinrichtung muss so gestaltet sein, dass sie den Hühnern entgegenkommt. Dabei sollte man immer wieder hinterfragen, inwieweit die Einrichtung dem natürlichen Artverhalten der Hühner entgegenkommt.

Links: Einfache, aber zweckmäßige Unterteilung eines größeren Gebäudes in mehrere Einzelställe.
Rechts: Ein kleiner Stall, gemütlich und praktisch eingerichtet für ein paar silberfarbig-gebänderte Zwerg-Cochin-Hennen.

Keinesfalls darf man dabei aber vergessen, dass sich das Huhn schon sehr lange im Haustierstand befindet und deshalb einiges an seinem Verhalten verändert hat – aus dem Wildtier Huhn hat sich das Haushuhn entwickelt, das einer bestimmten Rasse angehört und deshalb zum Teil ein sehr rassespezifisches Verhalten zeigt, dem bei der Haltung und Pflege entsprochen werden muss.

Sitzstangen

Die Wildform unserer Hühner, das Bankivahuhn, sucht sich für die Nacht eine erhöhte Sitzgelegenheit. Dieses „Aufbaumen“ genannte Verhalten hat sich bei unseren Hühnern und Zwerghühnern bis heute erhalten. Die Anbringung von Sitzstangen im Stall ist deshalb die logische Konsequenz. Hier werden die Hühner die ganze Nacht und andere Ruhephasen verbringen. Dabei gehen Hühner recht bald „in die Federn“ und stehen bei Sonnenaufgang wieder auf.

Angebracht werden die Sitzstangen in der Regel an der Stallrückwand und in einer Höhe von etwa einem Meter. Diesen Abstand vom Boden erreichen die meisten Hühner und Zwerghühner mühelos. Bei sehr schweren Hühnerrassen wie Kämpfern, Orpington, Cochin und anderen sowie Zwergrassen, die kaum fliegen wie Zwerg-Cochin, Chabo usw., sollten die Sitzstangen aber wesentlich tiefer angebracht werden. Hier können bereits 30 Zentimeter ausreichend sein. Denn weniger das Aufbaumen ist das Problem, sondern vielmehr das Herunterfliegen oder -hüpfen. Dies

Gut zu wissen

Bei Rassen mit normal langem Schwanzgefieder sollte der Abstand der ersten Sitzstange von der Wand etwa 30 bis 35 Zentimeter betragen. Bei Zwerghühnern kann er um fünf Zentimeter reduziert werden. Der Abstand von Sitzstange zu Sitzstange beträgt 30 Zentimeter. Pro Meter Sitzstange können etwa vier bis fünf große Hühner oder sechs bis acht Zwerghühner eine Schlafstatt finden.

kann vor allem bei den schweren Rassen zu Verstauchungen und sogar Beinbrüchen führen.

Als Material für Sitzstangen sollten auf jeden Fall gehobelte Latten verwendet werden. Gehobelt deshalb, weil sich dann darauf kein Ungeziefer halten kann, das vor allem bei den in Ruhe sitzenden Hühnern schmarotzen will. Um ein höheres Wohlbefinden beim Sitzen zu erreichen, sollten die Kanten der Sitzstangen gebrochen, also mit einem Hobel oder Schleifpapier abgerundet werden.

Im Gegensatz zu anderen Vögeln sind die Sitzgelegenheiten für Hühner und Zwerghühner nicht rund, sondern etwa vier bis sieben Zentimeter breit. Je nach dem Gewicht der gehaltenen Hühnerrasse und der Länge der Sitzstangen ist die Stärke zu wählen. Bei sehr leichten Zwerghühnern und einer Länge von etwa einem Meter können gehobelte Dachlatten durchaus sinnvoll sein. Bei allen anderen sollte die Stärke mindestens vier Zentimeter betragen. Sehr praktikabel sind nach eigener Erfahrung Sitzstangen mit einer Stärke von sechs Zentimeter, dann braucht man sich auch um ein zu starkes Durchbiegen keine Gedanken zu machen.

Naturäste sehen zwar schön aus, sind aber kaum geeignet. Noch dazu, wenn die Rinde dran ist. Spätestens dann haben Rote Vogelmilben ideale Lebensbedingungen. Selbst wenn man die Rinde entfernt, sind eventuelle kleinste Einkerbungen an Astlöchern etc. kaum zu vermeiden. Achten Sie also unbedingt auf entsprechende Holzqualität für die Sitzstangen, da ihre Beanspruchung vergleichsweise stark ist und sortieren Sie Holzlatten mit Einrissen aus. Da sich Federlinge, Läuse und anderes Getier mit Vorliebe im Bereich der Sitzstangen aufhalten, können Sie die Latten immer wieder mit Kalkmilch streichen oder einem Bekämpfungsmittel besprühen. Vor allem sollten Sie sie regelmäßig austauschen, etwa in einem Turnus von drei bis fünf Jahren.

Befestigt werden die Sitzstangen mit Schrauben, wenn der Halt dauerhaft sein soll. Für eine bessere Reinigungsmöglichkeit, auch an den Auflagen der Sitzstangen, werden sie oft lose gelagert. Dazu schraubt man an den Wänden kleine Bretter so an, dass die Sitzstangen eingelegt werden können. Bei der Reinigung und Desinfektion können sie dann einfach entfernt und gesäubert werden.

Hühner schlafen oben, so lautet die Grundregel. Eine Ausnahme bilden wohl die Seidenhühner, wie das Bruno-Dürigen-Institut, der Wissenschaftliche Geflügelhof des Bundes Deutscher Rassegeflügelzüchter bei, Forschungen herausgefunden hat. Diese Hühner versammeln sich zur Nacht in richtigen Familienknäueln auf dem Boden. Dieses Verhalten zeigen auch junge Hühner anderer Rassen. Auf die Sitzstangen geht es erst, wenn sie im Teenager-Alter sind. Bei Hühnern bedeutet dies also, wenn sie etwa drei Monate alt sind.

Kotbrett

Da Hühner während der Nacht sehr viel Kot absetzen, bringt man unter den Sitzstangen ein Kotbrett an. Brett ist dabei eigentlich nicht der richtige Begriff, vielmehr handelt es sich in Idealfall um eine Holzplatte mit einer möglichst glatten und widerstandsfähigen Oberfläche. Dies ist besonders wichtig, denn Hühnerkot kann recht aggressiv sein und gewöhnliche Pressspanplatten würden ziemlich schnell ramponiert aussehen. Auch sind Stöße, wie sie bei der Aneinanderreihung mehrerer Bretter entstehen, aus hygienischer Sicht problematisch.

Da die Hühner das Kotbrett unter Umständen auch betreten, muss eine genügende Stabilität gewährleistet sein. Eine Mehrschichtplatte mit zirka 30 Millimeter Stärke ist dafür am besten geeignet, ebenso Siebdruckplatten. Das Kotbrett wird natürlich größer gewählt als der Platz unter den Sitzstangen. An der Wand soll es bündig abschließen und über die vorderste Sitzstange mindestens 25 Zentimeter hinausragen, um wirklich den anfallenden Kot komplett aufzunehmen.

Viele Halter geben dem Kotbrett ein Gefälle von etwa 5 % nach vorne, was die Reinigung erleichtert. Damit der relativ feuchte Nachtkot nicht zu stark am Kotbrett anklebt, wird schon seit langer Zeit Holzasche darauf gestreut. Auch eine leichte Kalkschicht oder eine geringe Menge der sonstigen Stalleinstreu erfüllt diesen Zweck und vereinfacht die Entfernung des Hühnermistes.

Kotbunker

Wer den Nachtkot nicht jeden Tag entfernen kann oder nicht will, dass die Tiere Zutritt zum Kotbrett haben, findet im Kotbunker eine sinnvolle und wohl die häufigste Alternative. Der Vorteil dabei ist,

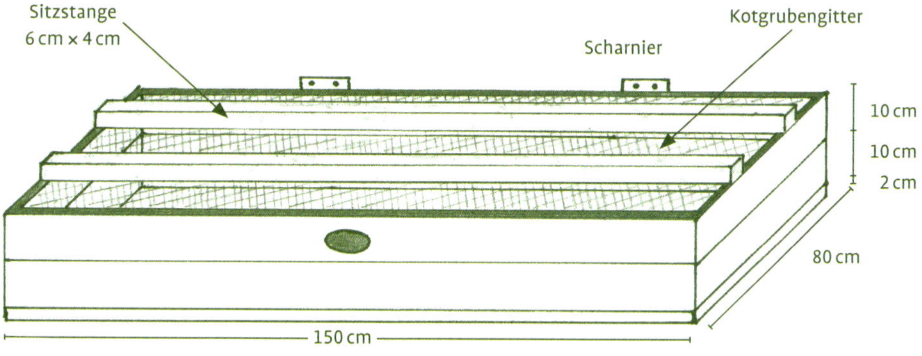

Praktikabler Aufbau eines einfachen Kotbunkers.

Ein geschlossener Kotbunker mit fest aufmontierten Sitzstangen.

dass eine optimale Entfernung des Nachtkotes, selbst täglich ohne großen Aufwand möglich ist.

Während der Bunker in der Breite des Kotbrettes bündig geplant sein muss, sollte er in der Tiefe etwa vier Zentimeter knapper bemessen sein. Für genügend Stabilität sollten die Bretter, am besten gehobelte Ware oder Mehrschichtplatten, etwa 3 Zentimeter stark sein. Die Bunkerhöhe sollte in der privaten Hühnerhaltung 20 Zentimeter eigentlich nicht übersteigen, sodass die Bretthöhe entsprechend zu wählen ist. Die Bretter werden mit Schrauben verbunden. Bei Kotbunkern, die länger als zwei Meter sind, sollte zur Stabilisierung zusätzlich ein weiteres Brett in die Tiefe eingeplant werden.

Auf den Kotbunker wird dann ein spezielles Kotgrubengeflecht aufgenagelt, das man im Fachhandel, aber auch in jeder Drahthandlung bekommt. Es hat eine Maschenweite von 2,5 × 5 Zentimeter. Der Kot kann ohne Probleme durchfallen, die Tiere aber haben einen sicheren Stand auf dem Gitter oder können ohne Schwierigkeiten darauf laufen. Auf diesen Kotbunker werden die Sitzstangen geschraubt.

In Bunkerhöhe bringt man nun an der Rückwand des Stalles einen zirka vier Zentimeter breiten Balken an und stellt den Kotbunker dagegen. Dann verbindet man mit einem Scharnier pro laufende 80 Zentimeter den Kotbunker mit dem Balken. So lässt sich der gesamte Bunker mit Sitzstangen zum Reinigen des Kotbrettes anheben und mit einem daruntergestellten Brett fixieren.

Bei der üblichen Stalleinteilung werden das Kotbrett und ein eventuell damit verbundener Kotbunker an der Rückseite des Stalles eingerichtet, sodass die einströmende Frischluft darüberstreichen muss und den Kot schneller abtrocknet. Dies ist für ein gutes Stallklima entscheidend, denn trockener Kot dünstet wesentlich weniger Ammoniak aus, der verantwortlich für den stickigen Geruch in manchen Ställen ist. In einem solchen Fall muss man sich um eine deutlich bessere Lüftung bemühen und den angefallenen Kot öfter entfernen.

Legenester

Legenester gehören in jeden Stall, in dem Hühner oder Zwerghühner leben, die im legefähigen Alter sind. Meistens sind diese Nester relativ einfach konzipiert. Beispielsweise aus Holzkisten, die üblicherweise aus Plattenware hergestellt werden und eine Grundfläche von etwa 35×35 Zentimeter besitzen. Auch eine Höhe von 35 Zentimeter genügt den meisten Hühnerrassen. Lediglich für absolute Riesen können die Maße etwas großzügiger bemessen werden.

An der Vorderseite des Legenestes ist es sinnvoll, eine knapp zehn Zentimeter hohe Latte in seitlichen Führungsleisten anzubringen. Wird die Nesteinstreu, die gewöhnlich aus einer Mischung von Hobelspänen und Stroh besteht, gewechselt, kann es entfernt werden. Dadurch lässt sich das Nestinnere vollständig reinigen, was bei festmontierten Vorderfronten kaum möglich ist und damit auch eine Desinfektion wesentlich erschwert wäre.

Bei Legenestern mit offenen Vorderfronten sind ein Anflugbrett, das gute 20 Zentimeter breit ist und vor den Nestern verläuft, oder zwei Anflugstangen nicht unbedingt erforderlich. Bei Nestern mit sehr kleinen Öffnungen beziehungsweise den meisten Fallennestern, sollten Sie darauf aber nicht verzichten. Ist aber die Anflughilfe für die Rasse unbedingt nötig, sollten Sie diesen Vorbau klappbar gestalten, sonst wird diese Sitzgelegenheit als Ruhestange für die Nacht missbraucht und die Nester unter Umständen verschmutzt.

Um zu verhindern, dass sich die Hühner auf das Nestdach setzen, sollten Sie ein schräges Brett anbringen, das wie ein Dach auf den Nestern wirkt. Auch die seitlichen Öffnungen müssen natürlich verkleidet werden.

Ein gepolstertes Nest wird von den Hühnern gerne angenommen.

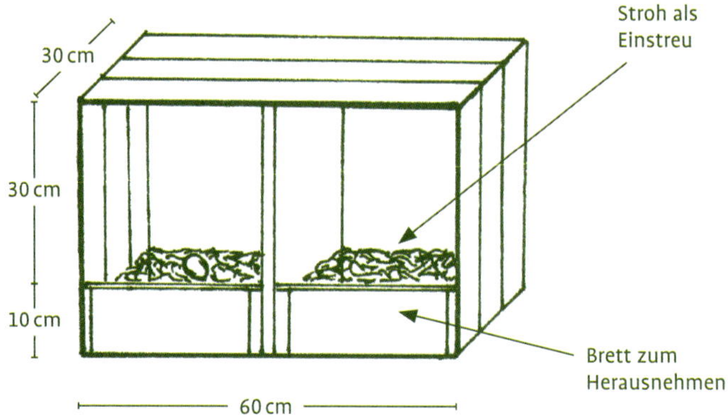

Einfacher Aufbau eines Nestes mit herausnehmbaren Frontbrettern.

Da Hühner meistens gleichzeitig zur Eiablage schreiten, sollten Sie in jedem Stall mindestens zwei Legenester vorsehen, die in der Regel nebeneinander angeordnet werden. Bei größeren Beständen sieht man die Nester sowohl neben- als auch übereinander vor, sodass eine richtige Nestfront entstehen kann.

Man rechnet ein Legenest für drei bis fünf Hühner, wobei mindestens zwei eigentlich immer vorhanden sein sollten. Während einige Hennen geradezu darauf erpicht sind, mit ihren Artgenossen ein Nest zu teilen und manchmal gleich zu mehreren in einem Nest sitzen, bevorzugen andere die absolute Einsamkeit zur Eiablage. Ist dann kein freies Nest vorhanden, wird das Ei auch einmal auf dem Stallboden abgelegt und verschmutzt oder gar beschädigt.

Für Züchter ist die genaue Abstammung der Nachzuchttiere entscheidend, so werden sie deshalb während der Zeit des Bruteiersammelns auf sogenannte Fallnester zurückgreifen. Diese besitzen einen Verschlussmechanismus, der aktiviert wird, sobald eine Henne das Nest betreten hat. Der Züchter wird den Stall im etwa zweistündlichen Rhythmus kontrollieren. Die in die „Falle" gegangene Henne wird wieder in die Freiheit entlassen und das Ei mit der Kennung des Huhnes versehen. Dies ist allerdings ein Aufwand, der nur von einem kleinen Teil der Geflügelzüchter betrieben wird. Und kaum jemand wird noch Fallnester selbst bauen. Der Fachhandel bietet preisgünstig ideale Fallnester an, die keine Wünsche offen lassen.

Das unterste sollte bei mehreren übereinander liegenden Nestern etwa 70 Zentimeter vom Boden entfernt sein. Sonst darf die Höhe auch einen Meter betragen. Bei Rassen, die kaum oder gar nicht fliegen, kann ein Nest auch auf den Boden gestellt werden. Ob man sich hier für extra geschreinerte Holzkisten entscheidet, muss jeder für sich entscheiden.

Da auf dem Boden stehende Nester kaum fest mit dem Stall verbunden sind, gehen viele Hühnerhalter hier einen unkomplizierteren Weg und polstern gewöhnliche Obstkisten oder einfache Kunststoffeimer mit Stroh aus. Diese erfüllen den gleichen Zweck und können bei der Stallreinigung einfach zur Seite geräumt werden. Um eine höhere Standfestigkeit zu erreichen, sollten Sie den

Eimer etwa gut zur Hälfte mit Sand füllen, ehe Sie die Stroheinlage einbringen. Bei auf dem Boden stehenden Nestern sollte man aber die Nesteinstreu wöchentlich erneuern, weil die Staubentwicklung unten einfach größer ist als weiter oben im Stall.

Staubbad

Hühner brauchen zu ihrer Gefiederpflege ein Staubbad. Eine etwa 15 Zentimeter hohe Holzkiste, die unter das Kotbrett gestellt wird, ist dazu gut geeignet. Sie wird gefüllt mit einem Gemisch aus Sand und trockener Erde und, wenn man hat, Holzasche. Die Grundfläche des Sandbades sollte so gewählt sein, dass zwei Hühner darin Platz haben.

Wenn die Hühner regelmäßigen Auslauf haben, kann man auf das Staubbad im Stall auch verzichten. Entweder Sie richten ein Staubbad ein oder Ihre Hühner werden es sich in einer Ecke, unter einem Busch oder Baum ihr natürliches Staubbad selbst einrichten. Mit Ausnahme von wenigen Tagen, an denen es dauerhaft regnet, können sie das Staubbad nutzen. Wenn Sie ab und zu eine kleine Menge Sand oder Holzasche dazu geben, ist alles bestens vorbereitet und pflegt das Gefieder seiner Hühner nachhaltig.

Einstreu

Auch wenn nicht unbedingt zur Inneneinrichtung des Stalles gehörig, muss der Einstreu etwas Aufmerksamkeit geschenkt werden, denn sie kann das Stallklima äußerst negativ beeinflussen. Durch den Einbau von Kotbrettern reduziert sich der Kotanteil in der Stalleinstreu stark. Lediglich bei längeren Stallhaltungsperioden wird er größer sein.

Dennoch sollten Sie darauf achten, dass die Stalleinstreu genügend Feuchtigkeit aufnehmen kann. Sie bindet Spritzwasser aus der Tränke und die Feuchtigkeit der Luft und reguliert sie so in einem gewissen Rahmen. Einstreu, die klumpig ist, zeugt von zu hoher Feuchtigkeit im Stall und damit von einem mit Sicherheit nicht gesundheitsfördernden Stallklima. Ist dies im Winter der Fall, kann es sogar zu Erfrierungen an Kamm und Kehllappen kommen. Wenn nicht innerhalb eines Tages eine Verbesserung festgestellt werden kann, muss die gesamte Einstreu entfernt werden. Sonst haben die Hühner schneller Schnupfen, als einem lieb ist.

Einstreu sollte neben den oben genannten Eigenschaften natürlich auch zum Scharren geeignet sein:

- Am häufigsten werden staubfreie Hobelspäne verwendet, die man im Fachhandel beziehen kann.
- Hanfstreu ist noch saugfähiger als Hobelspäne und kann deshalb als Alternative empfohlen werden.

Staubbad – die Wellnessoase

Staubbad = Spaßbad

Welche Freude die Hühner dabei haben, wird klar, wenn man den „Badevorgang“ live erlebt. Genüsslich neigt sich die Henne nach vorne, sträubt das Gefieder und stellt die Flügel ab. Durch hin- und her- sowie auf- und niederschütteln wirbelt sie das „Staubgemisch“ nur so durch die Luft. Danach ist das Huhn regelrecht mit Staub überzogen. Während einige gleich aufstehen und sich schütteln, legen sich andere auf die Seite. Sie strecken die Beine von sich und spreizen den Flügel. So bleiben sie noch einige Zeit liegen. Ganz besonders sichtbar wird dieses Verhalten bei strahlendem Sonnenschein – sie genießen regelrecht ihr Sonnenbad.

Hühner lieben Körperpflege. Täglich verbringen sie viel Zeit damit, ihr Gefieder mit dem Schnabel zu ordnen. Dabei werden die einzelnen Federn durch den Schnabel gezogen. Kleinere Verunreinigungen verschwinden so „von ganz alleine“ wieder. Eine besondere Vorliebe haben Hühner jedoch für das Staubbad. Es trägt ganz entscheidend zum Wohlbefinden der Hühner bei. Gleichzeitig ist das Staubbaden ein deutlicher Indikator für den Gesundheitszustand Ihrer Hühner. Kränkliche und schwache Tiere meiden es, während gesunde Hühner das Staubbad zum Teil sogar mehrmals täglich aufsuchen.

Da es innerhalb der Hühnerherde eine strikte Hierarchie gibt, bleiben Streitigkeiten, die teilweise mit lautem Gegacker ausgetragen werden, nicht aus. Wer nun denkt, durch die Anlage mehrerer Staubbäder mehr Ruhe und Entspannung zu schaffen, den muss ich leider enttäuschen. Hühner sind nämlich sehr gesellige Tiere und lieben die Nähe ihrer Artgenossen. „Sie lieben und sie hassen sich“ – so könnte man es auf einen Nenner bringen. Damit hat auch das Staubbad, in dem sich die Artgenossin bereits räkelt, ganz besondere Anziehungskraft. Hühner baden dabei besonders gerne im Freiland. Deshalb sollte man ihnen im Auslauf auf jeden Fall die Möglichkeit dazu geben. Bei längeren Stallaufenthalten, zum Beispiel im Winter oder bei Starkregenperioden, ist es aber auch unverzichtbar, ein Staubbad direkt im Stall anzulegen. Eine

Im trockenen Sand wälzen und sich schütteln – was für ein Federfüßiges-Zwerghuhn-Leben.

etwa 15 Zentimeter hohe Holzkiste, die passend eingestreut ist, genügt vollauf.
Im Auslauf kann ein sehr interessantes Verhalten beobachtet werden: Dort bereitgestellte Staubbäder nehmen die meisten Hühner nur dann an, wenn das Naturstaubbad noch feucht ist. In aller Regel wählen die Hühner mindestens eine Stelle im Auslauf, um sich dort ihre Wellnessoase einzurichten. Dort wird intensiv gescharrt und eine regelrechte Kuhle geschaffen. Bevorzugt wird dabei ein Platz, der etwas geschützt und abseits des großen Trubels liegt. Wer Sträucher und Bäume in seinem Auslauf hat, wird schnell feststellen, dass gerade solche Plätze besonders gerne dafür präpariert werden. Die herausgescharrte Erde wird mit der Zeit sehr fein, regelrecht staubartig und genügt eigentlich vollauf.
Dieses von den Hühnern geschaffene Staubbad erfüllt also alle Zwecke und ist für sie ideal. Denn neben der Pflege können sie sich in diesen geschützten Bereich zurückziehen. Dort sind sie in der Regel sicher.
In großflächigen Ausläufen mit nur wenig Bepflanzung wird man nicht umhinkommen, auch hier ein gebautes Staubbad anzubieten. Eine offene Kiste wie im Stallinnern ist hier allerdings ungeeignet. Der Inhalt wäre der Witterung ausgesetzt und deshalb für den eigentlichen Bestimmungszweck nicht mehr geeignet. Das bedeutet, dass Sie für Schutz sorgen müssen. Eine kleine Holzkiste, etwa so groß wie ein Kaninchenstall, die an drei Seiten offen ist, kann eine Alternative sein. Man hat aber sogar schon kleine gemauerte Staubbäder gesehen. Der Fantasie sind hier natürlich keine Grenzen gesetzt. Aufwand und Nutzen sollte man allerdings zuweilen in Relation stellen.
Bei einer kleinen Hühnerhaltung kann ein auf Stelzen gebauter Stall eine echte Alternative sein. Zum einen ist durch den Luftaustausch der Stallboden immer trocken und zum anderen wird der Raum unter dem Stall sehr gerne für ein Staubbad genutzt. Aber aufgepasst: Dieser Platz scheint für die Hühner eine ungemeine Anziehungskraft zu haben, sodass sie sich dort nicht nur ihr Staubbad, sondern gerne auch ein Nest einrichten. Ist die übliche Eierzahl auf einmal stark rückläufig, kann also ein Blick unter den Stall bestimmt nicht schaden.

Staubbaden macht zu mehreren gleich doppelt so viel Spaß.

Tipp vom Profi

Wer seinen Hühnern etwas Gutes tun will, kann dem Naturstaubbad etwas Sand und eventuell sogar Holzkohlenasche dazugeben. Sie werden erleben, wie emsig die Hühner zuerst darin picken, um sich dann mächtig einzustauben.

Eine trockene, staubfreie Einstreu sorgt für ein gutes Stallklima.

- Kurzgeschnittenes Stroh als alleinige Stalleinstreu besitzt zu wenig Saugfähigkeit, in Verbindung mit Hobelspänen oder Hanfstreu ist es jedoch ideal. Die kurzen Halme animieren die Hühner zum Picken und Scharren und verhindern so Langeweile während längerer Stallhaltungsphasen, die unter anderem zum Federpicken führen kann.
- Während des Sommers können geringe Mengen vollständig getrockneten Rasenschnittes in die Stalleinstreu gegeben werden, auch Spelzen, wie sie beim Reinigen von Getreide anfallen und im landwirtschaftlichen Fachhandel sowie in Mühlen nach Rücksprache zu bekommen sind. Die darin noch enthaltenen kleinen Getreidekörner animieren die Hühner ebenfalls zum regen Picken und Scharren.
- Torf, der früher oft verwendet wurde als Einstreumaterial, hat zwar eine immens hohe Saugfähigkeit, sollte aber wegen der höheren Staubentwicklung und aus Gesichtspunkten des Umweltschutzes nicht mehr verwendet werden.

Die Stalleinstreu wird gewöhnlich als Tiefstreu eingebracht, und zwar in einer Höhe von 15 bis 20 Zentimeter. Bei einem guten Stallklima und mit Kotbrett wird man diese Tiefstreu nie ganz austauschen müssen. Im Gegenteil – denn in der Tiefstreu bildet sich ein Mikroklima, das dem Wohlbefinden und der Gesundheit der Tiere durchaus dienlich ist. Aus diesem Grund entnimmt man nur in regelmäßigen Abständen, etwa alle zwei bis drei Monate, eine gewisse Menge der Tiefstreu und füllt mit frischen Bestandteilen auf.

Fütterungs- und Tränkenzubehör

Ausführliche Bauanleitungen für Futtertröge, Futterautomaten, Gritbehälter und sogar Tränken sind kaum mehr zeitgemäß, denn der Fachhandel bietet eine beinahe unüberschaubare Vielfalt an Utensilien für die Fütterung, die sich nicht nur in Ausführung, sondern auch im Material unterscheiden. Dazu kann man Tröge in verschiedensten Längen beziehen.

Tröge

Futtertröge werden aus Holz, Metall oder Kunststoff angeboten, wobei das Metall verzinkt ist und deshalb nicht rostet. Für den Außenbereich kommen natürlich nur Metall- oder Kunststofftröge in Betracht, weil sie witterungsbeständiger sind. Dabei sollten Sie sich überlegen, ob Sie überhaupt im Freien eine Futterstelle einrichten wollen. Viele andere Vögel fühlen sich davon geradezu magisch angezogen und somit ist die Gefahr von Krankheitsübertragungen gegeben. Deshalb werden die Hühner eigentlich ausschließlich im Stall gefüttert.

Um ein Herausschleudern des Futters zu verhindern, sind Tröge mit einem Fressgitter zu empfehlen. Jedes Huhn kann hier zwar gezielt fressen, den Kopf aber nicht stark hin und her bewegen, sodass Futter vergeudet wird. Vollkommen offene Tröge sind nicht geeignet, da Hühner sie gerne zum Ausruhen benutzen und dabei das Futter verschmutzen. Damit dies nicht geschieht, sollten die Tröge auf keinen Fall direkt auf den Boden gestellt werden, denn dann würde Einstreu in den Trog gescharrt.

Passende Futtertröge erleichtern die tägliche Arbeit.

Ein hängender Trog verschmutzt nicht so schnell.

Die Tröge stellt man 15 bis 30 Zentimeter, je nach Größe der Rasse auch höher. Dies geschieht am besten mit seitlich angeschraubten Brettern, die für genügend Standsicherheit drei Zentimeter breit sein sollen.

Die Hersteller von Trögen haben an ihren Produkten fast ausnahmslos seitliche Vorbohrungen, an die die Holzständer angeschraubt werden können. Eine Alternative zu hoch gestellten Trögen können hängende Tröge sein, die mit einer entsprechend langen Kette oder einem Draht an der Decke befestigt sind.

Wer seinen Hühnern Weichfutter anbieten will, sollte sich auf keinen Fall für einen Holztrog entscheiden, weil er sich wesentlich schlechter reinigen lässt. Besser eignet sich ein Kunststofftrog. Zwei Tröge, einer für trockenes, der andere für Weichfutter zur Verfügung zu haben, ist ideal. Die Troglänge sollte so gewählt sein, dass alle Tiere zugleich fressen können. Pro ausgewachsenes Huhn sollte dabei eine Länge von 12 Zentimetern gerechnet werden.

Futterautomaten

Bei größeren Beständen, zur eventuellen Bereitstellung von speziellen Futtermitteln oder zur Überbrückung von mehreren Tagen Abwesenheit können Futterautomaten sehr praktisch sein. Bei ihnen wird eine gewisse Futtermenge in einem Vorratsbehälter gelagert und nach und nach zum Fressen freigegeben. Futterautomaten haben entweder eine längliche Form, hauptsächlich werden sie aber in der runden verwendet. Die Größe des Futterautomaten hängt von der Bestandsgröße ab. Keinesfalls sollte der Automat zu groß gewählt werden, denn das nicht benötigte Futter kann unter Umständen den Stallgeruch annehmen und wird dann von den Hühnern nicht mehr gerne gefressen.

Futterautomaten werden im Handel üblicherweise in Kunststoff oder Metallausführung angeboten. Wer sich selbst einen Futterautomaten bauen will, greift auf die bewährten Mehrschichtplatten zurück. Während kastenförmige Futterautomaten fest an die Stallwand montiert werden, hängen die runden meist von der Decke herab.

Gritkasten

Da Hühner zur Verdauung Magensteinchen, den Grit, benötigen, wird ihnen dieser in einem kleinen, an der Wand befestigten Trog gereicht. Es gibt sehr preisgünstige Gritkästen zu kaufen, aber auch selbst gebaute Schälchen, die man an der Stallwand festmacht, erfüllen den Zweck.

Grünfutterraufe

Bei Stallhaltung oder wenn der Auslauf kein Grünfutter mehr abgibt, sind Raufen eine sinnvolle Einrichtung im Hühnerstall. Relativ große Metallkörbe, die von der Decke abgehängt werden, eignen sich ideal dafür. Die Maschenweite der Körbe muss so eng sein, dass das kurz geschnittene Gras nicht durchfallen kann. Langes Gras darf nicht verfüttert werden, weil es sich im Kropf der Hühner zu Knäueln verbinden kann. Dies würde den Tod des Tieres nach sich ziehen.

Eine sehr einfache Alternative, die sich vor allem für die Fütterung von Brennnesseln oder sonstigen langstieligen Grünpflanzen wie Grünkohl, Topinambur usw. anbietet, ist die Verwendung von gewöhnlichen Gummispannern oder Expandern, auch Gepäckspinnen, die in das Drahtgeflecht der Voliere oder des Auslaufes eingehängt werden. Dadurch werden die Stängel genügend fixiert, sodass die Tiere Pflanzenteile einfach abzupfen können.

Obstbrett

Hühner picken bevorzugt an aufgeschnittenem Obst. Während dies im Auslauf kein Problem ist, würden in die Einstreu eingeworfene Obststücke schnell verschmutzt.

Um dies zu verhindern, wird ein Brett, auf dem etwa sechs Zentimeter lange Nägel ein Stück weit eingeschlagen sind, mit Schrauben an der Wand befestigt. Auf die Nägel können nun zum Beispiel aufgeschnittene Äpfel oder andere Obststücke gesteckt werden, die die Hühner nach und nach auspicken dürfen. Damit keine Verletzungsgefahr besteht, sollten die Nägel mit dem Kopf von der Wand weg zeigen und nicht etwa die Nagelspitze. Obststücke lassen sich trotzdem mühelos aufstecken.

Gut zu wissen

Da Hühner kühles Wasser bevorzugen und die Wasseraufnahme mitentscheidend für ihre Leistungsfähigkeit ist, sollte die Tränke an einem schattigen Ort im Stall aufgestellt und keiner direkten Sonneneinstrahlung ausgesetzt werden.

Tränken

Immer frisches und vor allem sauberes Trinkwasser den Hühnern zur Verfügung zu stellen, muss das oberste Bestreben des Halters sein. Tränken sind entweder aus Kunststoff oder Metall. Je nach Bedarf können die Größen zwischen 0,5 l und 10 l gewählt werden. Bei der Auswahl der richtigen Tränke sollten Sie vor allem darauf achten, dass sie sich leicht reinigen lässt, denn eine saubere Tränke ist der beste Schutz vor Krankheitsübertragungen.

Sinnvoll sind Tränken, deren Wasserspeicher sich mit einem Bajonettverschluss mit dem abschließenden Teller verbinden lässt und die deshalb leicht zu tragen sind. Vor allem bei einem weiteren Weg von der Wasserquelle wird man diesen Vorteil bald zu schätzen wissen. Allerdings müssen Sie darauf achten, die Verschlüsse immer gut zu reinigen.

Tränkenhocker

Noch wichtiger als bei Futtertrögen ist die erhöhte Platzierung von Tränken, sonst würde die Einstreu einnässen, mit den bekannt negativen Folgen. Aber auch Einstreu- und Kotpartikel in der Tränke wären alles andere als ideal und eine Übertragungsquelle für Krankheiten. Tränken werden deshalb mit einem Tränkenhocker deutlich über der Einstreu aufgestellt, und zwar wie bei den Futtertrögen, angepasst an die Größe der Hühner, die in dem Stall gepflegt werden. Hier gilt der Grundsatz: so hoch wie möglich und so tief wie nötig.

Tränkenhocker sind ein Unterbau für die Tränken und sollten sehr standfest sein, weil eine gefüllte Fünf-Liter-Tränke leicht über fünf Kilogramm wiegt. Tränkenhocker werden oft aus Holz in Kistenform gebaut. Sehr geeignet als Tränkenhocker sind nach eigener Erfahrung auch Kalksandsteine. Sie haben eine sehr gute Standfestigkeit, glatte Oberfläche, die sich wenn nötig, leicht reinigen lässt oder sie können im Ganzen ausgetauscht werden.

Um das Wasser sauber zu halten, sollte die Tränke erhöht aufgestellt werden.

Tränkenwärmer

Vor allem in den Wintermonaten, wenn das Wasser in den Ställen einfrieren würde, tun Tränkenwärmer einen guten Dienst. Sie sollten in der zur Tränke passenden Größe gewählt werden. Es gibt sie auch mit Regelthermostat – das Angebot des Fachhandels ist umfangreich. Jetzt zahlt es sich aus, wenn man bereits bei der Stallplanung eine Steckdose in der Nähe des Tränkenstandorts eingerichtet hat.

Wirtschaftsraum

Wo immer es möglich ist, sollte vor dem eigentlichen Stall ein Vorraum, und ist er noch so klein, eingeplant werden. Hier ist der Platz für den Sicherungsschrank der elektrischen Installationen und das Waschbecken, falls vorhanden. Hier sollte aber auch der Platz der Futterkiste sein, in der das Futter trocken und staubfrei gelagert werden kann.

Auf jeden Fall sollten Sie einen kleinen Schrank einplanen. Hier können Sie Futterergänzungsmittel und, davon abgetrennt, Desinfektions- und Ungezieferbekämpfungsmittel unterbringen. Aber auch Markierungsringe, eventuell ein Tränkenwärmer und sonstige Gegenstände, die mit der Hühnerhaltung zu tun haben, können Sie hier aufbewahren. Da es im Wirtschaftsraum durch die direkte Nähe zum Stall meistens recht staubig ist, sollte der Aufbewahrungsschrank mit Türen zu verschließen sein.

Nicht benötigte Tränken können an einem Haken aufgehängt werden und auch sonst findet jegliches Zubehör für die Hühnerhaltung im Wirtschaftsraum einen sicheren Aufbewahrungsort. Wer einen größeren Raum einplanen kann, vielleicht rassegeflügelzüchterische Ambitionen hat und sogar Ausstellungen beschicken will, kann hier die Gewöhnungsboxen und natürlich die Transportkisten unterbringen. Zu guter Letzt bietet der Wirtschaftsraum einen trockenen Aufenthalt für den Tierliebhaber bei schlechtem Wetter und oft die einzige Möglichkeit, seine Tiere zu beobachten, ohne den Stall selbst betreten zu müssen.

Wer mit Hühnern zu tun hat, wird schnell erkennen, wie viel Zubehör sich mit der Zeit ansammelt und den Wert eines Wirtschaftsraumes schätzen lernen. Sonst muss man sich meistens in einem Raum des Wohnhauses oder der Garage etwas Platz dafür schaffen.

Einrichtung

Gut zu wissen

Viele Hühnerhalter kaufen Futter auf Vorrat in Mengen, die sich nicht immer in der Futterkiste lagern lassen. Am besten lassen Sie es in den Originalsäcken, die in der Regel aus Papier sind, und lagern es weit weg von Stall und Futterkiste, weil sich hierhin am ehesten eine Maus verirren kann.

Die sachgerechte Futteraufbewahrung, die zeitweise Unterbringungen kranker Tiere, der Transport von Hühnern und nicht zuletzt geeignete Reinigungsutensilien werden den Hühnerhalter früher oder später beschäftigen. Die dazu verwendeten Gerätschaften werden, sofern möglich, hier untergebracht. Eine sinnvolle Gestaltung und Einteilung lohnt sich also.

Futterkiste

Damit es nicht verdirbt, müssen die Nahrungsmittel für die Hühner trocken und staubfrei gelagert werden und Kornkäfer, Mäuse oder gar Ratten sollten keinen Zugang haben. Schon deshalb verbietet sich eine dauerhafte Lagerung in Papiersäcken, in denen man das Futter hauptsächlich im Fachhandel bekommt. Es sollte also umgefüllt werden. Eine sehr gute Lösung sind Kunststofffässer mit Deckel, denn sie sind licht-, luft- und feuchtigkeitsdicht. Ein Problem ist, dass die Fässer am Boden stehen und der Bodenraum dann nicht überschaubar ist. Zum Reinigen muss man sie hin- und her bewegen, was, wenn sie groß und voll sind, sehr kraftaufwendig sein kann.

Eine Grünfutterschneidemaschine leistet wertvolle Dienste und ist im Wirtschaftsraum gut aufgehoben.

Sinnvoller ist deshalb eine Futterkiste auf Rollen. Sie kann bei Bedarf zur Seite geschoben werden. Da man solche Kisten nicht kaufen kann oder die sich an manchen Kisten befindenden Rollen das Gewicht auf Dauer nicht tragen würden, muss man zum Selbstbauer werden. Das beste Material dazu sind Mehrschichtplatten aus Holz, die eine glatte Oberfläche haben. Für eine gute Stabilität sollte man genügend lange Schrauben verwenden.

Die Größe der Kiste richtet sich nach dem vorhandenen Platz, keinesfalls sollte sie aber zu groß sein, sonst wird sie zu schwer und kann kaum mehr bewegt werden. Die Grundfläche sollte nicht mehr als 80×60 Zentimeter, die Höhe höchstens 70 Zentimeter sein. Sonst lässt sich die Kiste von außen kaum bis zum Boden entleeren. Der Deckel der Futterkiste wird mit Scharnieren befestigt und eventuell mit einem Schloss versehen.

Sinnvoll kann es sein, die Kiste innen zu unterteilen. Dann lassen sich zwei Futterarten, beispielsweise Körner- und Mehlfutter darin unterbringen. Grundsätzlich lässt sich der gleiche Futterkistentyp auch fest installieren, wenn man eine entsprechende Nische nutzen will. Während die Höhe beibehalten werden sollte, kann die Grundfläche dann natürlich großzügiger bemessen sein.

Nachteil solcher Futterkisten ist, dass man das Futter von oben entnehmen muss und da man mit dem Nachfüllen von neuem Futter kaum einmal wartet, bis die Kiste restlos leer ist, befindet sich am Boden immer eine gewisse Menge Futter, das mit jeder Neubefüllung älter wird. So sollte man eine Futterkiste bauen, bei der das Futter unten entnommen und von oben eingefüllt wird. Solche Futtersilos kann man fertig über den Fachhandel beziehen. Mit einem sehr geringen Aufwand können Sie sie auch selbst erstellen. Dies geschieht am besten mit Mehrschichtplatten, da sie eine sehr glatte Oberfläche haben und stabil miteinander verbunden werden können.

Entweder hängen Sie das Futtersilo an die Wand oder stellen es auf Füße. Dabei sollte das Gewicht des vollen Silos nicht unterschätzt und entsprechend massive Winkel und Schrauben gewählt werden. Die Höhe der Entnahmeklappe sollte dabei bei etwa 70 Zentimeter liegen. Den Raum unter dem Silo kann man nutzen, zum Beispiel für einen Eimer mit Deckel, in dem Grit gelagert wird.

Ein trockener Kellerraum oder die Garage sind dafür der richtige Ort. Die Säcke sollten auf gar keinen Fall direkt auf dem Boden stehen, Feuchtigkeit könnte das Futter schädigen und für die Hühner lebensgefährlich machen. Bretter, die auf etwa fünf Zentimeter hohen Bälkchen liegen, bilden einen idealen Unterbau.

Reinigungszubehör

Man tut gut daran, die Gerätschaften zur Reinigung des Hühnerstalles ausschließlich dafür zu verwenden. Starke Beanspruchung, Staubaufkommen und hängen gebliebene Kotreste lassen die Verwendung für einen anderen Zweck nicht zu.

Als Grundausstattung benötigt man einen groben Besen, eine Schaufel sowie einen breiten Bodenspachtel, einen Handbesen samt Handschaufel, eine Kelle und Spachtel. Damit diese Dinge nicht wahllos in den Ecken herumstehen, sind Haken und spezielle Aufhänger, wie sie in Gartenfachmärkten zu bekommen sind, an den Wänden des Wirtschaftraumes sehr nützlich.

Am besten werden Futterkisten aus Siebdruckplatten hergestellt, weil diese eine glatte Oberfläche besitzen.

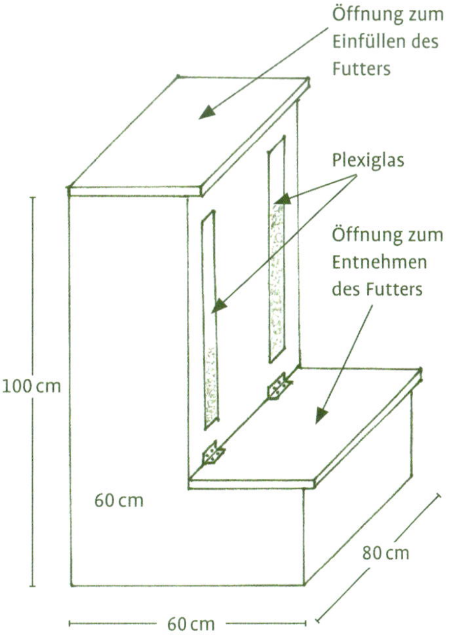

Praktikable Futterkiste, die von oben befüllt und von unten entleert werden kann.

Einzelkäfig

Es wird immer einmal vorkommen, dass man ein Tier aus dem Bestand nehmen muss. Sei es nun zur Behandlung mit einem Medikament oder dass es zur Brutentwöhnung entnommen wird. Auch ein zugekauftes Huhn sollte mehrere Tage in Quarantäne gesetzt und beobachtet werden, ehe man es zu den anderen lässt.

Grundsätzlich kann dieser Einzelplatz ein Käfig sein, der im Großen und Ganzen einem Kaninchenstall entspricht, mit einer Grundfläche von mindestens 50 × 50 Zentimeter. Wer einen solchen Einzelkäfig als Dauereinrichtung nicht möchte oder einfach nicht genügend Raum dafür hat, kann im Fachhandel zusammenklappbare Drahtboxen kaufen, wie sie für Geflügelausstellungen üblich sind. Sie werden auf eine Holzplatte gestellt und sind sofort verfügbar. Am sinnvollsten ist der Kauf eines Doppelkäfigs, sodass man immer etwas Platz in der Hinterhand hat. Wird der Käfig nicht gebraucht, klappt man ihn zusammen und kann ihn Platz sparend verstauen.

Transportkiste

Wenn genügend Platz vorgesehen ist, kann im Wirtschaftsraum auch die Transportkiste untergebracht werden, denn der Weg zum Tierarzt oder der Transport eines gekauften Tieres sollte nicht unbedingt in einem Pappkarton stattfinden. Für kurze, spontane Wege mag dies noch eine praktikable Lösung sein, doch sollte dem Tier grundsätzlich immer eine optimale Transportmöglichkeit geboten werden, und zwar mit ausreichend Lüftung und Beständigkeit.

Es gibt Transportkisten, die in dieser Hinsicht keine Wünsche offen lassen. Von geflochtenen Körben bis zu stabilen Holzkisten kann man hier je nach Vorliebe wählen. Allen gemeinsam ist die Innenunterteilung, sodass mehrere Tiere darin befördert werden können. Es gibt Kisten für zwei bis acht Tiere und sogar solche für große Hühnerrassen oder Zwerghühner. Obwohl die Zwischenwände normalerweise herausgenommen werden können, sollte man dies während des Transports nicht tun. Das Huhn würde unter Umständen bei starker Bremsung hin und her rutschen.

Achten Sie darauf, dass das Tier im Auto quer zur Fahrtrichtung transportiert wird, denn dann kann es Fahrmanöver besser ausbalancieren. Es wird zur Seite geneigt und nicht ständig vor- oder rückwärts geschubst, wobei auch noch das Gefieder beschädigt würde.

Besondere Stallformen

Neben den üblichen Hühnerställen findet man vor allem bei Rassegeflügelzüchtern und Haltern, die immer wieder Küken nachziehen, Sonderformen von Stalltypen. Diese etwas genauer unter die Lupe zu nehmen lohnt sich, denn sie sind für ein störungsfreies Wachstum und optimale Entwicklung der Jungvögel von großem Nutzen.

Kükenheime

Die Aufzucht von Küken ist spätestens mit dem Aufkommen von Motorbrütern auch für Hühnerhalters interessant geworden, vorausgesetzt man möchte Jungtiere von seinen Hühnern aufzuziehen. Bei Geflügelzüchtern versteht sich dies von selbst, es ist Sinn und Zweck des Züchtens. Aber auch bei vielen Klein- oder Hobbyhühnerhaltern kann mit der Zeit der Wunsch nach eigenen Küken aufkommen. Auf jeden Fall sollten Sie sich auf das Abenteuer Kükenaufzucht nicht unvorbereitet einlassen. Küken wachsen sehr schnell, sodass mit jeder Woche mehr Platz zur Verfügung stehen muss.

In den ersten Tagen hält man Küken recht eng, denn sie benötigen sehr viel Wärme. Während bei der Naturbrut die Glucke die Küken wärmt, geschieht dies in der „künstlichen“ Aufzucht mit Hilfe von Rotlicht- oder Dunkelstrahlern. Je nach gewünschter Wärmeleistung wählt man die Wattleistung und hängt den Strahler in die entsprechende Höhe. Liegen die Küken direkt und eng unter dem Strahler, muss dieser tiefer gehängt werden, denn den Küken ist es zu kalt. Liegen sie hingegen in einem Kreis an den Rändern des Lampenschirms, sollte man den Strahler höher hängen. Eine

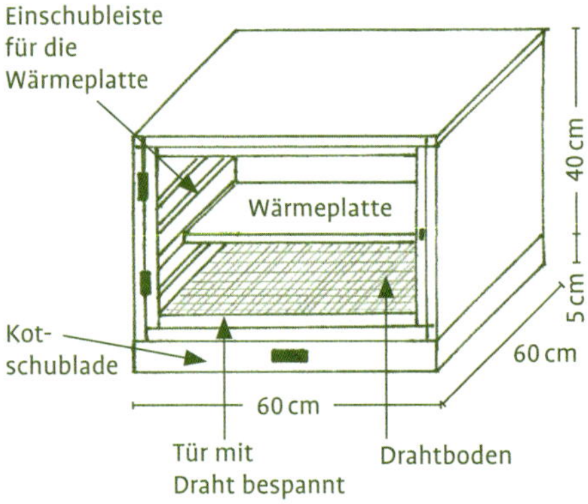

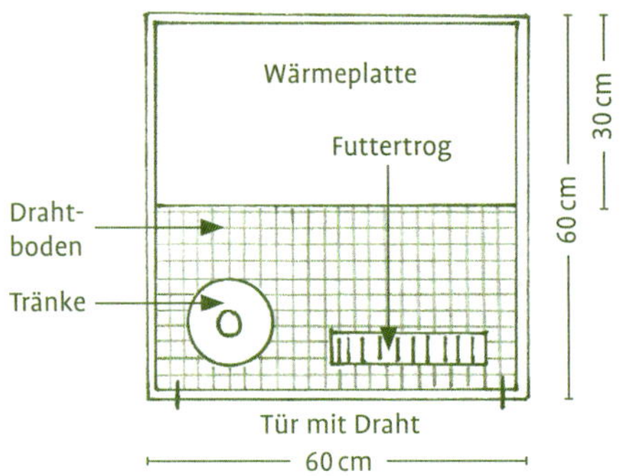

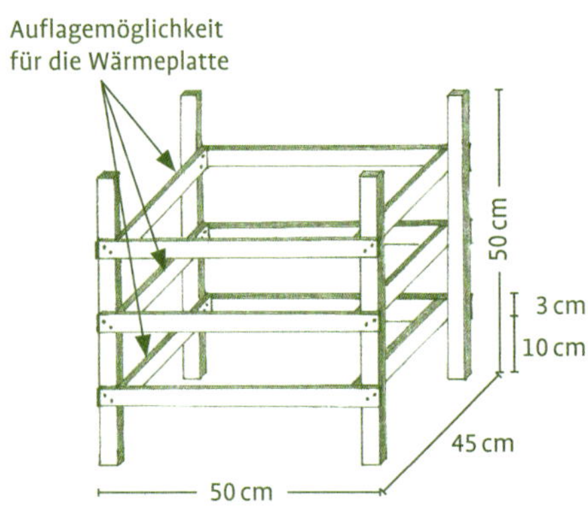

Verschiedene Möglichkeiten zur Fixierung von Wärmeplatten, die in der Kükenaufzucht gerne verwendet werden.

lockere Anordnung der Küken ist ideal und wird durch mehrmaliges Höhenverstellen des Strahlers erreicht.

Oft werden anstatt Strahlern Wärmeplatten verwendet, die mit einem Regelthermostat in der Wärmeleistung reguliert werden können. Sie gibt es in verschiedenen Größen, sodass für die jeweilige Kükenanzahl das entsprechende Format gewählt werden kann. Die Küken schlüpfen direkt darunter, wenn es ihnen zu kalt wird. Die Höhenverstellung erfolgt, indem die Füße der Platte mit Muttern in der Höhe verstellt werden.

In der ersten Lebenswoche hat sich ein Kükenheim in Ringform bewährt. Dazu wird mit stabilen Kartonstreifen, die zirka 30 Zentimeter hoch sind, ein Ring in einem Raum des Stalles aufgestellt. Dabei verbindet man die einzelnen Streifen am sinnvollsten mit Wäscheklammern. Die Ringform hat den Vorteil, dass sich die Küken nicht in eine Ecke drücken können und es zu Verlusten kommt. Nach etwa einer Woche entfernt man den Kükenring und stellt den gesamten Stallraum zur Verfügung.

Wer keinen Platz zum Aufstellen eines Kükenringes hat, kann andere Möglichkeiten für die Kükenaufzucht nutzen. Bewährt haben sich kleinere Aufzuchtstationen bei Kükenbeständen bis zu etwa 100 Küken. Die meisten sind beweglich und können von zwei Personen an den gewünschten Platz gestellt werden. Die Ausführung solcher Stationen reicht von einfachen, kleinmaschigen Drahtkäfigen bis zu Vollholzkisten. Die Grundfläche sollte, um die Handlichkeit zu gewährleisten, nicht größer als 80 × 100 Zentimeter sein. Da die Küken dort maximal drei Wochen bleiben, reicht eine Höhe von gut 60 Zentimeter. Danach brauchen die Küken mehr Platz.

Bevor man sich ein solches Kükenheim baut, sollte man auch daran denken, dass es gelagert werden muss, wenn man es nicht braucht und dies ist fast die ganze Zeit des

Jahres. Viele Züchter gehen deshalb dazu über, für die Kükenaufzucht große Kartons zu benutzen, wie sie für Waschmaschinen oder Rasenmäher verwendet werden. Sie haben in der Regel die oben genannten Maße. Auf jeden Fall sollte man den Karton beispielsweise mit einem einfachen Holzrahmen, der mit einem Drahtgeflecht bespannt ist, abdecken.

Wer über einen Wirtschaftsraum verfügt, kann sich dort auch eine fest eingebaute Kükenstation errichten, die im Großen und Ganzen den beschriebenen Ausführungen entspricht. Die Einrichtung ist denkbar einfach. Küken sind Nestflüchter, sodass sie gleich nach der Geburt selbstständig fressen und trinken können. Der Kükengröße angepasste Tränken und Futtertröge sollten deshalb gleich zu Beginn zur Verfügung stehen. Da sich viele Küken am Beginn ihres Lebens mit dem Fressen aus einem Futtertrog schwer tun, verwendet man idealerweise Futterbretter. Ein einfaches, etwa 10 Zentimeter breites Holzbrett wird mit etwa 0,5 Zentimeter hohen Holzleisten umrandet. Die Küken können das darauf aufgestreute Futter ohne Schwierigkeiten aufnehmen. Auch klein geschnittenes Grünfutter wie Löwenzahn, Brennnesseln oder Vogelmiere kann man den Hühnern auf solchen Futterbrettern reichen.

Besondere Aufmerksamkeit muss man dem Boden in der Kükenaufzuchtstation widmen. Ein vollkommen glatter Boden darf es nicht sein, denn die Küken fänden darauf keinen Halt. Eine Folge wären Grätschbeine und hohe Kükenverluste. Sägeraues Holz wäre sehr gut geeignet, doch es lässt sich schwer reinigen. Bei allen Überlegungen muss man berücksichtigen, dass das Kükenheim, soll es wieder benutzt werden, ausgiebig zu reinigen und zu desinfizieren sein sollte. Es gilt also, hier eine optimale Lösung zu finden. Man verwendet als Boden eigentlich ausnahmslos glatte, gut zu reinigende Plattenware. Holzmehrschichtplatten sind dafür ideal geeignet, denn sie sind wasserbeständig. Um das Rutschen der Küken zu verhindern, legt man darauf eine Wellpappe. Nach Gebrauch der Kükenstation kann man die Wellpappe entsorgen und anschließend reinigen und desinfizieren.

Erstklassige Kükenaufzuchtstationen in verschiedenen Größen sind im Fachhandel erhältlich. Sie sind in der Regel aus Kunststoff- oder beschichteten Holzplatten gefertigt und können deshalb gut gereinigt werden. Als Bodenbelag haben sie ein sehr kleinmaschiges Drahtgeflecht und eine darunterliegende Kotschublade. Der abgesetzte Kot fällt durch und kann einfach entsorgt werden. Solche Kükenstationen sind stapelbar und deshalb auch bei größeren Kükenzahlen Platz sparend einzusetzen. Doch ihr Preis ist nicht zu unterschätzen. Da sie aber über Jahre, wenn nicht Jahrzehnte verwendet werden können, relativiert sich der finanzielle Aufwand aber wieder.

Gut zu wissen

Da Küken verschiedenen Alters nicht so einfach zusammengesetzt werden können, braucht man unter Umständen mehrere Stallabteile. Die gemeinsame Aufzuchtzeit sollte dabei nach drei Wochen beginnen, also dann, wenn die Küken die Station verlassen und sie sollten nicht mehr als zwei Wochen Altersunterschied haben.

Eine Kükenstation mit Tränke und Futtertrögen.

Nach den ersten drei Lebenswochen in der Aufzuchtstation kommen die Küken in einen gewöhnlichen Stall, am besten mit Wärmequelle, denn die Küken sind in diesem Alter noch nicht vollständig befiedert und brauchen Wärme.

Brutraum

Viele Kleintier- und Geflügelzuchtvereine bieten ihren Mitgliedern die Möglichkeit der Kunstbrut in vereinseigenen Brutapparaten an. Nichtsdestotrotz besitzen viele Hühnerhalter einen eigenen Motorbrüter, um beispielsweise die für die Rasse benötigte besondere Luftfeuchtigkeit bieten zu können.

Dabei ist es wichtig, dass der Raum, in dem die Eier ausgebrütet werden sollen, gewisse Voraussetzungen erfüllt. Die Aufstellung des Brutapparates in Wohnräumen kommt durch die Staubentwicklung und des sich entwickelnden Geruchs nicht in Frage. Dagegen können Keller- oder Wirtschaftsraum ein optimaler Stellplatz sein. Es darf dort nicht stauben und die Temperaturschwankungen dürfen nicht groß sein, denn die feinen Messgeräte des Brüters sind sehr empfindlich und es könnte zu Fehlern bei der Einstellung der richtigen Brutbedingungen kommen. Besonders die Wirtschafträume, die den Ställen vorgelagert sind, sollten ausreichend isoliert sein, damit innerhalb eine möglichst gleichbleibende Raumtemperatur herrscht.

Will man die gesammelten Bruteier ebenfalls im Brutraum lagern, sollte die Raumtemperatur im Idealfall bei 13 bis 15 °Celsius liegen. Unter solchen Bedingungen gelagert und täglich gewendet, kann man einem Bruterfolg aus solchen Eiern bei korrekter Bedienung des Brutapparates mit Hoffnung entgegensehen.

Die Kinderstube – das Gluckenheim

Möchten Sie einmal mit einer Glucke selber Küken erbrüten, brauchen Sie in aller Regel einen separaten Gluckenstall. Die harmonische Großfamilie mit unterschiedlichen Altersgruppen, wie man sie sich gerne vorstellt, ist unter Hühnern leider nicht die Regel und kaum ohne Kükenverluste machbar. Will man die Küken schützen, muss man sowohl die Glucke als auch die Küken von der übrigen Hühnerherde trennen.

Zeigt eine Henne Brutneigung, stellen Sie ihr am besten einen ruhigen und nicht zu sonnigen Platz zur Verfügung. Dort platzieren Sie dann den sogenannten Gluckenstall, wobei der Begriff „Stall“ etwas zu groß gefasst ist. Kükenheim ist wohl der treffendere Begriff. Im Grund genügt die Größe eines Kaninchenstalles nämlich vollauf. Als Richtwert können 60 × 60 × 60 Zentimeter bei einer kleineren Rasse vollauf genügen. Da hinein legen Sie genügend Stroh, damit sich die Henne ein Nest zurechtmachen kann. Je kleiner der Stall ist, desto sicherer brütet die Henne. Das heißt, dass sie dauerhafter sitzen bleibt. Nicht umsonst wird der Gluckenstall fast immer mit einer Drahttüre verschlossen. Zweimal täglich lassen Sie die Glucke heraus, geben ihr zu fressen, zu saufen und die Möglichkeit, sich zu lösen. Das bedeutet, dass Wasser und Futter vor dem eigentlichen Stall aufgestellt sind.

Wer keinen zusätzlichen Raum beziehungsweise Stall zur Verfügung hat, kann vom normalen Hühnerstall etwas abteilen und das Gluckenheim hier abstellen. Sind die Küken dann geschlüpft, reicht der Platz zunächst immer noch aus. Erst nach ein paar Wochen brauchen sie mehr Platz. Zunächst besteht nämlich eine sehr enge Bindung zwischen Glucke und Küken. Spätestens mit etwa sechs bis acht Wochen lösen sie sich von der Glucke. Dies ist dann aber auch die Zeit, zu der man sich auf jeden Fall Gedanken darüber machen sollte, was mit den Küken passieren soll. Eine Vergesellschaftung mit den alten Hühnern und eventuell einem Hahn geht nicht so einfach.

Da man wahrscheinlich nicht regelmäßig Küken ausbrüten lassen will und ein extra Gluckenheim außerhalb der Brutzeit irgendwo anders aufbewahrt werden muss, können Sie sich anders behelfen. Trennen Sie einfach eine ruhige Ecke mit Brettern oder auch festem Karton ab. Findet die Henne hier ihre Ruhe, wird es auch mit der Brut klappen. Auf eine gewisse Robustheit sollte man dennoch achten, ist es doch für die Glucke für mindestens die nächsten drei Wochen ihre Heimat.

Tipp vom Profi

Am sinnvollsten ist es, die Jungtiere bis zum Erwachsenenalter mit etwa fünf Monaten separat aufzuziehen. Damit haben sie die Chance, sich ideal zu entwickeln. Erst danach sollte man sie zu den restlichen Hühnern gesellen.

Hahnenbox

Züchter ziehen eine größere Anzahl an Küken auf, die für die eigene Bestandsergänzung vorgesehen sind und auch an andere Züchter abgegeben werden. Darüber hinaus beschicken Geflügelzüchter Ausstellungen, bei denen die Tiere durch ausgebildete Preisrichter prämiert werden. Hier spielt vor allem die Gefiederausprägung eine besondere Rolle, die besonders die Hähne mit zunehmender Geschlechtsreife zeigen.

Zugleich entwickeln die Hähne aber auch ein recht aggressives Verhalten gegenüber ihren Artgenossen. Bei solchen Auseinander-

Naturbrut gegen Kunstbrut

Tipp vom Profi

Wer eine Henne hat, die brütet, sollte sich dieses Naturschauspiel nicht entgehen lassen. Es ist ein sehr eindrucksvolles Erlebnis und die ersten eigenen Küken aus der Naturbrut vergisst man nie. Die Freude an den Küken und das Beobachten der sozialen Kontakte innerhalb der Hühnerfamilie lassen manche Mühen vergessen.

Das wilde Bankivahuhn (*Gallus gallus*) legt ein paar Eier und setzt sich dann zur Brut nieder. Diese für uns so typische Vorstellung einer heilen Welt hatte für unsere Vorfahren eher bedrohlichen Charakter. Wie die Bankivahühner haben es ja auch die Haushühner getan: Sie sind ihrem natürlichen Brutinstinkt nachgegangen.
Saßen die Hennen aber im Nest und brüteten, legten sie keine Eier. Zur damaligen Zeit fast eine Katastrophe. War man doch auf die wertvollen Eiweißträger in der Ernährung angewiesen. Also unternahm man allerhand, um Eier haltbar zu machen und so über die Zeit zu kommen. Ein sehr schwieriges Unterfangen, wie man heute weiß. Auch gab es eigentümliche Methoden, die mit heutigen Tierschutzvorstellungen wenig gemein hatten, um eine brütende Henne von ihrem Vorhaben abzubringen.
Es ging also fast ein Jubelschrei durch die Bevölkerung, als aus Italien Hühner kamen, die kaum noch Brutinstinkt hatten. Auf einmal war es möglich, fast das ganze Jahr hindurch frische Eier zu haben. Das Brutgeschäft konnte mit der Brutmaschine fast zuverlässiger erledigt werden und auch die Verluste bei der Kükenaufzucht waren geringer.
Man kann also verstehen, wenn die Menschen zur damaligen Zeit großes Interesse an diesen neuen, nicht brütenden Hennen hatten. Heute erlaubt es unser Wohlstand, dass wir auswählen können: Eine Rasse, die noch brütet und damit weniger Eier legt, oder eine nicht brütende und damit größeren Eiersegen.
Während bei der Naturbrut die Henne im Grund alles übernimmt, muss man als Tierbesitzer bei der Kunstbrut die Ersatzmutter zu spielen. Es gibt heute bereits sehr kleine und kostengünstige Brutmaschinen, mit denen das Brüten kein Problem darstellt.

Ruhe und eine brutsichere Rasse wie diese Seidenhuhnhenne sind oberste Pflicht, wenn die Naturbrut gelingen soll.

Rechts: Die Naturbrut ist ein einmaliges Schauspiel – probieren Sie es doch mit Ihrer Henne auch einmal – noch dazu wenn die Küken so hübsch sind wie diese Zwerg-Lakenfelder.

Es ist schön mitzuerleben, wie eine Henne brütet, die Küken schlüpfen und aufwachsen – lassen Sie sich das nicht entgehen. Zwerg-Cochin sind dazu prädestiniert und nicht nur im gold-weizen-farbigen Farbenschlag.

setzungen können sprichwörtlich die Fetzen fliegen und ein beschädigtes Gefieder, aber auch ein vernarbter Kamm oder Kehllappen würden bei Ausstellungen mit Abzügen in der Bewertung quittiert. Um dies zu verhindern, trennen die Züchter ihre für die Ausstellungen vorgesehenen Hähne in sogenannten Hahnenboxen ab.

Die Mindestgröße solcher Boxen beträgt etwa ein Quadratmeter und hat neben Futter- und Wassergefäß eine Sitzstange als einzige Ausstattungsmerkmale. Denn trotz dieser Einzelhaltung auf Zeit soll das Aufbaumen als artgerechtes Merkmal des Vogels auf jeden Fall möglich sein.

Viele Geflügelzüchter verbinden die Hahnenbox mit einer kleinen, vorgelagerten Voliere. Weil der Raum begrenzt ist, hat sich als Bodenbelag in dieser Voliere eine dicke Sandschicht bewährt, die vor allem in Trockenperioden einfach mit dem Rechen sauber gehalten werden kann.

Ausläufe

Eine dauernde Stallhaltung sollte in der privaten Kleinhaltung eigentlich tabu sein. Diese unnatürliche Haltungsform ist der Wirtschaftsgeflügelhaltung vorbehalten, wenngleich auch hier Veränderungen angestrebt werden. Täglicher Auslauf kommt jedenfalls dem Wohlbefinden der Hühner sehr entgegen, sie sind ausgeglichener und finden beim Umherstreifen allerlei Nahrung. Es sind wirklich glückliche Hühner, die man erleben kann, wenn sie Freilauf haben.

Je nach den örtlichen Gegebenheiten kann die Auslaufform und -strukturierung ganz verschieden ausfallen und angepasst werden. Eine Richtlinie für die Größe des Auslaufes festzulegen ist schwierig, denn die Beschaffenheit des Bodens und seine Struktur spielen dabei eine Rolle.

Während man bei Kleinausläufen, die dem Stall vorgebaut sind, die gleichen Besatzdichten wie innerhalb des Stalles selber veranschlagen kann, sieht dies bei den Grasaufläufen, und die sind meistens damit gemeint, etwas anders aus. Will man die Grasnarbe erhalten, sollten Wechselausläufe und etwa 10 bis 15 Quadratmeter pro Huhn vorgesehen werden. Bei Zwerghühnern können die Maße etwas geringer ausfallen. Dies gilt übrigens auch für große Hühner, sofern die entsprechende Pflege des Auslaufs garantiert ist.

Gut zu wissen

Gepflegte Ausläufe, die mit der richtigen Anzahl an Tieren besetzt und durch eine entsprechende Bepflanzung strukturiert sind, können echte Hingucker sein und laden zur Beobachtung der Hühner ein.

Stallumfeld

Hühner halten sich bevorzugt in direkter Nähe ihres Stalles auf und nutzen, wenn sie die Möglichkeit der Weite im Auslauf haben, diese kaum. Sie beschränken sich nach Untersuchungen auf die Horizontweite ihres Sichtfeldes, die bei etwa 50 Metern liegt. Lediglich

Foto oben:
Punktuell aufgelegte Trittplatten sorgen für saubere Schuhe bei den Haltern dieser roten Italiener.

Foto unten:
Abwechslungsreiche Ausläufe mit blühenden Pflanzen sorgen für Beschäftigung.

wenn ihnen Zwischenziele in Form von Büschen oder Ähnlichem zur Verfügung stehen, gehen sie weiter. In diesem Fall suchen sie den Sichtkontakt zum Stallgefährten, während sonst die Sichtweite zum Stall das bestimmende Kriterium für ihre Orientierung ist.

Entsprechend sollte das direkte Stallumfeld gestaltet werden. So fällt mehr Kot in diesem Bereich an und dem sollte Rechnung getragen werden, indem er besonders leicht zu reinigen ist. Vor allem in Schlechtwetterperioden würde sonst das direkte Stallumfeld sehr schnell zu einer Schlammwüste und damit zu einem ständigen Krankheitsherd. Im Bereich um den Ausschlupf herum wird nur in den seltensten Fällen der gewachsene Boden belassen. Eine Zone entlang der ganzen Stalllänge und einer Breite von etwa einem Meter wird zirka 30 Zentimeter tief ausgegraben und mit Sand oder Kies aufgefüllt. Zum Auffüllen bewährt haben sich auch Rindenmulch oder Holzhäcksel, wie sie in Pferdeausläufen verwendet werden. Je nach Gesamtgestaltung der Anlage passen sich diese vielleicht besser an das Umfeld an als Sand oder Kies.

Diese Aufschüttungen können leicht gereinigt werden und sie verhindern, dass sich Staunässe bildet. Wichtig ist dabei, dass eine exakte Abtrennung zwischen Stallumfeld und dem restlichen Auslauf gegeben ist, sonst bildet sich früher oder später ein fließender Übergang durch das Scharrverhalten der Hühner. Mit eingesetzten Stellplatten oder einfachen Brettern, die dann natürlich immer wieder ausgetauscht werden müssen, lässt sich dieses Problem aber leicht lösen.

Bei einem dichteren Besatz können auch Beton-Gehwegplatten mit glatter Oberfläche für diese Zone um den Ausschlupf herum verwendet werden. Eine sehr dünn aufgebrachte Sandschicht erleichtert dabei die Reinigung immens. Den gleichen Zweck erfüllen Rasengittersteine oder auch eingegrabene Metallgitter, doch sind diese in der Anschaffung teurer und im Einbau aufwendiger.

Betonplatten im direkten Stallumfeld sorgen für trockene Füße: bei Halter und La-Flèche-Hahn.

Die Umstrukturierung des direkten Stallumfeldes an der Vorderseite hat auch für den Halter den Vorteil, dass er diesen Bereich auch bei schlechtem Wetter betreten kann, ohne gleich im Morast zu versinken.

Der Weg zum Stall muss ebenfalls befestigt werden. Hier sind den Gestaltungsmöglichkeiten keine Grenzen gesetzt. Der Baustoffhandel bietet eine große Auswahl an Wegebaumaterial, sodass für jeden Anspruch und Geldbeutel eine Lösung gefunden werden kann. Fachberatung ist auch hier zu empfehlen.

Bei der Planung ist es am sinnvollsten, mindestens 60 Zentimeter Wegbreite einzuplanen, dann lässt sich der Weg leicht räumen und deshalb sollte er auch keine allzu strukturierte Oberfläche haben. Vor allem im Winter muss man Schnee einfach zur Seite schieben können, damit sich keine Eisfläche bildet. Hühner sind eben keine Haustiere im eigentlichen Sinn und der Weg zum Stall muss bei jeder Witterung, und zwar täglich, eventuell auch mehrmals begangen werden und deshalb begehbar sein.

Zäune und Netze

Manch ein Hühnerhalter wird seinen Tieren nicht unbegrenzten Auslauf bieten können, sondern muss für sie durch eine Umzäunung bestimmte Flächen abgrenzen. Man unterscheidet zwischen festen und flexiblen Zaunsystemen. Üblich sind die festen Zäune und für die Umzäunung des Auslaufes auch anzuraten.

Hier kann man sich entweder für Maschendrahtzaun, üblicherweise kunststoffummantelt, oder Schafknotengitter entscheiden.

Zaunpfähle setzen

Eine Zaunanlage benötigt entsprechende Pfähle, die aus Holz, Metall oder Kunststoff sein können. Holzpfähle müssen mindestens 60 Zentimeter tief in den Boden eingegraben werden, sollen sie die nötige Standfestigkeit haben. Dabei ist ein Durchmesser von mindestens zehn Zentimetern zu wählen. Da die Pfosten direkt mit dem Erdreich in Berührung kommen, besteht natürlich erhöhte Gefahr für eine schnellere Verwitterung. Im Fachhandel werden in aller Regel günstige, kesseldruckimprägnierte Pfähle angeboten.

Gut zu wissen

Bei einem Schafknotengitter sollten Sie die „lämmersichere" Variante nehmen, denn nur bei diesem wird die Maschenweite zum Boden hin so klein, dass keine Hühner durchschlüpfen können.

Will man darauf nicht zurückgreifen, sind Pfähle aus Lärche, Eiche, Akazie oder Kastanie eine hervorragende Alternative. Sie sind zwar ein gutes Stück teurer, haben aber selbst ohne Imprägnierung oder Schutzanstrich eine enorme Haltbarkeit.

Wenn Sie Bodenhülsen verwenden, ist die Auswechslung der Pfähle kein Problem. Da sie mit dem Erdreich nicht in Verbindung kommen, sind so auch übliche Nadelholzpfähle recht lange haltbar.

Um das Eindringen von Feuchtigkeit an den Pfahlköpfen zu verhindern, was ein Hauptgrund für die schnelle Verwitterung ist, kann man entsprechende Kunststoffkappen aufschrauben, die der Fachhandel anbietet. Den gleichen Zweck erfüllen Metalldeckel, wie sie von Konservendosen anfallen. Das Problem der scharfen Kanten ist mit den neuen Dosenöffnern gebannt, sodass man die Deckel ohne Einschränkung empfehlen kann. Möchten Sie die Dose selbst als Schutz verwenden, müssen Sie nur darauf achten, dass ihr Durchmesser deutlich größer als der des Pfostens ist. Nur dann ist gewährleistet, dass das herunterlaufende Wasser ihn nicht schädigt.

Eine dauerhaftere Lösung sind mit Sicherheit Metallpfähle, wie sie zu kompletten Zaunanlagen verkauft werden. Sie werden in Beton gesetzt und erreichen dadurch die nötige Standfestigkeit. Dazu heben Sie Löcher im Durchmesser von etwa 30 Zentimeter und einer Tiefe von 40 Zentimeter aus. Die Fixierung des Pfahles erfolgt am besten mit erdfeuchtem Beton. Keinesfalls darf er zu flüssig sein, damit er von Anfang an genügend Halt garantiert. Trotzdem sollte mit einer Wasserwaage während des Aufstellens immer wieder kontrolliert werden, ob der Pfahl im Lot steht.

Mit dieser Variante wächst der Zaun nicht ein.

Der Fachhandel hält auch Schnellbeton bereit. Dieser wird trocken in das Loch gefüllt und anschließend mit Wasser übergossen. Für Anfänger beim Zaunbau kann er trotz des etwas höheren Preises durchaus empfehlenswert sein. Man kann nämlich den Pfosten in aller Ruhe ins Lot stellen, ehe er fest einbetoniert wird.

Es gibt auch Kunststoffzaunpfähle aus Recyclingmaterial, die sehr zu empfehlen sind. Sie können entweder einbetoniert oder eingegraben werden. Der große Vorteil ist, dass sie nicht verwittern und trotzdem eine sehr hohe Standfestigkeit besitzen. Man kann sie wie einen Holzpfosten sägen, bohren und sogar nageln. Mit einer Ramme oder dem Vorschlaghammer darf man sie aber nicht einschlagen.

Während Holzpfosten in aller Regel eingegraben werden, bietet es sich für Metall- und Kunststoffpfosten, die Löcher mit einem Motorgerät vorzubohren. Diese können bei vielen Mietparks ausgeliehen werden und erleichtern die Arbeit ganz entscheidend. Gerade wenn man die Pfähle in Beton setzen will, weiß man das zu schätzen.

Material	Verwendungszweck
Maschendrahtzaun (Höhe 1,20 m, kunststoffummantelt)	Umfriedung des Auslaufes
Maschendrahtzaun (Höhe 1,50 m, kunststoffummantelt)	Umfriedung des Auslaufes
Maschendrahtzaun (Höhe 2,00 m, kunststoffummantelt)	Umfriedung des Auslaufes
Stuckateur-Armierungsmatten 1,20 m × 2,00 m; Maschenweite 5 × 5 cm)	Umfriedung des Auslaufes Volierenbespannung Abtrennung zwischen Stallabteilen
Sechseckgeflecht (Höhe 1,00 m)	Volierenbespannung Bespannung für Kaltscharrräume Abtrennung zwischen Stallabteilen
Punktgeschweißtes Viereckgeflecht (Höhe 1,00 m; Maschenweite 13 × 13 mm)	Volierenbespannung Bespannung für Kaltscharrräume
Punktgeschweißtes Viereckgeflecht (Höhe 1,00 m; Maschenweite 13 × 13 mm)	Volierenbespannung Bespannung für Kaltscharrräume
Punktgeschweißtes Viereckgeflecht (Höhe 1,00 m; Maschenweite 13 × 13 mm)	Volierenbespannung Bespannung für Kaltscharrräume
Kotgrubengeflecht (Höhe 1,00 m; Maschenweite 25 × 50 mm)	Kotgrube Volierenbespannung

Solche Zaunanlagen werden meist nur zur äußeren Einzäunung verwendet, da es recht arbeitsaufwendig ist, sie aufzustellen.

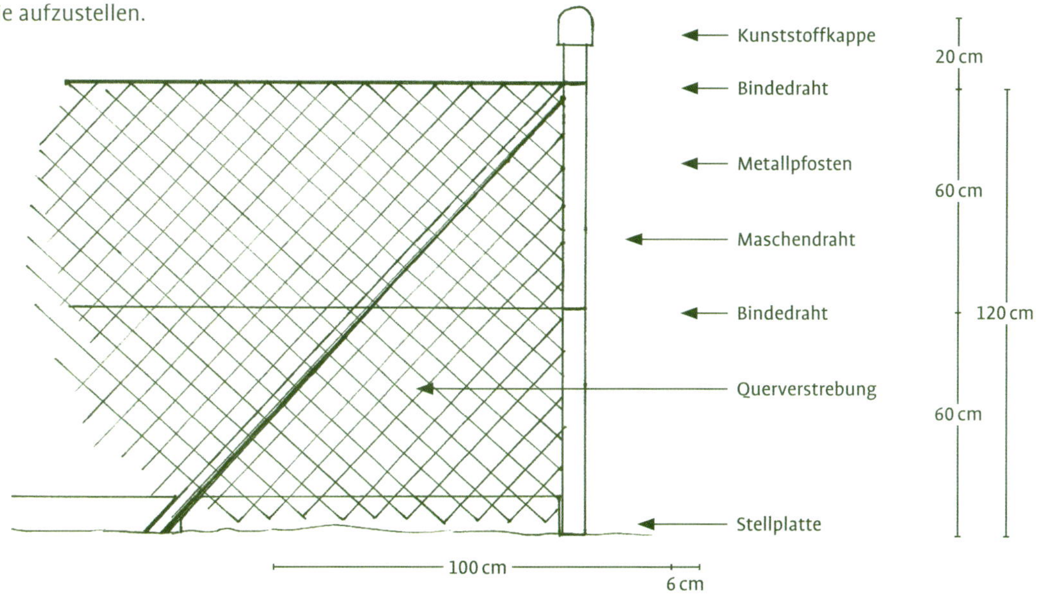

Maschendrahtbespannung

Ein Zaun kann nur dann nützen und seine Aufgabe erfüllen, wenn die Bespannung genügend straff aufgebracht werden kann. Dies erreichen Sie, indem Sie zwischen den Zaunpfählen Drähte ziehen und mit speziellen Drahtspannern die nötige Straffheit geben. Mit kleinen Drahtösen wird dann das Maschengeflecht am Spanndraht befestigt. Damit der Zaun stabil genug ist, sollten immer drei Spanndrähte gezogen werden – unten, oben und in der Mitte.

Massiver Holzzaun

Wenn Ihnen ein Maschendrahtzaun zu nüchtern wirkt, entscheiden Sie sich doch für einen Holzzaun. Solche Zäune erscheinen etwas natürlicher und ländlicher und verhelfen einer privaten Hühnerhaltung zu mehr Flair. Gerader Holzzaun, Latten- oder Scherenzaun ist Geschmackssache. Sehr rustikal wirkt auch ein Holzbohlenzaun oder Rancherzaun. Damit dieser hühnerdicht ist, sollten Sie dahinter Armierungsmatten für Stuckateure oder auch Volierendraht anbringen.

Elektrozaun

Früher nur aus der Schafhaltung bekannt, gibt es in neuerer Zeit speziell für Geflügel entwickelte Elektronetze, die aber für eine dauernde Einzäunung wohl weniger in Betracht kommen. Um einen bestimmten Bereich flexibel abzutrennen, sind diese „fliegenden Zäune“ durchaus zu empfehlen. Um das Netz unter Strom zu setzen, benötigt man ein entsprechendes Weidezaungerät, das die für Geflügel empfohlene Stromstärke produziert.

Mit einem Elektrozaun lässt sich der Auslauf dieser Federfüßigen Zwerghühner in Gelb mit weißen Tupfen portionsweise zuteilen.

Zaunhöhe

Ein unendliches Thema ist die Zaunhöhe und Empfehlungen hierzu fast unmöglich. Der Grund ist einfach: Allzu verschieden ist die Neigung der mehreren hundert Rassen an Hühnern und Zwerghühnern zum Fliegen. Als Anhaltspunkt können Gewicht und Temperament herangezogen werden. Leichte Rassen besitzen ein lebhafteres Temperament und fliegen demnach deutlich besser. Es gibt aber auch recht flugfreudige Rassen, die in niederen Umzäunungen ohne große Probleme gehalten werden. Nur wenige Rassen zeigen überhaupt keine Fluglust und sind mit allerniedrigsten Einzäunungen im Griff zu behalten.

Das größte Flugvermögen zeigen Hühner, wenn sie erschrecken. Schon alleine deshalb sollten Sie einen absolut ruhigen Umgang mit seinen Tieren pflegen.

Die übliche Zaunhöhe liegt bei etwa 1,20 bis 1,50 Meter, und zwar bei großen Hühnerrassen sowie bei Zwerghühnern. Der Abstand zwischen den einzelnen Pfählen liegt in der Regel zwischen 2,00 und 2,50 Meter.

Holzzäune sind meist etwas niedriger, weil sie im Ganzen wuchtiger wirken. Sie kommen deshalb bevorzugt bei schwereren Hühnerrassen zum Einsatz.

Damit die Hühner die Umzäunung nicht überfliegen oder Verluste durch Greifvögel entstehen, helfen Netzabdeckungen.

Netze als Schutz von oben

Vornehmlich in größeren Ausläufen mit wenig Deckung und in ländlichen Gegenden müssen manche Hühnerhalter durch Greifvogelangriffe immer wieder Verluste hinnehmen. Auch gibt es Hühner, die sich selbst mit der höchsten Einzäunung nicht begrenzen lassen. Will man dennoch nicht darauf verzichten, seine Hühner in einen größeren Auslauf zu lassen, ist die Überspannung des Bereiches mit Netzen anzuraten. Der Fachhandel bietet sie in verschiedensten Ausführungen und Maschenweiten an, entweder aus Kunststoff oder aus Fasern geknüpft. Die Netze können in den Größen für jeden Kunden speziell hergestellt werden, sodass selbst besondere Maße ohne Aufpreis zu bekommen sind.

Während die Befestigung des Netzes an der Auslaufbegrenzung eigentlich nur mit ein paar Haken geschieht, sieht das bei der Überspannung des Auslaufs anders aus. Dazu müssen an mehreren Stellen im Auslauf hohe Stangen aufgestellt werden. Sie werden entweder eingegraben oder -betoniert und ragen zirka drei bis vier Meter in die Höhe. Als Auflage für das Netz haben sie an der Spitze eine kleine Holz- oder Metallplatte mit einer Seitenlänge von 15 Zentimetern. Wenn man das Netz aufbringt und befestigt, braucht man auf jeden Fall helfende Hände.

Gestaltung und Strukturierung des Auslaufs

Die meiste Zeit des Tages halten sich Hühner im Auslauf auf. Allein schon deshalb sollte der Halter bei der Auslaufgestaltung alles unternehmen, um ihren Ansprüchen soweit wie möglich gerecht zu werden. Den ursprünglichen Dschungelbewohnern liegt ein Leben in einer strukturierten Umwelt eher als auf einer tristen Fläche.

Deshalb finde ich die frühere Bezeichnung „Hühnergarten" für den Auslauf so treffend. Genau so vielfältig wie wir uns einen Garten vorstellen, sollte man ihn für seine Haustiere gestalten. Dann wirkt der Hühnerauslauf nicht fremd, sondern passt sich perfekt in den Garten ein und bereichert ihn.

Grasauslauf

Besonders schön und der Stolz der meisten Hühnerhalter ist ein gepflegter Rasenauslauf. Wenn die Besatzdichte nicht an die zur Verfügung stehende Auslauffläche angepasst ist, erreicht man dies selten. Wie eine überbesetzte Rasenfläche mit der Zeit aussieht, kennen wohl die meisten, wenn auch unbewusst – monotone Humuswüsten ohne grüne Stellen, die sich bei Regen in Schlamm verwandeln. Damit dies nicht passiert, ist unter anderem besonders eine dichte Grasnarbe wichtig, die mit speziellen Grassorten erreicht wird. Allzu horstbildende Grasarten sind hierfür nicht geeignet. Sinnvoll für eine Neuaussaat sind Universal-, Sportplatz- oder Spielrasenmischungen. Dabei handelt es sich um besonders strapazierfähige Gräser mit starkem Wuchs.

Auch eine bereits bestehende Grasfläche ist als „Hühnerwiese" geeignet. Mit der Zeit werden Sie feststellen, welche Grasarten sich durchsetzen und welche durch das Scharren verschwinden. Es hält sich die irrige Meinung, Hühner würden große Mengen Gras fressen. Doch in Wirklichkeit fressen sie lediglich die frischen Grasspitzen und keinesfalls die älteren Teile. So sollte das Gras im Auslauf kurz gehalten werden, damit es ständig frisch nachwachsen kann. In der Hauptwachstumszeit kann durchaus ein wöchentlicher Schnitt angebracht sein. Ein positiver Effekt ist, dass die Gräser auf kurzen Rasenflächen beim Scharren weniger zur Horstbildung neigen als dies bei langen Gräsern der Fall ist. Auffallend ist auch, dass man in Hühnerausläufen praktisch keine Moosbildung kennt, denn es hält dem Scharren nicht stand.

Um die Grasnarbe zu schützen, ist ein Wechselauslauf zu empfehlen. Dabei teilt man den Auslauf in zwei Abteile und lässt die Hühner im etwa zwei- bis dreiwöchigen Wechsel darauf laufen. Wer keinen Wechselauslauf einrichten kann, sollte bei mehrtägigem Regen die Hühner nicht mehr in den Auslauf lassen. Der Boden weicht stark auf und eingescharrte Löcher wären die Folge.

Aber auch bei Hochsommerhitze leidet die Grasnarbe durch die Dürre und das Scharren. Etwas Abhilfe schafft dann eine Besprenkelung mit Wasser am Abend.

Kommt es trotz aller Vorsichtsmaßnahmen doch zu einer Kahlstelle oder gar Löchern, müssen diese aufgefüllt und frisch eingesät werden. Zum Schutz der Neueinsaat kann man die Stelle mit einem speziellen Vlies abdecken und nach der Keimung ein feinmaschiges Drahtgeflecht darauf legen. Die Hühner sollten erst dann freien Zugang haben, wenn die Fläche dreimal gemäht und so genügend durchgewurzelt ist.

Eine Frühjahrsdüngung mit mineralischem Volldünger ist für die Grasnarbe zu empfehlen. Die Hühner dürfen dann aber erst nach mehrmaligem Regen in den Auslauf gelassen werden, damit sie die Düngerkörner nicht aufnehmen können. Gut verrotteter Kompost ist ebenfalls ein wertvoller Dünger und kann bedenkenlos ganzjährig ausgebracht werden. Dies geschieht am sinnvollsten vor einem zu erwartenden Regen, damit der Humus möglichst schnell eingeschwemmt wird.

Gut zu wissen

Bei einer vollständigen Neuanlage des Hühnerauslaufes können Sie auch Rollrasen einsetzen. Der Preis ist moderater geworden und Rollrasen wurde zur echten Alternative, weil auch die nötige Strapazierfähigkeit, je nach Gräserzusammensetzung, gegeben ist.

Kurz geschnittener Rasenauslauf ist ideal, braucht aber regelmäßige Pflege und nicht zu viel Tierbesatz. Federfüßige Zwerghühner schonen den Rasen zusätzlich aufgrund der Rasseeigenschaften.

Weitere Bodenstrukturen

Sollte es trotz aller Bemühungen nicht möglich sein, wenigstens eine einigermaßen intakte Grasnarbe zu erhalten, muss man handeln. Keinesfalls sollte man einen völlig überweideten Auslauf dulden. Ständige Infektionen wären die Folge und der Gesundheitszustand der Hühner ließe zu wünschen übrig.

Die sinnvollste Lösung, einen gesunden Untergrund im Auslauf zu schaffen, ist Holzhäcksel. Dieser wird in Sägewerken günstig angeboten und sollte gut 30 Zentimeter hoch eingebracht werden. Unter Umständen muss zuvor etwas Erde abgegraben werden, um das Geländeniveau nicht allzu sehr zu beeinflussen. Der große Vorteil von Holzhäcksel liegt darin, dass er das Regenwasser sehr gut durchlässt und sich als natürliches Material auch optisch der Umgebung anpasst.

Kies in Ausläufen ist zwar auf den ersten Blick eine saubere Alternative, auf die Dauer aber keinesfalls anzuraten. Spätestens wenn der Hühnerkot die Zwischenräume gefüllt hat, muss man die Kiesschicht erneuern. Dabei ist die Entsorgung dieses Kieses das Hauptproblem, denn durch die Verschmutzung verbietet sich eine Weiterverwendung im Bau.

Einen großflächigen Sandauslauf wird man kaum finden, denn Sand hat die Eigenschaft, sich bei Regen stark zu verdichten und beim anschließenden Abtrocknen ziemlich hart zu werden. Die Staunässe führt zudem zu erhöhter Infektionsgefahr. In kleineren Ausläufen oder im direkten Stallumfeld hat Sand aber seine Berechtigung. Vor allem, wenn diese Stellen trocken sind, können sie mit einem Laubrechen sehr leicht sauber gehalten werden.

Hecken

Hecken sind ein wichtiges Gestaltungselement im Gartenbau und haben auch in Hühnerausläufen ihre volle Berechtigung, beispielsweise zur Begrenzung des Auslaufes.

Wenn Sie eine Hecke vor einen Zaun pflanzen, kann dieser wesentlich niedriger ausfallen, ohne dass Sie befürchten müssen, die Tiere könnten ausbrechen. Dazu kaschiert die Hecke einen Zaun, wenn dies gewünscht wird.

Ein weiterer Aspekt, bezogen auf die Zugluftempfindlichkeit der Hühner, ist der Windschutz, den eine Hecke bietet. Hühner halten sich bevorzugt unter Hecken auf, weil sie sich dort besser geschützt fühlen als im freien Gelände. Unter älteren Hecken richten sie sich außerdem gerne ein Staubbad ein, das die meiste Zeit des Jahres trocken und damit einsatzfähig ist. Der Heckenpflanze schadet dies nicht, denn sie ist stark verwurzelt. Allerdings sollte man bei einer frisch gepflanzten Hecke darauf achten, dass die Hühner nicht zu stark scharren.

Bei den Heckenpflanzen unterscheidet man zwischen immergrünen Gehölzen, Nadel- und Laubgehölzen. Für jeden Geschmack ist etwas dabei. Immergrüne Gehölze bieten auch im Winter einen Sichtschutz und man muss im Herbst keine Nadeln oder Laub wegräumen.

Auf jeden Fall muss darauf geachtet werden, dass die Heckenpflanzen nicht giftig sind, wie beispielsweise Eiben.

Ein Aspekt, der meines Erachtens bei der Pflanzenwahl mitentscheidend sein sollte, ist es, einheimische Gewächse zu bevorzugen, weil sie unserem natürlichen Lebensraum angehören. Immergrüne Hecken, mit Ausnahme von Wacholder, Buchs und Eibe, stammen ursprünglich nicht aus Mitteleuropa und werden deshalb von der Vogelwelt nicht so gerne angenommen. Sie bevorzugen heimische Laub- und Nadelgehölzhecken und man sollte ihnen deshalb den Vorzug geben. Obwohl auch Thuja und Co. Nadelgehölze sind und zuweilen recht gerne verwendet werden, bieten sie der Vogelwelt nur wenig Nutzen. Für den Hühnerhalter scheiden sie deshalb in der Regel aus.

Gut zu wissen

Eine Hecke im Auslauf bietet zahlreiche Vorteile, braucht aber auch etwas Pflege.

Vor allem in den ersten Jahren des Wachstums müssen Hecken regelmäßig geschnitten werden, damit sie dicht werden. In späteren Jahren kann man sich dann auf eine entsprechende Höhe und Breite der Hecke festlegen. Aber auch eine „verwilderte" Hecke, die vielleicht nur im zweijährigen Rhythmus geschnitten wird, hat ihre Berechtigung – für die Vogelwelt allemal.

Damit die Heckenpflanzen sicher anwachsen, sollten sie feucht gehalten werden, auch im Winter. Im Sommer achtet man selbstverständlicher darauf, vergisst man es aber im Winter, kann die Hecke vertrocknen. Deshalb sollte man bei mehreren frostfreien Tagen hintereinander die Hecke ausgiebig gießen, selbst wenn die Nachbarn etwas ungläubig schauen.

Soll eine Hecke einen Bereich innerhalb des Gartens abtrennen, kann man mit der Pflanzung umgehend beginnen. Etwas anders sieht es aus, wenn die Hecke eine Grenze zum Nachbargrundstück bilden soll. Hierzu gibt es gesetzliche Rahmenbedingungen, die eingehalten werden müssen. Darin werden unter anderem der Grenzabstand sowie die zulässige Maximalhöhe geregelt. Vorherige Information ist durchaus zu empfehlen, um eventuellem späteren Ärger aus dem Weg zu gehen.

Unter einem Busch lässt es sich entspannter putzen, denkt sich diese rostrebhuhnfarbige Zwerg-Welsumer-Henne.

Unter Büschen halten sich Hühner gerne auf, noch dazu, wenn es sich um Beerensträucher handelt.

Bäume und Sträucher

Hühner lieben das Wechselspiel zwischen Licht und Schatten. Sie halten sich bevorzugt unter Bäumen auf und fressen die heruntergefallenen Früchte mit Hingabe. Nicht umsonst war früher der Obstgarten des Hauses der Hühnerauslauf. Unter den Apfel-, Birnen- und anderen Obstbäumen waren die Hühner zudem vor Greifvögeln geschützt. Noch heute sind sie als idealer Bewuchs und Strukturierung eines Hühnerauslaufes anzusehen. Die Äste setzen normalerweise so hoch an, dass das Rasenmähen ohne größere Probleme möglich ist, und sie sind so lichtdurchlässig, dass sich darunter eine gesunde Grasnarbe entwickeln kann. Das Obst wird von den Hühnern angepickt und sehr gerne gefressen. Wenn man die Früchte selbst ernten möchte, sollte man sie morgens absammeln, bevor die Hühner in den Auslauf gehen.

Pflanzenart	Verwendung
Hainbuche, Liguster	Laubgehölz für die Heckenbepflanzung
Fichte, Wacholder	Nadelgehölz (immergrün) für Heckenbepflanzung und Einzelstellung
Holunder	Laubgehölz für die Einzelstellung oder in kleinen Gruppen
Haselnuss	Laubgehölz für die Einzelstellung oder in kleinen Gruppen
Obstbäume (Halb- und Hochstamm)	Laubgehölz für die Einzelstellung

Wem der Aufwand mit Obstbäumen zu groß ist oder wer keinen Platz hat, dem bieten Sträucher guten Ersatz. Auch hier sollte man auf einheimische Straucharten zurückgreifen, an vorderster Stelle ist hier der Holunder zu nennen, der Hühnerstrauch schlechthin. Im Sommer spendet er Schatten und im Herbst Früchte, die von den Tieren begeistert gefressen werden und mit ihren Inhaltsstoffen ein optimales Beifutter darstellen. Auch Schlehen (Schwarzdorn), Apfelbeere, Felsenbirne oder Haselnuss sind optimal für den Hühnerauslauf und können ohne Einschränkung empfohlen werden. Sie sind robust und lassen auch einen kräftigen Rückschnitt zu.

Zierbepflanzung

Manche Hühnerhalter wählen eine Rasse aus, die in ein ganz bestimmtes Ambiente passen – zum Beispiel Chabo oder Zwerg-Cochin. Sie stammen aus Japan beziehungsweise den kaiserlichen Gärten in Peking. Für sie eignet sich eine asiatische Gartenlandschaft, wie sie immer öfter zu finden ist: kleine Steinpagoden, ein Teich mit Koi und Bambus. So lässt sich ein ganz individueller Ziergarten mit der Hühnerhaltung vereinbaren oder gar speziell planen und anlegen.

Bei der Wahl der richtigen Bambussorte sollte man sich Zeit lassen und sich auf jeden Fall mit einem Fachmann unterhalten, denn bis auf wenige Ausnahmen gehört Bambus zu den sehr stark wachsenden Pflanzen und einige Arten können sehr hoch werden. Auch ist die Rhizombildung, also die Ausläuferbildung im Boden, nicht bei allen Arten gleich stark ausgeprägt. Bambusarten mit zu starker Tendenz, sich auszuweiten, können in kleinen Ausläufen die Bodenstruktur innerhalb kurzer Zeit erheblich verändern. Für den Auslauf haben sich die in dieser Hinsicht etwas zurückhaltenderen Arten bewährt.

Mit dem Eingraben spezieller Bambusbänder und Wurzelsperren kann zu starkes unterirdisches Wachstum verhindert werden und ist deshalb auch anzuraten. Dieser vermeintliche Nachteil des Bambus ist zugleich ein nicht zu unterschätzender Vorteil, vor allem wenn der Auslauf groß genug ist. So bietet eine mit Bambus bewachsene Ecke oder Insel den Hühnern sehr viel Schutz und Sicherheit. Greifvögel haben hier keinen Einblick und greifen demnach die Hühner auch nicht an. Ein weiterer Vorteil ist der lockere, trockene Boden. Hier scharren die Tiere sehr gerne und richten sich ein Staubbad ein, das sich auch bei Regenwetter nutzen lässt, weil das dichte Blätterdach verhindert, dass zu viel Wasser auf den Boden gelangt.

Eine inzwischen praktisch eingebürgerte Pflanze ist Topinambur und deshalb bei fast allen Hühnerhaltern zu finden. Die gesamte Pflanze kann ideal für die Fütterung herangezogen werden, und zwar von der Knolle bis zu den Stängeln und Blättern. Die Knollen erinnern weitestgehend an wuchernde Kartoffeln und werden in

Japanische Stilelemente im Garten ergänzen sich mit einer entsprechenden Rasse ideal, hier ein silberhalsiger Ohiki-Hahn.

der Regel am Rand des Auslaufes eingepflanzt.

Die Knollen treiben im Frühjahr Pflanzen aus, die unter guten Bedingungen über zwei Meter hoch werden. Den Erntezeitpunkt legt man selber fest. Im Normalfall werden die Pflanzen bei einer Höhe von etwa 1,50 Meter knapp über dem Boden abgeschnitten und dann am Stängel getrocknet. Im Winter ist dies ein sehr hochwertiges Futter, das die Hühner mit Begeisterung aufnehmen. Da sich Topinambur relativ schnell ausbreitet, sollte man ihm im Vorfeld einen bestimmten Platz zuweisen. Treten Austriebe außerhalb dieses Bereiches auf, sollte man die Knollen ausgraben. Im zeitigen Winter oder Frühjahr steht damit ein sehr vitaminreiches Futter zur Verfügung.

Topinambur ist aber so robust, dass er zu jeder Zeit sowohl ober- als auch unterirdisch geerntet werden kann. Die Pflanze ist bei Hühnern so beliebt, dass sie auch im Auslauf sehr stark abgefressen wird. Den Platz darunter nützen sie so wie beim Bambus und anderen Sträuchern, nur ist Topinambur durch die Verwertungsmöglichkeiten der Pflanzenteile wesentlich wertvoller.

Schutz der Pflanzen

Während Hühner an älteren, gut angewachsenen Büschen und Bäumen normalerweise keinen Schaden anrichten, sieht dies bei Neupflanzungen unter Umständen ganz anders aus. Gerade im direkten Umfeld um den Stamm scharren Hühner ganz besonders gern, sodass richtige Löcher entstehen können. Dies kann dazu führen, dass die Neupflanzung nicht anwächst und alle Mühe umsonst ist. Um das zu verhindern, können Sie engmaschiges Drahtgeflecht etwa drei bis vier Zentimeter flächig in die Pflanzscheibe eingraben. Achten Sie an den Rändern darauf, dass die Enden des Drahtes etwas nach unten gebogen werden, damit sie später nicht zu Verletzungen an den Hühnerfüßen führen. Säen Sie darauf dann gleich Gras ein, haben Sie relativ schnell eine dichte Grasnarbe, die kaum zerstört werden kann. Darunter kann die Pflanze in aller Ruhe starke Wurzeln bilden. Das Drahtgeflecht können Sie vollständig einwachsen lassen. Möchten Sie Ihren Hühnern nach ein paar Jahren noch die Chance geben, ein Staubbad unter dem Busch anzulegen, können Sie es einfach ausgraben.

Holunder – der Hühnerstrauch

„Ein Hühnerauslauf ohne Holunder ist wie ein Auto ohne Reifen!" Diesen vielleicht auf den ersten Blick etwas sonderbaren Spruch, den mir ein erfahrener Hühnerzüchter erzählt hat, hat durchaus seine Berechtigung. Wohl kein anderer Strauch vereinigt eine solche Vielzahl an Vorteilen wie der Holunder, und zwar das ganze Jahr über. Man kann deshalb nachvollziehen, wenn man Holunder auch als den „Hühnerstrauch" schlechthin bezeichnet.

Der Holunder ist ein sehr robuster und anspruchsloser Strauch. Er kommt mit einfachsten Bodenvoraussetzungen zurecht und verträgt selbst absolut schattige Standorte. Dort ist dann sein Wachstum etwas schwächer, aber im Vergleich zu manch anderem Strauch immer noch üppig.

Hat er erst einmal richtig Fuß gefasst, können Sie ihn großzügig schneiden. Er wird immer wieder austreiben und dann sein dichtes Blattdach zeigen. Obwohl er ziemlich schnell nach oben strebt, sollten Sie darauf achten, dass er auch im unteren Bereich neue Triebe ausbildet. Ein frühzeitiger Rückschnitt kann dies fördern.

Für die Hühner bedeuten gerade diese unteren Triebe die Chance, sich darunter zu verstecken.

Und während der Fruchtphase erhaschen die Hühner dann auch die ersten Beeren – die Vitamine wachsen ihnen geradezu in den Schnabel.

Trägt der Holunder seine Doldenblüten, legen die Hennen bei natürlicher Haltung sehr wenig. Das hängt aber weniger mit dem Blühen des Holunders zusammen, sondern eher mit der Jahreszeit. „Wenn der Holunder blüht, sind die Hühner müd", gilt also in jedem Fall.

Giftig? Oder nicht?

Hier werden vielleicht einige stutzen: Ist Holunder nicht giftig? Die unreifen Beeren sind es tatsächlich, aber diese werden von den Hühnern nicht gefressen. Die reifen, schwarzen Beeren sind in rohem Zustand ebenfalls ganz leicht giftig, doch sind solch geringe Mengen für die Hühner nicht schädlich. Ganz im Gegenteil: Es handelt sich um ein sehr vitaminreiches Futter.

Holunder ist der ideale Hühnerstrauch und zu jeder Jahreszeit eine Zierde, noch dazu mit diesen braun-schwarzdoppeltgesäumten Zwerg-Barneveldern.

Niedrige Büsche in Ausläufen schaffen zwar Strukturierung, werden aber von den Hühnern auch gerne abgefressen. Damit ist von der ursprünglichen Schönheit nicht mehr viel übrig. Natürlich kann man dies verhindern, indem man Drahtgeflecht herumwickelt. Dies ist zwar praktisch, stört aber das ästhetische Empfinden massiv.

Als bester Schutz vor ist wohl immer noch eine gute Grasnarbe mit vielen verschiedenen Gräsern zu sehen. Sind die Hühner nämlich beschäftigt und können hier ihren Bedarf an Grünfutter stillen, stören die wenigen fehlenden Blättchen am Strauch kaum.

Beschattungen

Bäume und Büsche in Ausläufen sind oft die einzigen Plätze, unter denen sich die Hühner im Schutz und Schatten etwas ausruhen können. Pflanzen benötigen aber dauerhafte Pflege und können einem im Lauf der Zeit etwas über den Kopf wachsen und zu viel Platz im Auslauf einnehmen.

Als Schattenspender und als Schutz für die Hühner wurden in früheren Zeiten Heureuter, also die Trockengestelle für Gras, in den Hühnerausläufen gerne aufgestellt. Sie sind nach wie vor sehr praktisch und selbst für den wenig versierten Halter einfach zu handhaben und mit Gras zu behängen, und zwar vom Frühsommer bis in den Herbst hinein. Das Heu kann selbstverständlich anschließend verfüttert werden, sonst gibt man es einfach bei der Grünschnittsammelstelle ab oder kompostiert es. Solche Heureuter können mit wenig Aufwand zur Seite gerückt werden und der Auslauf ohne Probleme vollständig gemäht werden.

Wind- und Sichtschutz

Nicht überall kann aus Grenz- oder Platzgründen eine Hecke als Wind- und Sichtschutz gepflanzt werden. Bei eher kleinen Ausläufen und in Gemeinschaftszuchtanlagen muss man deshalb andere Lösungen finden. Die einfachste ist, die im Bau- und Gartenfachmarkt erhältlichen Sichtblenden zu verwenden, die in Standardmaßen angeboten werden. Über das Aussehen solcher Elemente kann man natürlich geteilter Meinung sein. Lässt man sie aber mit Rankpflanzen bewachsen, passen sie sich wesentlich besser an und wirken nicht als Fremdkörper. Selbstgebaute Holzwände oder Rankgitter, die man sich bewachsen lässt, erfüllen den gleichen Zweck, sehen aber individueller aus.

Gut zu wissen

Bei der Höhe des Wind- und Sichtschutzes gilt das bei der Hecke angeführte. Auch hier müssen Sie sich unter Umständen im Vorfeld genau erkundigen und mit den Nachbarn reden.

Ein niederer Sichtschutz zwischen einzelnen Ausläufen kann sehr sinnvoll sein. Denn haben nebeneinander laufende Hähne Sichtkontakt, kann es zu Rangeleien durch den Zaun und bei großmaschigem Geflecht zum Teil zu bösartigen Verletzungen kommen. Sichtblenden aus Brettern, Schilfrohrmatten und Ähnlichem, die etwa 50 Zentimeter hoch sind, verhindern dies. Darüber hinaus bieten sie einen wirklich guten Windschutz, denn vor allem die bodennahen Winde stören das Wohlbefinden der Tiere.

Ein einfacher Balken im Auslauf wird von den Hühnern gerne als Sitzgelegenheit angenommen.

Raumteiler

Laufen in einer Geflügelherde mehrere Hähne oder sind die Hennen untereinander aggressiv, sollte man Ausweichmöglichkeiten schaffen. Vor allem in Ausläufen, die so bepflanzt sind, dass am Boden nur Stämme stehen wie bei einer Obstbaumwiese, tut man gut daran, den Hühnern verschiedene Versteckmöglichkeiten anzubieten. Sonst jagen sich die Tiere unter Umständen den ganzen Tag und es herrscht sehr viel Unruhe in der Herde.

Bei großen, offenen Rasenflächen und größerer Tierzahl sind Abtrennungen auf jeden Fall zu empfehlen und zwar mehrere. Bevor diese aber fest fixiert werden, sollte man die Abstände dazwischen abmessen, dass man mit dem Rasenmäher problemlos hindurchkommt.

Die einfachste Möglichkeit ist das Aufstellen von Schaltafeln, die an kleinen Pfosten befestigt werden. Sie bieten sowohl ideale Versteck- als auch Aufbaummöglichkeiten. Das Aufbaumen zeigen vor allem ranghöhere Tiere, indem sie jede höher gelegene Sitzmöglichkeit nutzen, um ihre Position in der Hierarchie zu verdeutlichen. Sind Sträucher im Auslauf vorhanden, nutzen die Hühner diese gerne dazu, ohne dass diese Schaden nehmen.

Volieren

Volieren sind im eigentlichen Sinn Flugkäfige und sie werden deshalb vor allem in der Haltung von Ziervögeln und Tauben eingesetzt. Besonders in dicht besiedelten Gegenden und bei Rassen, die über ein ausgeprägtes Flugvermögen verfügen, ist die Voliere die optimale Lösung für die Unterbringung der Vögel. Ein weiterer Aspekt ist die absolute Sicherheit, die die Hühner darin haben. Vor allem bei einer Betreuung durch eine Urlaubsvertretung oder wenn man abends später nach Hause kommt, haben die Hühner Zugang ins Freie, ohne dass man befürchten muss, dass Fuchs, Wiesel oder Marder eindringen und großen Schaden anrichten könnten.

Die Größe der Voliere wird vom zur Verfügung stehenden Platz bestimmt, da sie dem eigentlichen Auslauf in den meisten Fällen nur vorgeschaltet ist. Volieren sind häufig so breit wie der Stall und gehen zirka drei bis vier Meter in die Tiefe. Sie brauchen nicht unbedingt eckig zu sein und können in einer Form gebaut werden, die sich besonders gut der Umgebung anpasst.

Fundament

Die Begrenzung der Voliere geschieht am sinnvollsten mit einem kleinen Fundament oder mit Stellplatten, die genauso vorbereitet und verarbeitet werden wie bei der Stallgründung (siehe Seite 32 ff.). Dabei werden aber Volierenfundamente in den seltensten Fällen auf Frosttiefe gegründet – 40 Zentimeter ist eine übliche Tiefe. Das Fundament oder die Stellplatten sollten etwa 20 Zentimeter über das umliegende Bodenniveau reichen.

Stellplatten gibt es in den Stärken 6, 8 und 10 Zentimetern. Es ist ideal, wenn das Volierenbaumaterial in der gleichen Stärke verwendet wird, damit sich kein Absatz am Übergang von Fundament und Volierenaufbau bildet. In Gegenden, in denen starke Schneefälle die Ausnahme sind, haben sich sechs Zentimeter starke Stellplatten bewährt, sonst sollten Sie auf zehn Zentimeter breites Material zurückgreifen.

Aufbau

Der Aufbau der Volieren erfolgt in den meisten Fällen mit Holzbalken, die eine Kantenlänge von 6, 8 oder 10 Zentimeter haben. Je nach Vorliebe und Geldbeutel können die Balken gehobelt oder auch sägerauh sein. Besonders hochwertig ist so genanntes Konstruktionsvollholz (KVH). Dieses ist immer gehobelt und hat Qualitätsstandards, die die Windung des Holzes deutlich reduzieren. Wird die Voliere nicht überdacht, wird man nicht umhin kommen, das Holz zu streichen. Der Fachhandel bietet hierzu eine riesige Auswahl bis hin zu modernen Farben in Bio-Qualität an. Um den größtmöglichen Schutz zu erhalten, ist eine vorherige Grundierung zu empfehlen.

Der Bau einer Voliere ist relativ einfach und dem eigentlichen Stallbau ähnlich. Auch hier werden für die Verbindungen Metallwinkel und Schrauben verwendet. Als Besonderheit muss man anmerken, dass die untersten Holzbalken nicht direkt auf die Stellplatten gelegt werden sollten, denn die hier auftretende Staunässe lässt das Holz schneller faulen. Unter die Querbalken können etwa ein Zentimeter dicke, wasserbeständige Siebdruckplattenstücke gelegt werden. Sollte Jahre später eines dieser Plattenstücke qualitativ gelitten haben, können Sie es mit einem Hammer herausschlagen und durch ein neues ersetzen.

Den Abstand zwischen den einzelnen senkrechten Streben wählt man im Idealfall mit 96 Zentimetern. Das im Handel erhältliche Drahtgeflecht hat eine Breite von einem Meter, sodass eine ideale Verarbeitung möglich ist, wenn es vertikal verwendet wird.

Dauerhafter als Holz sind Volieren aus Metall. Da Volieren, die man am eigenen, individuellen Stall anbaut, meist keine Normmaße vorweisen, wird man sich einen Volierenrahmen schweißen lassen müssen. Hier sollten Sie unbedingt Fachleute heranziehen, damit eine einwandfreie und damit dauerhafte Lösung gewährleistet ist.

Die gesamte Voliere muss mit einem Rostschutzgrund vorgestrichen werden, ehe ein abschließender Anstrich erfolgt. Je nach Witterung ist es sinnvoll, alle zwei Jahre nachzustreichen.

Sehr vielfältig ist das angebotene Drahtgeflecht sowohl in der Stärke als auch Maschenweite. Grundsätzlich lässt sich jedes Drahtgeflecht verwenden, ratsam ist ein kleinmaschiges, das ein Eindringen von Spatzen, Mäusen, sonstigem Ungeziefer und Raubwild verhindert. Üblich ist das relativ günstige Sechseck- oder punktgeschweißtes Viereckgeflecht, das wesentlich teurer ist. Haltbarkeit und Spannfähigkeit sind hier aber um ein Wesentliches höher, sodass es sich lohnt, zu diesem Material zu greifen. Als maussichere Maschenweite verwendet man 10×10 Millimeter. Neben verzinktem Material gibt es auch Drahtgeflecht mit Kunststoffummantelung, das besonders widerstandsfähig, aber auch teuer ist.

Muss die Voliere nicht raubzeugsicher sein und der Maschendraht soll vorrangig nur verhindern, dass die Hühner ihn überfliegen und ins Nachbargrundstück gelangen, können auch die schon

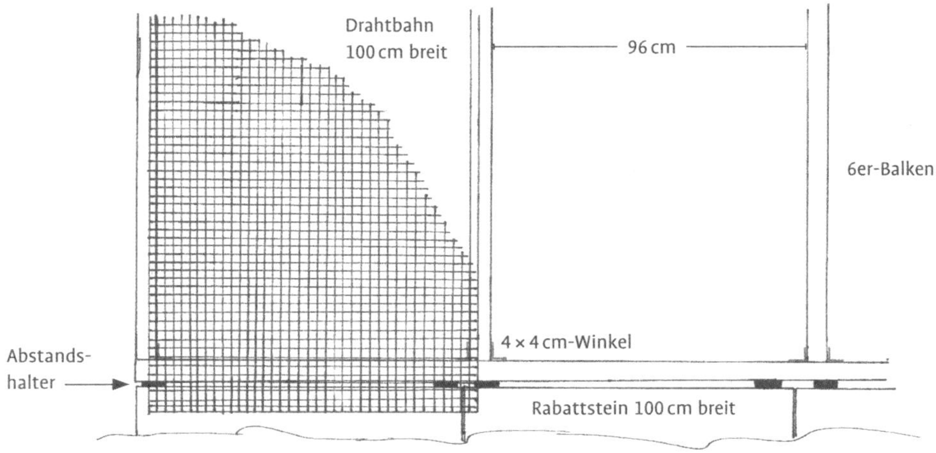

Schematische Darstellung des Aufbaues der Balkenkonstruktion mit Maschendrahtgeflecht.

erwähnten Armierungsmatten für Stuckateure verwendet werden oder sonstiges, grobmaschiges Drahtgeflecht.

Auf den Holzrahmen der Voliere wird das Drahtgeflecht am sinnvollsten mit Drahtschlaufen aufgenagelt. Mit einem elektrischen Tacker, wie man ihn beim Maschinenring ausleihen kann, geht dies natürlich schneller und ist auch etwas komfortabler. Eine zweite Person als Hilfe beim Spannen des Drahtes ist auf jeden Fall anzuraten. Etwas aufwendiger ist die Drahtbefestigung bei einer Metallkonstruktion. Sie geschieht entweder mit speziellen Metallschrauben, die große Unterlegescheiben haben, oder man wickelt das Geflecht mit Bindedraht um die Konstruktion. Diese Möglichkeit wird weitaus häufiger angewandt, da die Metallkonstruktion so nicht „beschädigt", also angebohrt wird.

Neu mit Drahtgeflecht bespannte Volieren wirken manchmal anfangs wie ein Fremdkörper, weil der verzinkte Draht noch stark glänzt. Nach mehrmaligem Regen wird dieser aber stumpfgrau und passt sich besser an. Wem dies immer noch zu unruhig erscheint, der tut gut daran, das Drahtgeflecht nach etwa sechs Monaten mit einer speziellen Metallfarbe zu streichen, was mit einer Schaumstoffwalze am besten gelingt. Die Wartezeit bis zum Streichen muss eingehalten werden, will man ein gutes Ergebnis erzielen. Neu verzinktes Drahtgeflecht nimmt die Farbe nur sehr schlecht an, verwittertes nicht.

Tipp vom Profi

Als Farbton für ein Drahtgeflecht kommt nur Schwarz in Frage – und das hat seinen Grund. Schwarz wirkt für unser menschliches Auge unsichtbar und man hat einen ungehinderten Einblick in die Voliere, ebenso bei sehr kleinmaschigem Drahtgeflecht, das sonst doch recht irritierend wirken kann.

Türen in Volieren werden am besten aus dem gleichen Material gebaut wie die restliche Konstruktion. Auf etwa 80 Zentimeter Höhe wird ein Querholz angebracht. Hierauf schraubt man dann den Riegel, der am besten mit einem Vorhängeschloss gesichert wird. Angeschlagen wird die Türe so, dass sie nach innen aufgeht, denn die Hühner werden rasch erkennen, wenn Sie kommen und Ihnen schnell entgegenrennen. Geht die Tür dann nach außen auf, stehen Sie zwischen den Hühnern, die hinausdrängen und sich dann kaum in der Voliere halten lassen. Bei nach innen öffnender Tür werden die Hühner innerhalb der Voliere gehalten.

Kaltscharrraum

Der Begriff Kaltscharrraum ist eine neue Namensgebung für eine altbekannte Variante der Voliere, die mit dem Auftreten der Vogelgrippe in Deutschland Fuß zu fassen scheint. Der Kaltscharrraum soll verhindern, dass Vögel oder deren Ausscheidungen in direkten Kontakt zu den Hühnern im Innern kommen können. Damit soll gewährleistet werden, dass keine Übertragung eines Vogelgrippe-Virus stattfinden kann.

Dies ist am ehesten möglich, wenn das verwendete Drahtgeflecht kleinmaschig gewählt und die gesamte Voliere überdacht wird, ob lichtdurchlässig oder nicht. Die meisten Halter tendieren aber dazu, den Kaltscharrraum mit lichtdurchlässigem Material zu überdachen. Vom recht günstigen Wellpolyester bis zu teuren, aber erstklassigen Plexiglassystemen ist alles möglich.

Üblich, weil einfach zu verlegen, sind Wellensysteme. Sie gibt es in der gleichen Ausführung wie Faserzementplatten, sodass sie miteinander kombiniert werden können. Stegplatten werden oft mit Nut und Feder miteinander verbunden. Eine ideale Lösung für das Wohlbefinden der Tiere ist es, Material zu verwenden, das UV-Licht durchlässig ist und so beinahe das gesamte Lichtspektrum passieren lässt. Zu berücksichtigen ist, dass auch dieses Dach bei Regen jede Menge Wasser sammelt, das über eine Dachrinne abgeführt werden sollte und eine Anbindung an die Dachrinnen des Stalles sinnvoll ist.

Stallanbau in Holzständerkonstruktion, mit Drahtgeflecht bespannt. So kann beispielsweise ein Kaltscharrraum entstehen, der sich optimal in das Gartenumfeld einfügt.

Stall 1

Vom Kinderhaus zum Hühnerstall

Grundfläche gesamt: 4,00 m²
Stallfläche: 3,00 m²
Besonderheiten: Die ehemalige Terrasse des Kinderhauses wurde zum Kaltscharrraum umfunktioniert. Damit können die Hühner an regnerischen Tagen ins Freie, ohne die Grasnarbe im Auslauf zu stark zu strapazieren.

„Hühner waren schon immer ein Traum von mir“. So bringt es eine junge Mutter auf den Punkt. „Doch bis zur Familiengründung war daran nicht zu denken und auch danach war immer etwas los. Die Kinder sind nun aus dem Gröbsten heraus und wir konnten das Haus kaufen, in dem wir schon lange wohnen. Jetzt war es also an der Zeit, den Kindheitstraum zu verwirklichen.
Vor Jahren haben wir für die Kinder in einer Gartenecke ein kleines Spielhaus erstellt. Fensterläden und eine kleine Veranda gaben dem Haus ein besonders hübsches Aussehen. Nachdem die Kinder nicht mehr darin spielten, entschieden wir uns, es zum Hühnerstall umzugestalten.
Den Innenraum haben wir ganz klassisch genutzt. Also mit Kotbrett und darauf angebrachter

Sitzstange. Dort stehen auch der Futtertrog und die Tränke. Dieser eigentliche Hühnerstall wird auch mit einer Tiefstreu versehen. Zuerst wollten wir die bisherige Veranda ebenfalls mit einer Holzverschalung verkleiden und damit den eigentlichen Stall vergrößern. Nach Rücksprache mit einem erfahrenen Hühnerhalter haben wir uns dann doch entschieden, dies nicht zu tun. Wie die Fensteröffnungen haben wir auch die gesamte Veranda mit einem engmaschigen Drahtgeflecht verschlossen – sie wurde also zum Kaltscharrraum. In den Stall führt weiterhin die bisherige Holztür. Da wir in einem Wohngebiet leben, wo viele Katzen gehalten werden und wir sogar schon Verluste hinnehmen mussten, nutzen wir den Kaltscharrraum vor allem zu den Zeiten, wo wir weg sind. Aber auch an Regentagen bleiben sie auf der Veranda. Sonst würden sie nämlich unsere Grasnarbe auf Dauer zerstören. Zusätzlich zur großen Zugangstür haben wir noch einen kleinen Ausschlupf eingebaut. Von dort aus können unsere Zwerghühner dann in ihren direkten Auslauf, den wir in einer sonst nicht genutzten Ecke unseres Gartens angelegt haben. Sind wir dann auch im Garten, dürfen sie meistens raus und erhalten totalen Freilauf. Da kommen sie dann auch einmal rauf auf die Gartenbank, staubbaden unter dem Lavendel und verstecken sich hinter den Blumentöpfen.
Mein Kindheitstraum ist Wirklichkeit geworden."

Stall 2

Alles unter einem Dach

Grundfläche gesamt: 2,50 m²
Stallfläche: 1,25 m²
Besonderheiten: Das Legenest lässt sich von außen kontrollieren. Der Raum unter dem Stall kann genutzt werden.

Eines Tages stand ein kleiner Junge mit seinen Eltern bei mir vor der Haustür und fragte mich allerhand zur Hühnerhaltung. Nachdem sein Bruder bereits Kaninchen hatte, wollte er sich Zwerghühner zulegen. „Weil mir Hühner gefallen!“, sagte er. Da die Familie in einem Wohngebiet mit nicht allzu großem Garten lebt, machte sie sich auf die Suche nach dem idealen Stall. Als wir uns einige Zeit über die Ansprüche von Hühnern unterhalten hatten, erklärte sich der Vater bereit, einen Stall selbst zu bauen.

Neben den Anforderungen der bald einziehenden Zwerghühner wollte die Familie aber auch ihre eigenen Wünsche berücksichtigt wissen. So brachten sie es auf einen Nenner: Durch den kleinen Garten sollte der Stall nicht zu groß sein und mit einem Auslauf kombiniert werden, damit die Hühnchen nicht den ganzen Tag im Garten umherlaufen. Der Stall selbst liegt etwas höher, was den Vorteil hat, dass „er in angenehmer Arbeitshöhe zu reinigen ist und der Raum darunter im Auslauf zusätzlich zur Verfügung steht“, erklärte mir der Erbauer, und durch das außen liegende Nest könnten die anfallenden Eier einfach entnommen werden.
Obwohl zuerst ein weitmaschiges Drahtgeflecht für den Auslauf vorgesehen war, entschied sich die Familie dann doch für ein engmaschigeres, sodass garantiert keine Vögel oder Raubwild hineingelangen können: „Damit können wir die Tiere auch einmal zwei Tage alleine lassen, ohne dass wir Angst haben müssen um ihr Leben.“
Sehr ausführliche Gedanken hatte sich die Familie um die richtige Bodenbeschaffenheit im Auslauf gemacht. Zum einen sollten die Hühnchen scharren können, aber der Belag sollte auch leicht zu reinigen sein. So wurde das ursprüngliche Erdreich zirka 40 Zentimeter tief ausgegraben und anschließend eine Kies- mit darauf liegender Sandschicht eingebracht.
Stall und Auslauf haben ein festes, gemeinsames Dach, das über

dem Auslauf nicht unbedingt nötig wäre, denn dieser darf ruhig nass werden. Bei vollständiger Überdachung ist es aber möglich, die Hühner auch ins Freie zu lassen, wenn sogenannte Stallhaltungspflicht aus tierseuchenrechtlichen Gründen verhängt wurde.

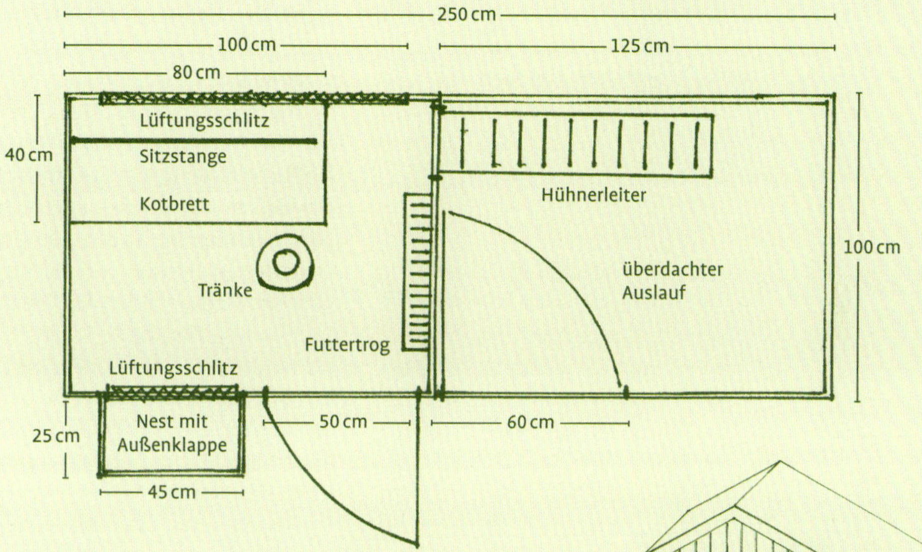

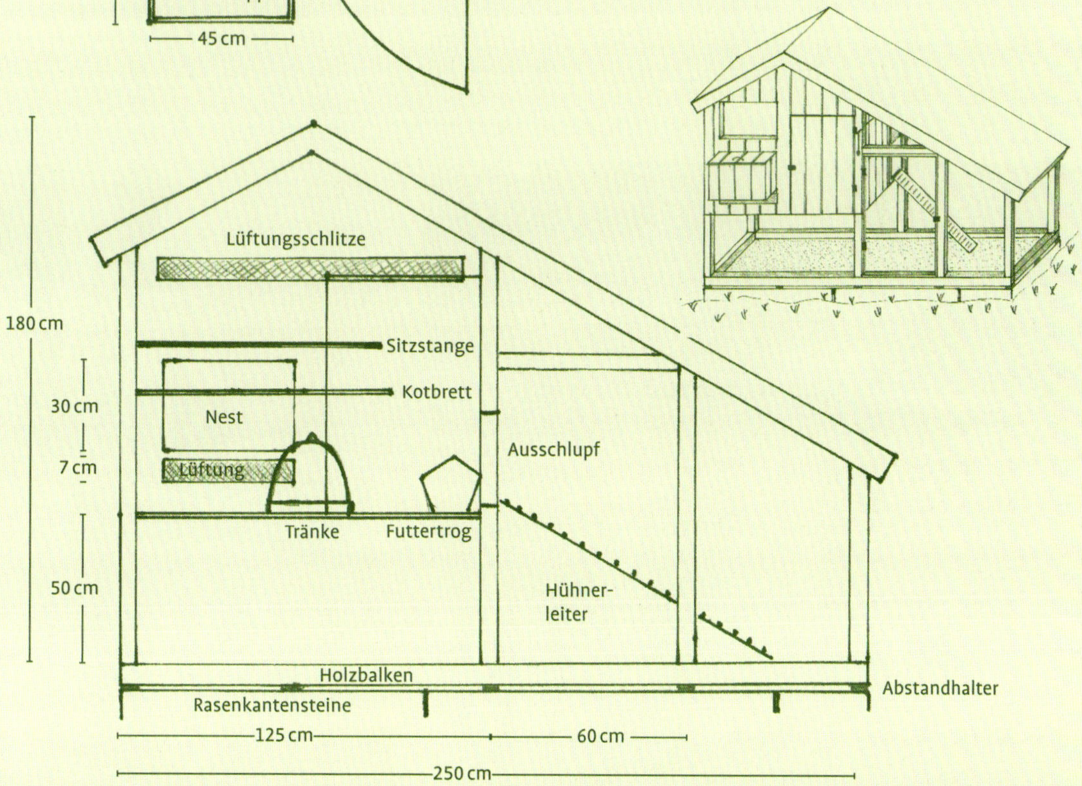

Stall 3

Auf Rädern

Grundfläche gesamt: 1,44 m²
Stallfläche: 0,64 m²
Besonderheiten: Der gesamte Stall mit Auslauf kann von einer Person verschoben werden. Das Stalldach lässt sich öffnen.

„Mit der Anschaffung meiner drei Hühner habe ich mir einen Jugendtraum erfüllt", erzählte mir der Erbauer dieses transportablen Hühnerstalles samt Auslauf. „Leider konnte ich keinen feststehenden Stall bauen, und so habe ich mir lange überlegt, wie ich diesen Traum wahr machen könnte."

Durch die Kombination des Stalles mit Rädern und fest montierten Griffen kann die ganze Anlage von einer Person mühelos versetzt werden. „Dazu hebe ich den Auslauf samt Stall an den Griffen hoch und ziehe ihn, wohin ich will. Dadurch, dass Stall und Auslauf so klein sind, wird auch bei ein paar Hühnern die Grasnarbe nämlich ziemlich stark beansprucht. Also muss ich ihn einmal am Tag woanders hin rücken. Die Infektionsgefahr durch den Boden ist dann so gut wie ausgeschlossen und die Tiere haben trotzdem jeden Tag frisches Grün zur Verfügung."
Als Rahmen für den Stall samt Auslauf verwendete der Erbauer 5er-Kanthölzer, mit denen genügend Stabilität in der Gesamtkonstruktion gegeben ist.

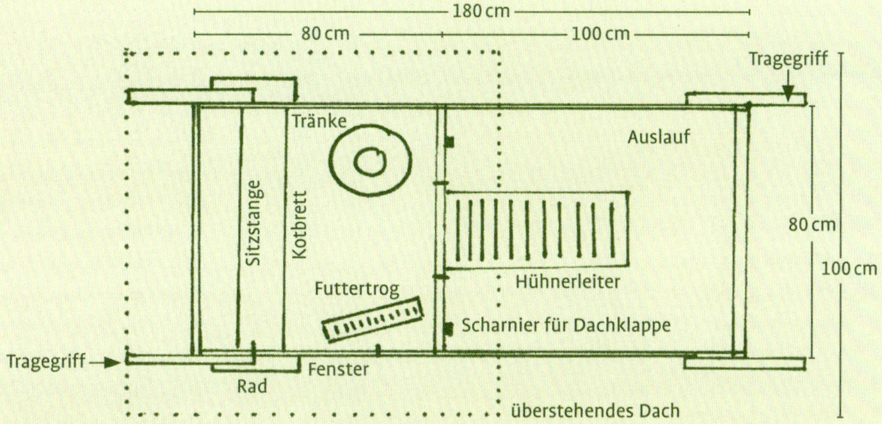

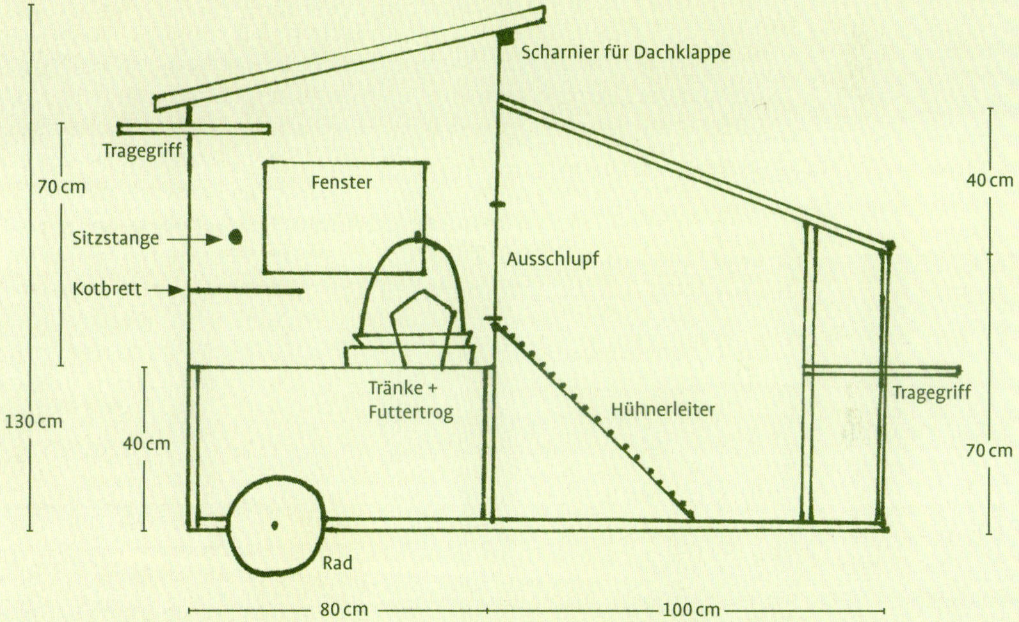

Gereinigt wird der Stall über das Dach, das mit einem Scharnier klappbar ist. Dabei wurde die Höhe des Gesamtstalles so gewählt, dass alles ohne große Probleme geschehen kann. Trotz der geringen Bodenfläche ist das Stallinnere optimal eingerichtet und die Hühner müssen auf keinerlei Komfort verzichten.

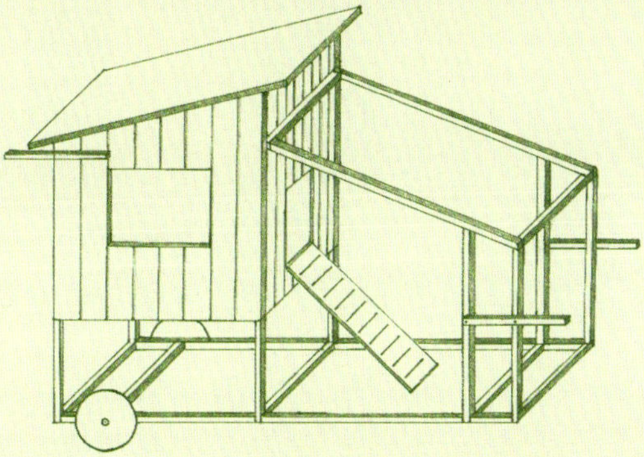

Stall 4

Skandinavien lässt grüßen

Grundfläche gesamt: 2,40 m²
Stallfläche: 2,40 m²
Besonderheiten: Der Stall steht auf Stelzen, der Raum unter dem Stall kann genutzt werden. Windfang am Ausschlupf.

„Angefangen hat alles in einem Urlaub in Dänemark, als meine Frau in einem Freilichtmuseum ein Ställchen mit einer Zwerghuhnherde sah. Das hat sie nicht losgelassen und kaum zu Hause angekommen, setzte sie alles in Bewegung, um auch in unserem Garten einen solchen Hühnerstall mit Puppenstuben-Charakter zu haben. Doch das war nicht so leicht. Trotz intensiver Suche oder gerade deshalb fanden wir keine passende Hütte, die wir durch einfache Umbauten an unsere Ansprüche hätten anpassen können."

Eher durch Zufall hatten Bekannte mir diese Geschichte erzählt und ich konnte ihnen den Hinweis auf einen befreundeten Züchter geben, der in seinem Garten eben ein solches Ställchen stehen hatte. „Wir haben es von ihm geschenkt bekommen! Er braucht das Ställchen nicht mehr und obwohl es schon 60 Jahre alt ist, hat es von seinem Charme nichts verloren", erzählten sie überglücklich. „Der Ab- und Aufbau des Stalles war einfach, die einzelnen Seitenwände sind fertige Elemente, die mit Schlossschrauben verbunden werden. Das Besondere sind aber die Sprossenfenster. Sie passen durch ihren hell ockerfarbenen Anstrich schön zur roten Wandfarbe, echt skandinavisch. Auch dass der Stall auf kleinen Stelzen steht, finden

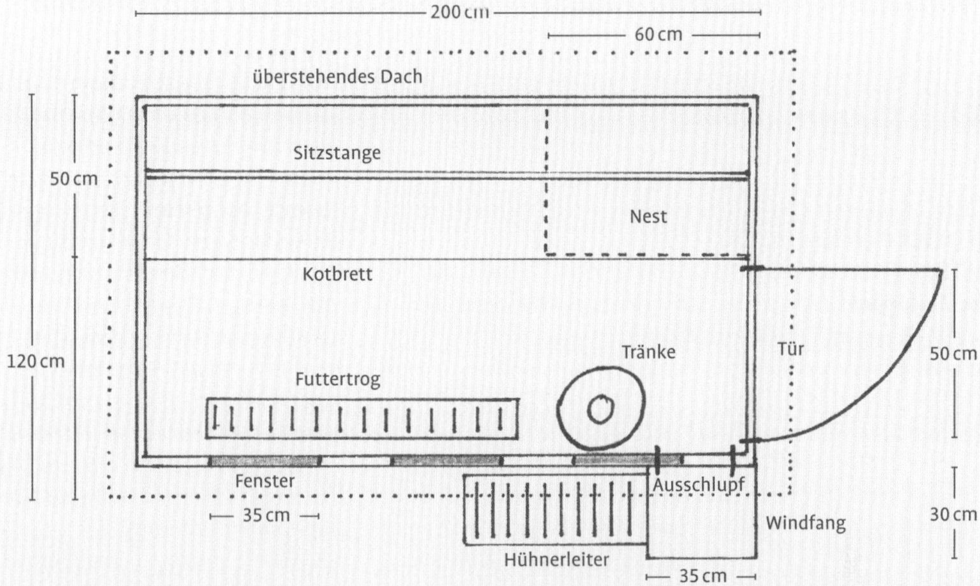

unsere Hühner gut. Wenn sie draußen sind, gehen sie gern unter den Stall in den Schatten oder wälzen sich in ihrem Sandbad, das sie sich selbst eingerichtet haben. Deshalb werfen wir auch regelmäßig Holzasche darunter, die von den Hühnchen mit Vorliebe in das Staubbadgemisch eingearbeitet wird."

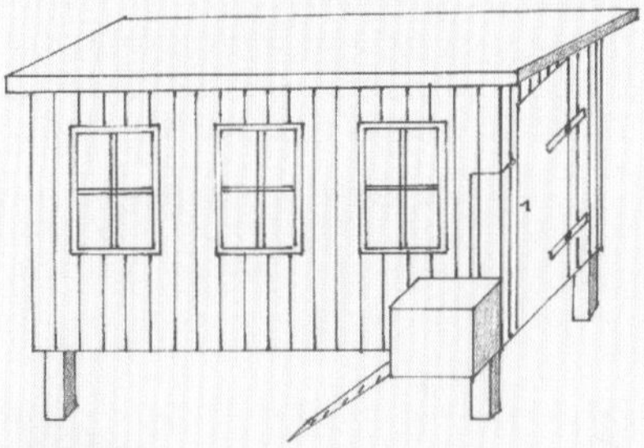

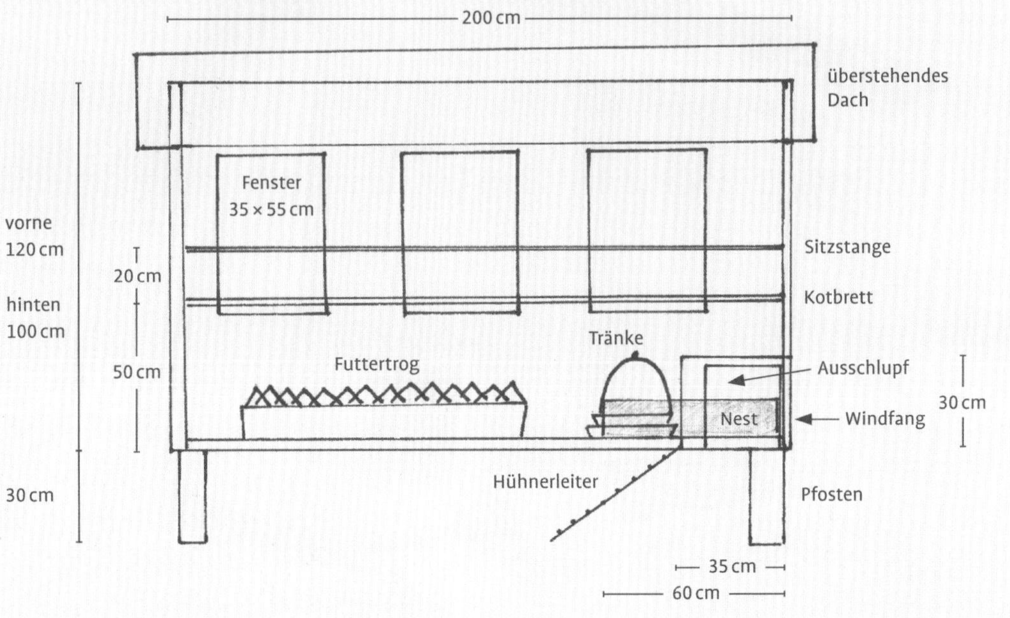

Stall 5

Aus Alt mach Neu

Grundfläche gesamt: 9,00 m²
Stallfläche: 9,00 m²
Besonderheiten: Begehbarer Stall, der für alle Zwecke der Hühnerhaltung genutzt werden kann.

„Als wir unser Haus, das so Anfang der 1950er gebaut wurde, vor zehn Jahren kauften, haben wir erst auf den zweiten Blick entdeckt, dass sich in einer Ecke des Gartens ein alter Hühnerstall befand. Diesen wollten wir dann aus dem Dornröschenschlaf erwecken. Am Anfang dachten wir an ein kleines Gartenhaus für allerlei Gerätschaften, aber dann haben wir den Entschluss, ihn seiner ursprünglichen Bestimmung wieder zu übergeben, bis heute keinen Tag bereut."

So berichteten seine stolzen Besitzer. Nachdem sie sich über die Hühnerhaltung in mehreren Büchern kundig gemacht und mit einigen Hühnerhaltern unterhalten hatten, erkannten sie ziemlich schnell, dass „ihr Stall" so ziemlich alles mitbrachte, was für ein glückliches Hühnerleben vorhanden sein muss:

„Erneuern mussten wir eigentlich nur das Kotbrett und die Sitzstangen, denn sie waren im Lauf der Jahre abhanden gekommen. Mit einer Siebdruckplatte und gehobelten Dachlatten war die Einrichtung bald wiederhergestellt.

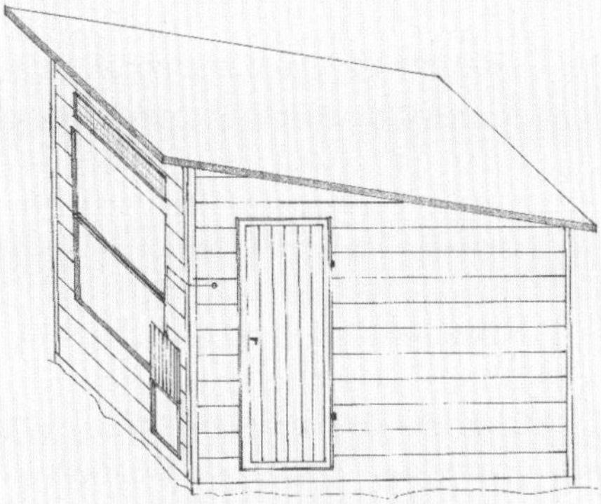

Etwas größerer Aufwand war es, die Innen- und Außenwände zu restaurieren. Wie ursprünglich haben wir die Innenwände mit Kalkmilch gestrichen, nachdem wir sie zuvor mit der Drahtbürste gereinigt hatten. Die Außenwände haben wir intensiv abgeschliffen und danach zweimal mit einer Holzlasur eingelassen. Seither sieht der Stall wieder aus wie neu und hat sich im Garten mit unseren Hühnern zu einem echten Hingucker entwickelt."

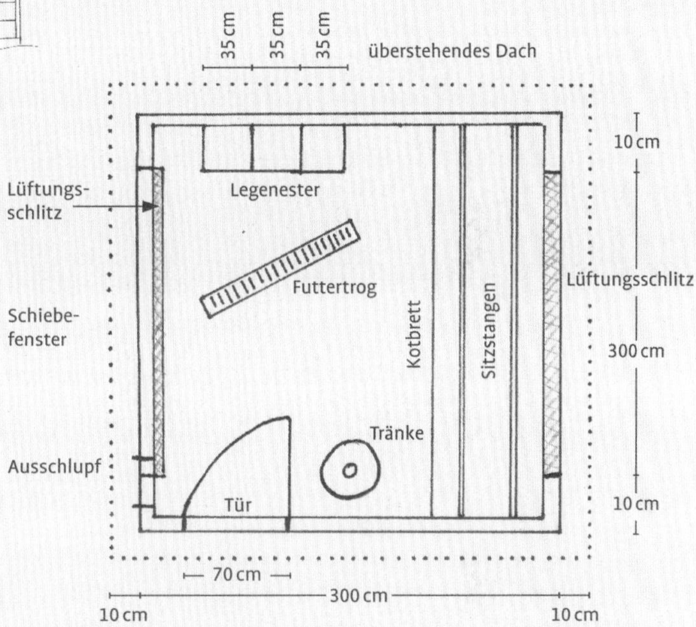

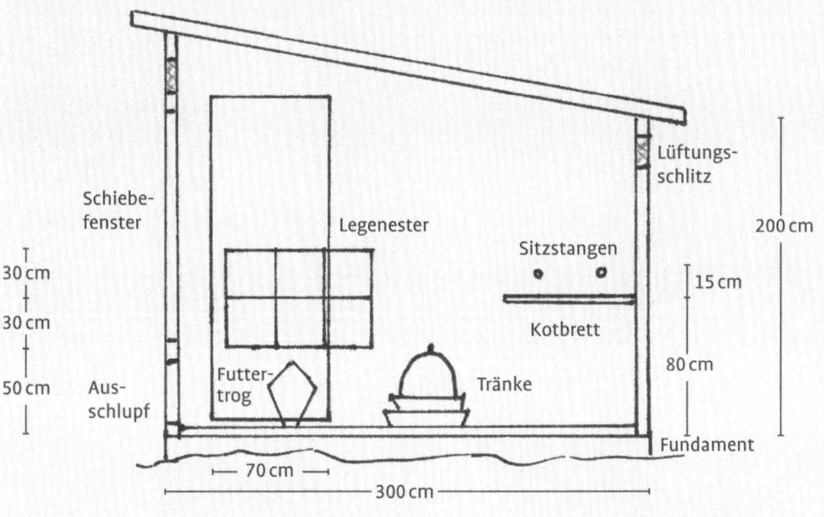

Stall 6

Wohnmobil

Grundfläche gesamt: 18,00 m²
Stallfläche: 18,00 m²
Besonderheiten: Fahrbarer Stall, Auslaufbrett an den Ausschlüpfen.

„Ein alter Bauwagen ist mein Hühnerstall. Die Hühner halten sich meistens nahe am Stall auf, deshalb wird hier auch der Grasbewuchs stärker beansprucht. So fahre ich den Stall immer wieder zu einer anderen Stelle auf der Koppel. Hier weiden auch meine Schafe, deshalb konnte ich nicht einfach die Eingangstür den Hühnern überlassen. Die Schafe wären sonst ebenfalls hineinmarschiert. So habe ich in den Wagen mehrere Schlupflöcher eingebaut und davor jeweils ein breites Anlaufbrett.
Bei der Gestaltung des Stalles habe ich mich ziemlich nah an den fahrbaren Hühnerställen orientiert, wie sie in der landwirtschaftlichen Hühnerhaltung bis in die 30er-Jahre des 20. Jahrhunderts sehr beliebt waren. Das Stallinnere ist mit einfachen Drahtrahmen unterteilt. Das bringt Ruhe in die Hühnerherde und nicht viel mehr Aufwand beim Saubermachen.
Die Sitzstangen sind mit einem Kotbunker an der Rückwand des Stalles angebracht, sodass die Hühner selbst nach einigen

Tagen mit ihrem Nachtkot nicht in Berührung kommen, was ich als sehr vorteilhaft erachte.
Weil die Schafkoppel nicht direkt an unserem Wohnhaus liegt, habe ich der Hühnerherde mehrere Perlhühner beigesellt. Sie schlagen Alarm, sobald sich ein Greifvogel am Himmel zeigt, und alle Tiere rennen in oder unter den sicheren Stall.“

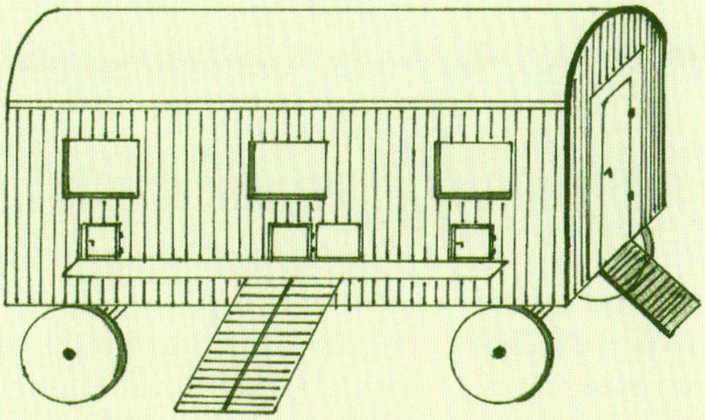

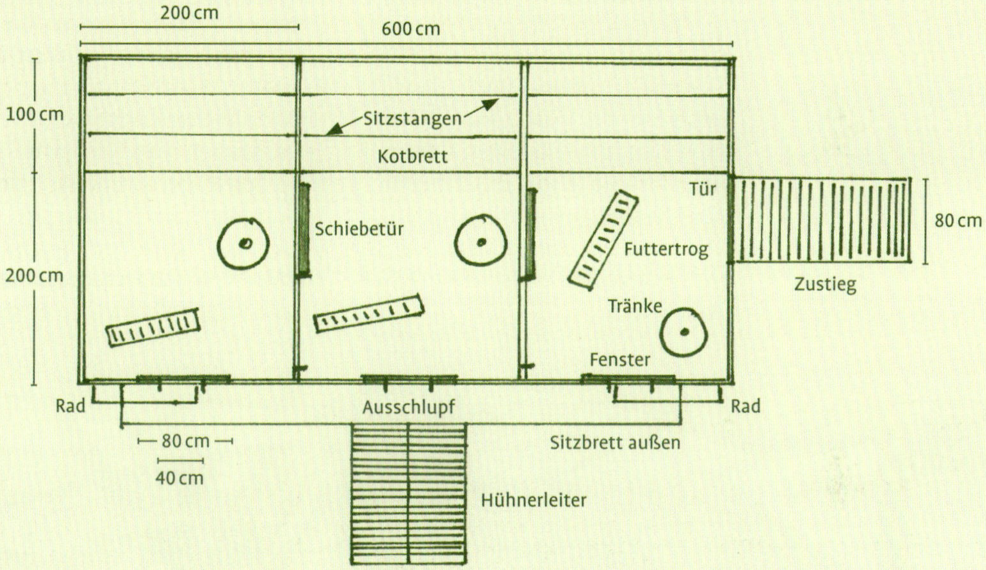

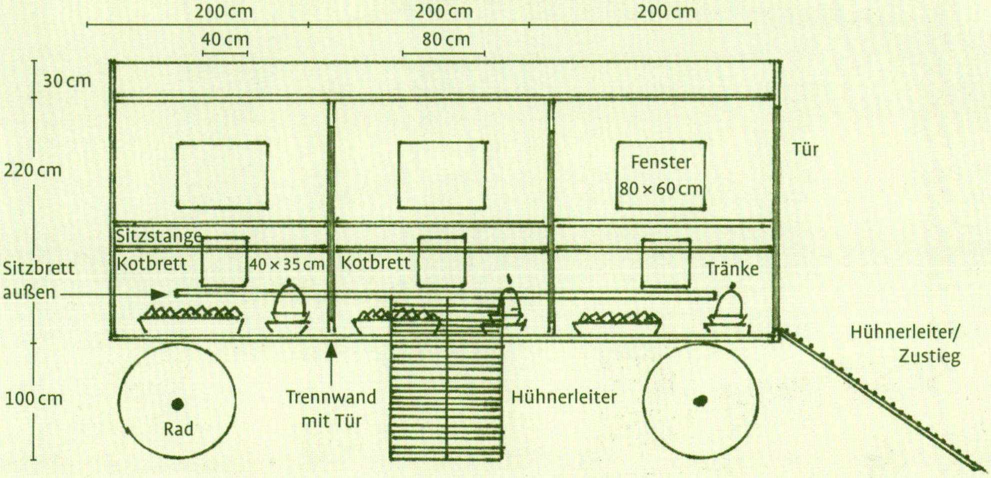

Stall 7

Jetzt spielen hier die Hühner

Grundfläche gesamt: 1,50 m²
Stallfläche: 1,00 m²
Besonderheiten: Das Legenest ist von außen zu kontrollieren und es gibt Platz für Gerätschaften und Futter.

Ein Familienvater erzählt: „Als unsere Kinder klein waren, bekamen sie ein Spielhaus im Garten. Jetzt sind sie längst aus diesem Alter heraus und deshalb haben wir uns in der Familie überlegt, was wir mit dem netten Häuschen machen könnten."

Schnell kam die Familie überein, dass daraus ein Ställchen werden und eine kleine Zwerghuhnfamilie einziehen sollte. Da weder im Stall noch im Haus Platz für die Unterbringung von Geräten oder Futter war, bauten sie kurzerhand einen kleinen Anbau an den eigentlichen Stall an. Dieser ist unterteilt und sowohl das Legenest als auch allerhand Gerätschaften und Futter für die Zwerghühner können darin untergebracht werden. Das Dach wurde mit Scharnieren befestigt und kann für optimalen Zugriff einfach hochgeklappt werden. „Das Häuschen an sich hatte einen günstigen Grundriss, sodass wir uns nach dem Einbau des Einschlupfes ganz dem Innenausbau widmen konnten. Trotz oder gerade wegen der kleinen Fläche

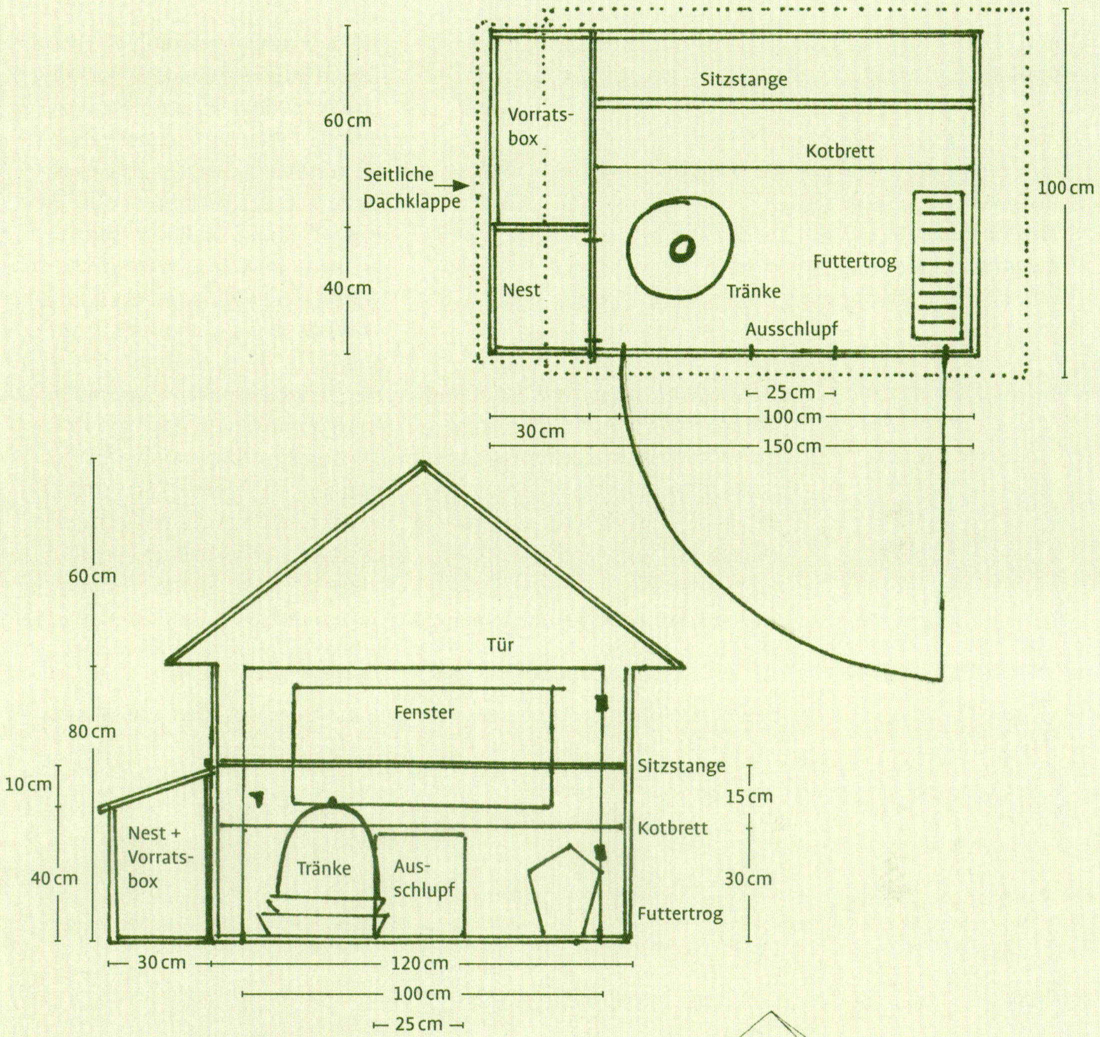

mussten wir gut überlegen, wie wir ihn am günstigsten aufteilen wollten.

Dass wir sogar ein Kotbrett untergebracht haben, macht uns dabei besonders stolz. So belastet der Hühnerkot die sowieso geringe Einstreumenge nicht noch unnötig, und müssen unsere Hühnchen einmal bei schlechtem Wetter länger im Stall bleiben, dann haben sie unter dem Kotbrett zusätzlich Platz zur Verfügung."

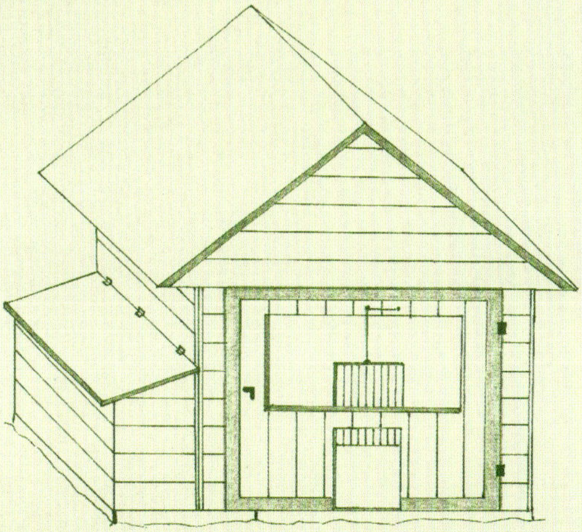

Stall 8

Mobil bleiben

Grundfläche gesamt: 0,85 m²
Stallfläche: 0,35 m²
Besonderheiten: Kann leicht verstellt werden.

„Eigentlich wollte ich nur für eine Glucke samt Küken ein geeignetes Heim bauen. Für mich war dabei besonders wichtig, dass ich den Stall samt Auslauf einfach versetzen kann, damit immer frisches Grün zur Verfügung steht" – soweit die Ausführungen des Erbauers.
Bei den Planungen kam ein Kleinststall heraus, der eigentlich wie eine kleine Hundehütte wirkt. Durch die seitlich angebrachten Seile und das geringe Gewicht ist es leicht, die Hütte regelmäßig zu versetzen. Damit die hölzerne Bodenplatte nicht direkt auf dem Erdreich liegt, stellt der Erbauer sein Kükenheim auf Klinkersteine. Damit wird der Boden unterlüftet und das Stallklima positiv beeinflusst.
Vor allem Küken sind gegenüber Infektionskrankheiten sehr anfällig, sodass das gesamte Kükenheim jeden zweiten Tag versetzt wird. Dies ist auch möglich, weil das Gatter nur an die Hütte herangerückt und nicht fest mit ihr verbunden wird. Soll das Gatter für eine Glucke mit Küken verwendet werden, muss man ein sehr engmaschiges Drahtgeflecht verwen-

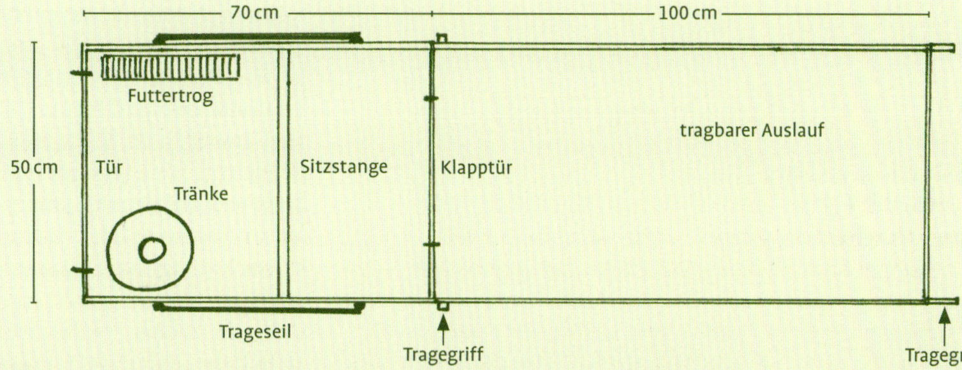

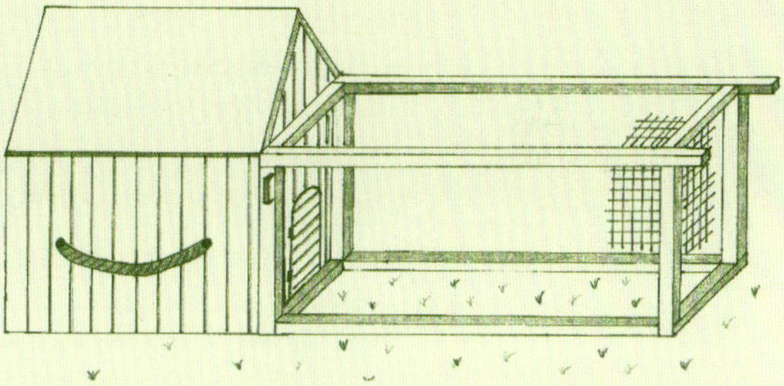

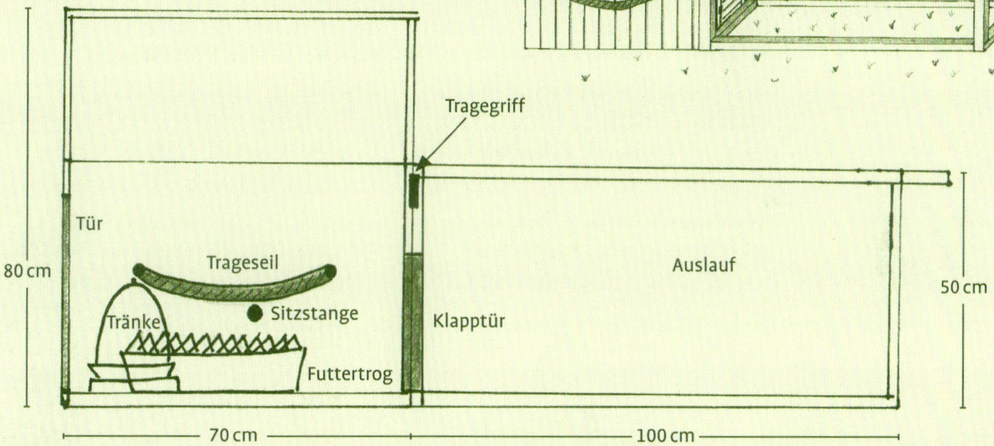

den, denn nur dann haben Katzen, Krähen und sonstige Raubtiere keinen Zugriff auf die Kleinen. Damit das Gatter leicht zu versetzen ist, griff der Erbauer bei der Konstruktion auf einfache Dachlatten zurück. Ihre Haltbarkeit sei natürlich nicht besonders hoch, wenn sie der Witterung ausgesetzt seien, erklärte er mir, deshalb würde er das Gatter einmal jährlich streichen, besonders die Bodenlatten aber müssten mehrmals gestrichen werden.
Inzwischen wird dieses transportable Heim gelegentlich auch für eine kleine Herde Zwerghühner genutzt, was unterstreicht, wie vielfältig eine solche Stall-Auslauf-Kombination sein kann.

Stall 9

Kleine Zuchtanlage

Grundfläche gesamt: 24,6 m²
Stallfläche: 9,6 m²
Besonderheiten: Komplette Zuchtanlage für Hühner und Zwerghühner. Mehrere Einzelställe, die miteinander verbunden werden können. Überdachte Volieren.
Ein Zwerghuhnzüchter stellt seine Stallvariante vor:

„Mein Hühnerstall war ursprünglich ein Werbestand eines Rassetaubenvereins bei einer großen Ausstellung. Die heutige Frontseite war mit einem Tresen für Werbezwecke gestaltet und in den seitlichen Volieren wurden Tauben präsentiert. Als ich diesen Stand bekommen habe, musste ich ihn nur zum Hühnerstall umgestalten. Die gesamte Konstruktion wurde auf Rabattsteine, die in ein Betonfundament gesetzt wurden, gestellt und miteinander verbunden. Jede der Volieren habe ich zusätzlich unterteilt, damit ich insgesamt vier überdachte Freiläufe habe und meine Hühner auch bei längeren Schlechtwetterphasen ins Freie lassen kann.
Den Innenbereich des Stalles habe ich so eingeteilt, dass ich von einem Mittelgang ausgehend alle drei Stallabteile begehen kann. Es sind zwei kleinere Ställe auf den Seiten und ein größerer Stall, der die gesamte Breite einnimmt. Als besonderen Clou kann eine Verbindung zwischen den Ställen durch kleine Schieber hergestellt werden, sodass die Abteilgröße variabel ist. Dies finde ich vor allem dann sinnvoll, wenn ich Küken aufziehe und die Jungtiere mit zunehmendem Alter mehr Platz benötigen.
Die Haupteingangstür zum Stall ist in der Mitte wie bei alten Rinder- und Pferdeställen geteilt. So kann vor allem während der warmen Sommermonate der obere Türflügel für zusätzlichen Luftaustausch aufgeklappt werden.

Diese Kombination aus mehreren Stallabteilen in einem Gesamtstall ist für mich eine gute Alternative zu mehreren Einzelställen und die Grundlage für meine Zwerghuhnzucht."

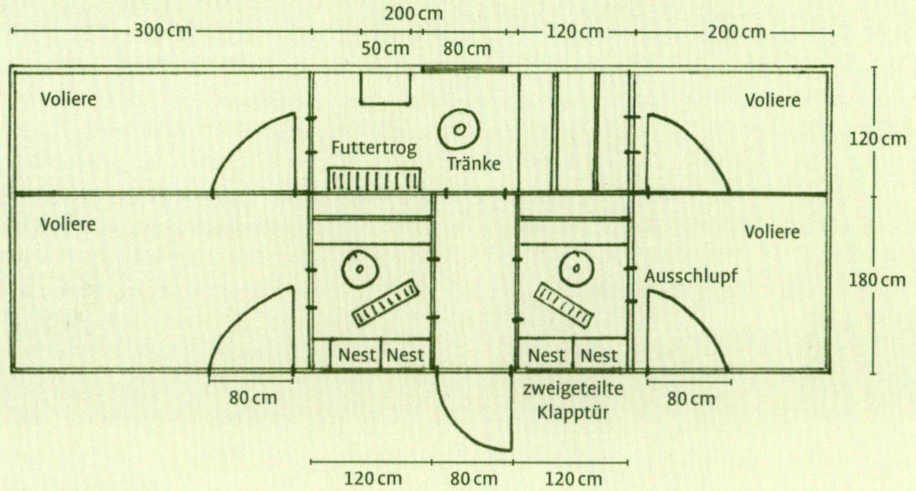

Stall – hinterer Teil

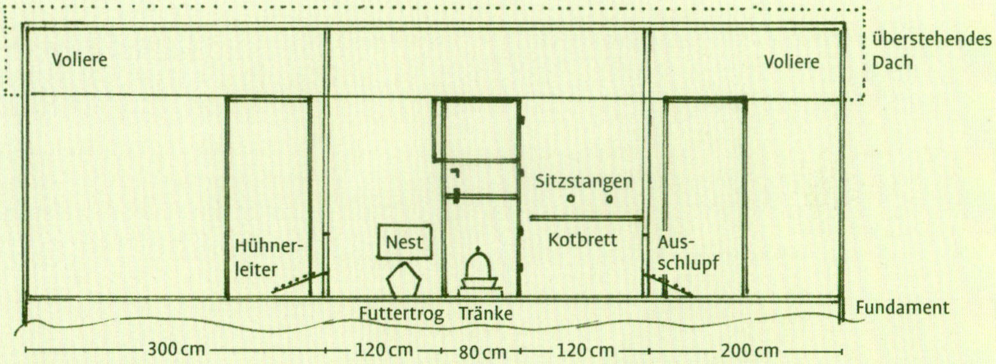

Stall – vorderer Teil

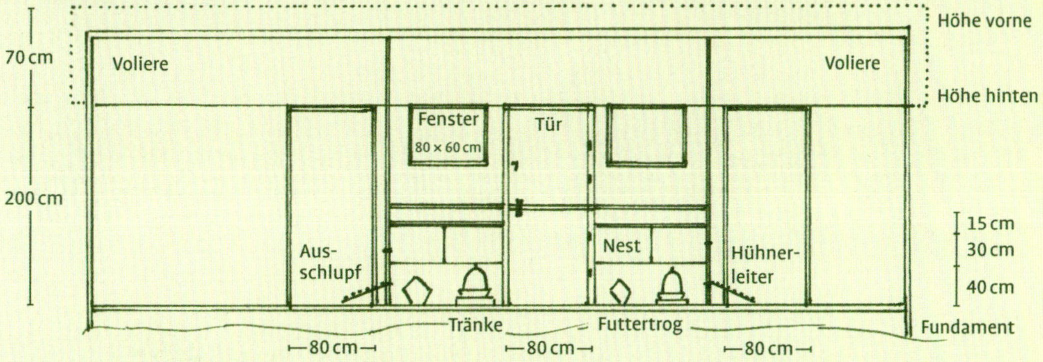

Stall 10

Große Zuchtanlage

Grundfläche gesamt: 18,75 m²
Stallfläche: 4×3,75 m²
Besonderheiten: Komplette Zuchtanlage für Hühner und Zwerghühner. Mehrere Einzelställe. Kükenaufzuchtboxen. Vorraum für Lagerung von Futter und Gerätschaften.

Dieser Stall ist eine komplette Zuchtanlage, wie sie bei Rassegeflügelzüchtern in abgewandelten Formen immer wieder zu finden ist. Sie unterteilt sich in vier Einzelställe, einen Vorraum und mehrere Boxen zur Unterbringung von Küken. Praxisnähe und Funktionalität stehen bei solchen Stallbauten eher im Vordergrund, weniger die Ästhetik.
Durch die Unterteilung kann der Züchter einzelne Zuchtstämme getrennt unterbringen und natürlich auch die Jungtiere in aller Ruhe aufziehen. Sehr praktisch seien die über den Sitzstangen angebrachten Boxen, in denen die Küken in den ersten drei Lebenswochen aufgezogen werden, sagte mir der Besitzer dieser Zuchtanlage.
Unterteilt werden die einzelnen Stallabteile durch einfache Armierungsmatten. Um Blickkontakt zwischen den Zuchtstämmen zu verhindern, wird zwischen den Ställen direkt vom Boden ab ein Brett als Sichtschutz eingezogen.
Diese Zuchtanlage kann als Musterbeispiel für die Stallplanung in Gemeinschaftszuchtanlagen gelten. Gut durchdacht bietet sie auf relativ wenig Fläche optimale Bedingungen für alles rund um die Hühnerzucht.
Durch geringe Änderungen im Innenbereich ist sie vielseitig verwandelbar und kann auch als Stallbaugrundlage für sämtliche anderen Bereiche in der Kleintierzucht dienen.

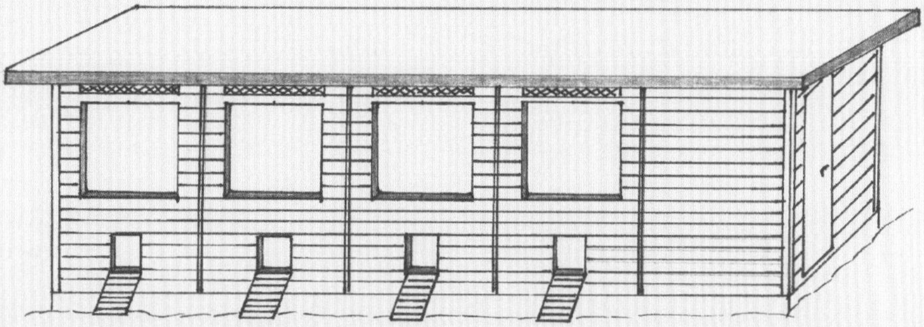

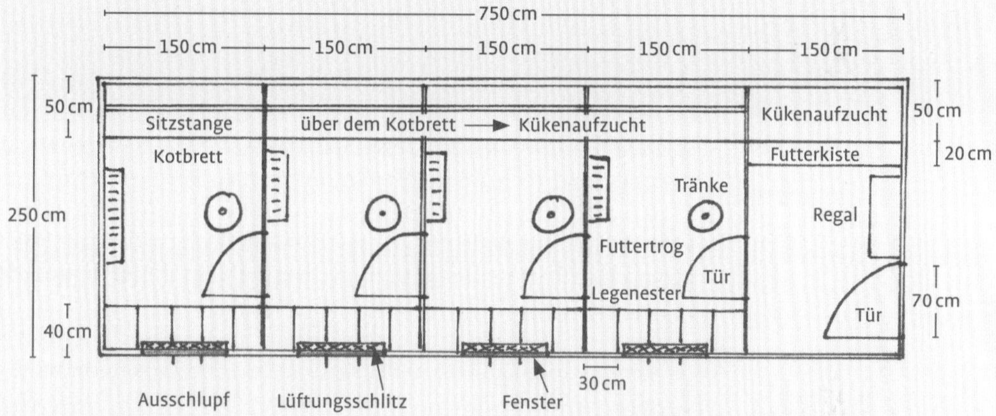
750 cm
150 cm
150 cm
150 cm
150 cm
150 cm
50 cm
Sitzstange
über dem Kotbrett
Kükenaufzucht
Kükenaufzucht
50 cm
Kotbrett
Futterkiste
20 cm
Tränke
250 cm
Regal
Futtertrog
Tür
Legenester
Tür
70 cm
40 cm
30 cm
Ausschlupf
Lüftungsschlitz
Fenster

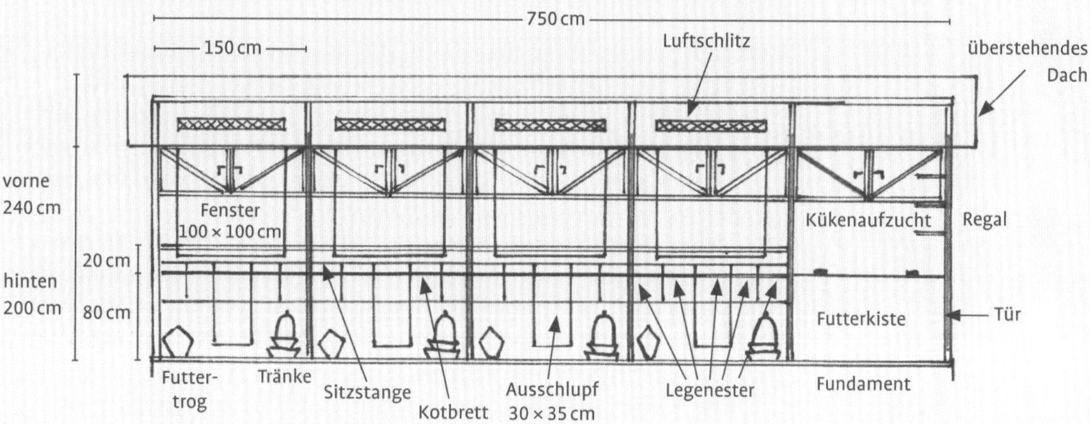
750 cm
150 cm
Luftschlitz
überstehendes Dach
vorne 240 cm
Fenster 100 × 100 cm
Kükenaufzucht
Regal
20 cm
hinten 200 cm
80 cm
Futterkiste
Tür
Futter-trog
Tränke
Sitzstange
Kotbrett
Ausschlupf 30 × 35 cm
Legenester
Fundament

Was Sie sonst noch wissen sollten

Wer einen Hühnerstall bauen möchte, wird nicht umhin kommen, sich auch mit Fragen des Baurechts, des Nachbarschaftsrechts, dem Tierschutz und rechtlichen Bestimmungen zu Mindestanforderungen an Stallgrößen zu beschäftigen. Außerdem unterliegt auch die private Hühnerhaltung gewissen Stallhaltungspflichten, die vom Gesetzgeber als Gesundheitsvorsorgemaßnahmen angeordnet werden können.

Ein anderer Gesichtspunkt der Hühnerhaltung ist die Entsorgung oder Verwertung des Hühnermistes, auf die im Folgenden kurz eingegangen wird.

Baurechtliche Voraussetzungen für den Stallbau

Mit der veränderten Lebenswelt, die die meisten von uns umgibt, ist auch die Hühnerhaltung nicht mehr die Regel. Dennoch findet man auf vielen Grundstücken kleine Ställe, die aus einer Zeit herrühren, als dies noch anders war. Wird solch ein Stall wieder mit Leben erfüllt, gibt es baurechtlich keinerlei Einwände dagegen. Anders kann dies bei einem Neubau aussehen.

Grundsätzlich gilt beim Nachbarschaftsrecht, dass die Wohn- und Lebensqualität des Nachbarn keine starke Beeinträchtigung erfahren darf. Diese Formulierung ist sehr allgemein gefasst und deshalb gibt es auch keine Faustregel in der Rechtsprechung, denn so subjektiv die Wahrnehmung des Einzelnen ist, so unterschiedlich wird von Bundesland zu Bundesland, von Region zu Region entschieden. Während beispielsweise das Läuten der Kuhglocken im Allgäu zur Kulturhistorie zählt und deshalb geduldet werden muss, sieht dies in der niederdeutschen Tiefebene völlig anders aus.

Von entscheidender Wichtigkeit ist die Kategorisierung des Grundstückes, auf dem der Stall erstellt werden soll. Während in reinen Wohngebieten die Tierhaltung an sich schwierig ist, gibt es in allgemeinen Wohn- oder gar Mischgebieten kaum Probleme. Zu welcher Kategorie das Grundstück gehört, ist aus dem regulären Bebauungsplan zu entnehmen. Persönliche Empfindungen über die Eingruppierung sind nicht entscheidend.

Nicht wenige Hühnerhalter bekamen Probleme mit Nachbarn und der Baurechtsbehörde, nachdem sie sich Hühner angeschafft hatten. Dabei ist in den wenigsten Fällen die Hühnerhaltung an sich das Problem, sondern der Bau des Stalles und in seltenen Fällen der Krähruf des Hahnes.

Man sollte sich bereits in der Planungsphase darüber informieren, wie groß und an welchem Platz man bauen darf. Grenzabstände und Gebäudehöhen müssen dabei genauso berücksichtigt werden wie der umbaute Raum. Bei Absprachen mit den Nachbarn sollte man auf deren schriftliches Einverständnis bestehen. Überhaupt ist bei der Hühnerhaltung auf ein gutes nachbarschaftliches Verhältnis hinzuwirken. Ein paar frische Eier von glücklichen Hühnern haben hier schon wahre Wunder vollbracht und die Akzeptanz der Hühnerhaltung wesentlich gesteigert.

Im Regelfall wird die zuständige Baurechtsbehörde keine Einwände gegen die Errichtung eines Hühnerstalles haben. Die üblicherweise gewählte Größe des Stalles liegt sowieso oft unter der, für die eine Baugenehmigung erforderlich wäre. In den meisten Bundesländern ist es so, dass man sehr kleine Bauten, in der Regel bis etwa 25 Kubikmeter umbauter Raum, nicht genehmigen lassen muss. Sie sind dann lediglich anzeigepflichtig. Um die genaue Größe für baugenehmigungsfreie Gebäude zu erfahren, sollte man sich bei einem Gespräch mit der Baurechtsbehörde informieren.

Sollte das Vorhaben die genehmigungsfreie Größe überschreiten, muss man sich um einen vollen Bauantrag bemühen. Dafür sind Zeichnungen erforderlich, die mit etwas Erfahrung selbst gefertigt werden können. Von einem Architekten gezeichnete Pläne sind bei Hühnerställen nur in äußersten Fällen nötig. Bei einem offenen Gespräch mit der Baubehörde und der Darlegung des Anliegens wird man mit

Zwerg-Cochin (hier in perlgrau-gesperbert) sind vergleichsweise nachbarschaftsfreundlich.

Sicherheit wertvolle Tipps und Unterstützung erhalten. Dies umso mehr, wenn man den Hühnerstall auch ästhetisch an die Umgebung anpasst und ihn nicht zu einem reinen Zweckbau degradiert.

Rahmenbedingungen zur Vogelgrippe-Schutzverordnung

Das Auftreten der Vogelgrippe in Mitteleuropa und die damit zum Teil verbundene Hysterie in den Medien hat auch vor der Geflügelhaltung, und sei sie noch so klein, nicht Halt gemacht. Im Hinblick auf die Vogelgrippe-Schutzverordnung sei darauf hingewiesen, dass man als Privatmann seine Geflügelhaltung bei der zuständigen Behörde, zumeist ist dies das Kreisveterinäramt, anmelden muss. Dies geschieht in der Regel formlos und ist mit keinen Kosten verbunden. Trotzdem ist es anzuraten, sich hier bundeslandspezifisch zu informieren. Die gültigen Bestimmungen erhalten Sie je nach Zuständigkeit entweder bei den Kreisveterinärämtern oder bei den Landwirtschaftsämtern.

Je nach Situation und Auftreten infizierter Vögel gibt es teilweise bundeslandspezifisch ein Aufstallgebot, das mehrere Monate dauern kann. Das heißt, dass die Hühner während dieser Zeit nicht mit anderen Vögeln und deren Kot in Berührung kommen dürfen. Eine etwas großzügigere Auslegung verlangt, dass Hühner in einem bestimmten Abstand zu größeren Gewässern wie Seen und Flüssen aufgestallt bleiben müssen. Damit geht einher, dass der Auslauf vollständig überdacht sein und das Drahtgeflecht so engmaschig gewählt werden muss, dass kein anderer Vogel eindringen kann. Erwähnen sollte man auch, dass der Auslauf dann im Sinn des Baurechts ein Gebäude darstellt, was man bei der Planung bereits berücksichtigen muss. Da die Baurechtsämter aber um die Problematik wissen, agieren sie hier in der Regel recht großzügig.

All dies ist im Grund aber keine zufriedenstellende Lösung für den privaten Hühnerhalter, der sich an seinen Hühnern erfreuen und ihnen deshalb ein möglichst naturnahes Umfeld bieten will. Für ihn ist das natürlich produzierte Ei von glücklichen Hühnern die Krönung seines Schaffens. Dies ist der entscheidende Unterschied zur Wirtschaftsgeflügelhaltung, von der sich der Privatmann zu Recht abheben will.

Da eine reine Stallhaltung für die meisten Hühnerhalter im Privatbereich nicht in Frage kommt, greifen sie auf kleinere, dem Stall vorgebaute Kaltscharrräume zurück, die einen Zugang zum Auslauf haben. Erfolgt die staatlich verordnete Aufstallpflicht, steht den Hühnern neben dem Stall der Kaltscharrraum zur Verfügung. Ist der Kaltscharrraum gleichzeitig der direkte Bereich vor dem Stall, können zwei Fliegen mit einer Klappe geschlagen werden.

Mistaufbereitung

Hühner liefern Mist, der ein sehr wertvoller Dünger ist und deshalb zu schade, um ungenutzt zu bleiben. Da viele Hühnerhalter gleichzeitig begeisterte Hobbygärtner sind, können sie den Mist im eigenen Garten nutzen. Zimmerpflanzen mit ihm zu düngen ist grundsätzlich möglich, doch sehr selten, denn feuchter Hühnerkot riecht stark.

Der Nährstoffwert von frischem Hühnerkot liegt dabei deutlich höher als der von Rinder- oder Schweinemist und er kann deshalb sowohl im Gartenbau als auch bei der Baum- und Wiesendüngung verwendet werden. Wer den anfallenden Hühnerkot nicht selbst im Garten benötigt, kann ihn an Bekannte und Freunde abgeben, die sich über den wertvollen Dünger mit Sicherheit freuen werden. Vor allem Kleingärtner sind dankbare Abnehmer.

In den seltensten Fällen hat man selber für den Mist keine Verwendung beziehungsweise findet niemanden, der ihn brauchen kann. Vor allem in eher städtischen Regionen kann dies der Fall sein. In aller Regel muss der Mist dann über die Hausmülltonne entsorgt werden. Eigentlich eine Schande, wenn man bedenkt, welch wertvoller Dünger hier verloren geht. Fragen Sie vor der Entsorgung jedoch noch einmal beim zuständigen Abfallwirtschaftsamt nach, in welche Tonne der Mist gehört.

Jauche

Die Herstellung von Geflügeldungjauche ist wegen der starken Geruchsbildung nicht so sehr verbreitet. Um sie anzusetzen, wird Hühnermist mit Wasser in Eimern mehrere Tage stehen gelassen, ehe man die Flüssigkeit dem Gießwasser zugibt.

Kompostierung

Wird im Garten nicht der frische oder abgetrocknete Kot ausgestreut und untergeharkt, können Sie ihn mit Gartenabfällen kompostieren. Dabei mischen Sie den Hühnerkot des Kotbrettes mit Rasenschnitt oder sonstigen Pflanzenteilen, auch der entnommenen Einstreu, und schütten alles in einem handelsüblichen Holzkomposter oder in einem Thermokomposter auf – dies bleibt den Vorlieben des Halters vorbehalten. Die Geruchsbildung ist bei beiden Varianten jedenfalls sehr gering und nicht mit der von frischem oder nassem Hühnerkot vergleichbar.

Der hauptsächliche Unterschied besteht in der Schnelligkeit des Kompostierprozesses. Hier liegt der entscheidende Vorteil des Thermokomposters, denn bei ihm können Sie nach etwa vier bis sechs Monaten fertigen Kompost entnehmen. Wer größere Mengen zu kompostieren hat, wird dabei kaum mit einem auskommen, denn die Füllmenge ist nicht besonders groß.

Bei herkömmlichen Kompostern müssen Sie mindestens ein Jahr für die Kompostierung veranschlagen und es empfiehlt sich auch, den Kompost im Herbst umzusetzen. Trotzdem sind die offenen, herkömmlichen Komposter bei Geflügelhaltern eher die Regel.

Normale Komposthaufen für pflanzliche Küchen- und Gartenabfälle hingegen werden von manchen Haltern ganz bewusst in den Auslauf gelegt. Vor Jahren wurde ein Modell in der Schweiz propagiert, bei dem die Hühner Zugang zu einem Kompost erhielten, dort Pflanzenbestandteile aufnehmen konnten und der Kompostierungsprozess durch das ständige Scharren wesentlich beschleunigt wurde.

Wie früher den Misthaufen des Bauernhofs werden die Hühner den Komposthaufen als Aufenthaltsort bevorzugen und jede Menge Kleinlebewesen aufnehmen. Damit die Hühner einen einfachen Zugang haben, muss mindestens eine Seite etwas niedriger umrandet sein. Und man wird außerdem nicht umhin kommen, am besten wöchentlich, das heraus gescharrte Kompostgut wieder aufzuschichten.

Schädlingsbekämpfung

Gut zu wissen

Der Hühnerkot sollte an einem für die Hühner nicht zugänglichen Platz kompostiert werden, denn heute weiß man, dass die Aufnahme kleinster Kotpartikel nicht auszuschließen und der Gesundheit der Hühner alles andere als dienlich ist.

Obwohl wir alle baulichen Möglichkeiten ausschöpfen, um uns nicht mit Schädlingen herumärgern zu müssen, werden wir sie wohl nie gänzlich ausschließen können. Schädlinge wie Milben, Federlinge und andere, die direkt mit den Hühnern in Zusammenhang stehen, sind ohne Probleme zu bekämpfen. Der Fachhandel bietet geeignete Tropfmittel an, die am besten auf die Sitzstangen aufgebracht werden. Dies im monatlichen Rhythmus angewandt, ist eine bewährte Routine zur Bekämpfung dieses Ungeziefers. Immer wieder die Spinnennetze abzukehren ist ebenfalls ein probates Mittel, denn im Staub, der sich darin verfängt, können sich manche Erreger und Schädlinge aufhalten.

Darüber hinaus ist einmal jährlich eine Grunddesinfektion anzuraten. Gängige Desinfektionsmittel halten ebenfalls die Fachmärkte bereit und sollten nach Anweisung angewandt werden. Dabei ist zu berücksichtigen, dass die meisten Desinfektionsmittel erst bei einer Umgebungstemperatur von 15 °Celsius wirksam sind, was ihre Anwendung im Winter verbietet. Jegliche Desinfektions- und Ungeziefermittel, aber auch Gift zur Mäuse- und Rattenbekämpfung sollten niemals offen herumstehen. Sie gehören an einen trockenen Ort, zu dem vor allem auch (Klein-)Kinder auf keinen Fall Zugriff haben. Ein kleiner abschließbarer Schrank ist ideal dazu geeignet. Ist der Aufbewahrungsort nicht direkt im Stall, ist es umso sicherer.

Ungeziefer bekämpfen

Wer Hühner hält, wird früher oder später mit Blutläusen zu tun haben. Vor allem in der warmen Jahreszeit setzen sich diese Blut-

Mit Sicherheit nicht jedermanns Geschmack – doch den Hühnern gefällt's.

sauger in nur jegliche erdenkliche Ritze im Stall. Besonders beliebt sind dabei Stellen mit kurzem Weg zu den Hühnern. Sie leben nämlich im Stall und gehen in der Regel erst bei Nacht auf die Tiere über. Als Brutstätten dieser Schmarotzer sind deshalb hauptsächlich der direkte Bereich der Sitzstangen, aber auch die Legenester beliebt. Hier gilt es also besonders auf der Hut zu sein.

Die früher in Eigenregie hergestellte Kalkmilch ist eigentlich auch heute noch ein sehr sinnvolles Mittel. Dazu nehmen Sie Löschkalk und setzen ihn mit Wasser an. Dieses Gemisch lassen Sie etwa zwei Tage lang stehen und rühren hin und wieder um. Danach wird die Kalkmilch mit einer breiten Pinselbürste im gesamten Stall verstrichen. Am besten an einem warmen Tag, sodass alles schnell trocknet.

Alternativ kann auch käufliche Kalkfarbe – am besten in Bio-Qualität – verwendet werden. Seit ein paar Jahren gibt es ein Stäube-

Achtung

Die Kalkmilch ist stark ätzend. Deshalb sind sowohl beim Ansetzen, beim Umrühren und erst recht beim Verstreichen auf jeden Fall eine Schutzbrille und -handschuhe zu tragen. Dies gilt im Übrigen auch für die käufliche Kalkfarbe, die jedoch deutlich teurer und dicker in der Konsistenz ist.

mittel auf Silikatstaubbasis auf dem Markt. Dieser wird einfach mit einer Plastikflasche oder einer speziellen Stäubepumpe zerstäubt. Das Produkt ist absolut umweltverträglich und wird auch in Bio-Betrieben eingesetzt. Die kleinen Staubkristalle lagern sich überall ab – auch auf einer eventuell notwendigen Brille des Anwenders. Putzt man diese einfach mit einem Tuch ab, wird sie „blind“. Die Staubkristalle zerkratzen das Glas. Setzen Sie also vor der Anwendung nach Möglichkeit Ihre gute Brille ab und eine alte auf.

Aber auch mit Fettlösern aus der Sprühflasche haben Hühnerhalter schon gute Erfahrungen in der Bekämpfung der Roten Vogelmilbe gemacht. Voraussetzung für den Erfolg ist aber an erster Stelle die ständige Kontrolle – gerade auch zur warmen Jahreszeit – und die dauerhafte Bekämpfung.

Die meisten Ungeziefermittel haben eine Breitbandwirkung. Es werden also zum Beispiel nicht nur die Rote Vogelmilbe, sondern auch Federlinge, Haarlinge, Läuse usw. bekämpft. Auf jeden Fall sollten Sie sich vor der Anwendung die Produktinformationen genau durchlesen.

Beutegreifer

Während das beschriebene Ungeziefer bei unseren Hühnern keinen Schaden anrichtet, wenn es nicht überhand nimmt, ist dies bei Mäusen, Ratten, Mardern, Wiesel, Mauswiesel und Füchsen anders. Ein dichter, aber heller Stall, ein gut gesicherter Auslauf und ein abgeschlossener Stall bei Nacht sind wohl die besten Vorbeugemaßnahmen. Trotz größter Vorsicht wird es sich trotzdem wohl nie ganz ausschließen lassen, dass diese Tiere einmal den Weg zu den Hühnern suchen. Hier wird auf Dauer nur eine Überspannung des Auslaufes mit einem Netz Abhilfe schaffen.

Gegen Marder, Wiesel und Fuchs dürfen Sie als Privatmann nicht vorgehen, sondern müssen den örtlichen Jäger in Kenntnis setzen, der dann die nötigen Schritte einleitet. Gehen Sie trotzdem selbst gegen diese Tiere vor, machen Sie sich dem Tatbestand des Wilderns schuldig und müssen mit der entsprechenden Strafe, die empfindlich hoch sein kann, rechnen. Das gilt übrigens auch für Greifvögel. Sie stehen unter Naturschutz und ihre Jagd ist selbst Jägern verboten. Entsprechende Vorsichtsmaßnahmen müssen also getroffen werden, wollen Sie dauerhaft Freude an Ihrer Hühnerhaltung haben.

Ratten und Mäuse

Mäuse und Ratten hingegen dürfen oder müssen sogar von Privatpersonen bekämpft werden. Kein offenes Futter herumliegen zu lassen, ist mit Sicherheit ein wirksames Mittel. Auch große Brotmengen, die von den Hühnern nicht innerhalb einer kurzen Zeit aufgefressen werden, ziehen vor allem Ratten geradezu magisch an. Und hat erst einmal eine den Weg gefunden, folgen ganze Familien nach.

So ist hier ständige Vorsorge zu betreiben, am sinnvollsten mit Giftködern, deren Wirkstoff die Blutgerinnung hemmt. Da dieses erst nach Tagen zu wirken beginnt, werden auch hartnäckige Rattenstämme, die sogenannte Vorkoster vorschicken, restlos bekämpft, weil die Tiere das Futter nicht mit dem zeitlich versetzten Effekt in Verbindung bringen.

Ratten- und Mäusegift wird hauptsächlich an Haferflocken, Weizen oder kleine Pellets gebunden, die auch von unseren Hühnern gerne gefressen werden. Deshalb muss unbedingt dafür Sorge getragen werden, dass zwar Mäuse und Ratten Zugang haben, Hühner aber keinesfalls damit in Berührung kommen können.

Solche Grablöcher unter dem Stall deuten auf Ratten hin.

Die wohl beste Lösung sind Köderkisten. Dabei handelt es sich um ziemlich flache Kisten, in die nur die Schädlinge eindringen können. Darin liegt das Gift in einer zweiten Kammer. Im Handel sind diese Kisten aus Metall oder Kunststoff zu haben, privat werden sie hingegen meistens aus Holz hergestellt. Köderkisten können sowohl im Innen- als auch Außenbereich verwendet werden.

Selbst gebaute Kisten für den Auslauf werden am besten mit einem Stück Bitumenpappe geschützt. Mäuse und Ratten laufen in der Regel an Wänden entlang, sodass die Köderkisten auch hier aufgestellt werden sollten. Legt man so ganzjährig Gift aus, dürfte man mit diesen Schadnagern keine Schwierigkeiten bekommen. Ein etwa verirrtes Tier wird sofort gierig davon fressen und damit keine Nachkommen mehr produzieren. Dennoch ist eine ständige Kontrolle der Köderstellen unverzichtbar und ein Nachlegen bei Bedarf anzuraten.

Gut zu wissen

Neuere Erkenntnisse bezüglich der Bekämpfung von Ratten und Mäusen besagen, dass immer wieder unterschiedliche Köderformen verwendet werden sollen. Auch sollte darauf geachtet werden, dass der Wirkstoff des Giftes nicht immer derselbe ist. Abwechslung bei Köder und Giftwirkstoff bringt also den größeren Erfolg.

Vögel

Vögel fliegen eigentlich kaum in die Hühnerausläufe, um dort zu fressen – mit Ausnahme von Spatzen. Es kann sogar zu richtigen Invasionen kommen und dabei können eine große Anzahl von Krankheitserregern über den Kot übertragen werden. Deshalb sollte man darum bemüht sein, diese Vögel nicht allzu heimisch werden zu lassen. Die beste Vorsorge ist, die Hühner nicht im Freien zu füttern, denn Spatzen halten sich nur dort auf, wo sie Nahrung finden.

Service

Zum Weiterlesen

Bauer, Wilhelm: Zwerghühner. Verlag Eugen Ulmer, Stuttgart 2015.

Bund Deutscher Rassegeflügelstandard (Hrsg.): Deutscher Rassegeflügelstandard.

Busch, Marlies: Taschenatlas Pflanzen für Heimtiere: Gut oder giftig? Verlag Eugen Ulmer, Stuttgart 2009.

Grashorn, Michael / Kuhn, Regina / Volk, Fridhelm: Geflügel – Das Fotobuch für die Praxis. Verlag Eugen Ulmer, Stuttgart 2006.

Krause, Antje / Bauer, Wilhelm: Garten sucht Hühner. Verlag Eugen Ulmer, Stuttgart 2018.

Peitz, B. u. L.: Hühner halten. Verlag Eugen Ulmer, Stuttgart 2012.

Robiller, Franz: Vogelheime, Volieren und Teiche. Verlag Eugen Ulmer, Stuttgart 2007.

Schmidt, Horst / Proll, Rudolf: Taschenatlas Hühner und Zwerghühner. 182 Rassen für Garten, Haus, Hof und Ausstellung. Verlag Eugen Ulmer, Stuttgart 2018.

Schmidt, Horst / Proll, Rudolf: Rassegeflügel kompakt. 525 Rassen für Garten, Haus, Hof und Ausstellung. Verlag Eugen Ulmer, Stuttgart 2011.

Sperl, Theodor: Hühnerzucht für Jedermann. Verlagshaus Reutlingen Oertel + Spörer, Reutlingen 1999.

Wirth, Peter: Der neue große Gartenplaner. Verlag Eugen Ulmer, Stuttgart 2015.

Woernle, Hellmut / Jodas, Silvia: Geflügel gesund erhalten. Verlag Eugen Ulmer, Stuttgart 2015.

Nützliche Adressen

Elektrische Ausschlupföffner und Futterautomaten
Axt-electronic
Wartburgstraße 10
99817 Eisenach / OT Stedtfeld
www.axt-electronic.eu

Netze für Kaltscharrräume und Auslauf-Abdeckungen
Itzehoer Netzfabrik GmbH
Schütterberg 17, 25524 Itzehoe
www.vogtnetze.de

Windschutznetze
WEGNER – Technische Textilien
Raphael Wegner
Dorfstraße 11, D-83379 Wonneberg
www.windschutz-wegner.de

Siepmann GmbH
Wittener Landstraße 19, 58313 Herdecke
www.siepmann.net

Accura NTV oHG
In den Seewiesen 26, 89520 Heidenheim
www.verpackung-tvv.de

Kükenaufzuchtboxen, Tränken, Futtertröge etc.
Brutmaschinen Janeschitz GmbH
Dr. Georg-Schäfer-Straße 17,
97762 Hammelburg
www.bruja.de

Kleintierzuchtbedarf Thea Schmidt
Ringstraße 15, 57392 Schmallenberg-Bracht
www.kleintierzuchtbedarf-schmidt.de

J. Hemel Brutgeräte
Am Buschbach 20, 33415 Verl
www.hemel.de

Sollfrank KG
Schießplatzstraße 40, 90469 Nürnberg
www.sollfrank.de

Heka-Brutgeräte
Langer Schemm 20, 33397 Rietberg
www.heka-brutgeraete.de

Kleintierzuchtbedarf Rhein
Siegfriedstraße 48, 64646 Heppenheim
www.kleintierzuchtbedarf-rhein.de

Fertigställe
Zimmerei Freund
Cosuler Straße 3, 02692 Eulowitz
www.zimmerei-freund.de

Franz + Klaus Wachter
Bodenseestraße 15,
88213 Ravensburg / Dürnast
www.wachter-holz.de

HühnerHausMobil
Dipl. Ing. agr. Ralf Müller
Waldquellenweg 42, 33649 Bielefeld
www.huehnerhaus-mobil.de

Ilfis Holzbau AG
CH-3543 Emmenmatt
www.ilfis.ch

WABE-Produktion
WABE Behindertenzentrum
Schreinerei und Kleinbauten
Jonastraße 8, CH-8636 Wald
www.wabe-produktion.ch

Stieger Holzbau GmbH
Freienbach 16, CH-9463 Oberriet
www.stiegerstaelle.ch

Omlet Ltd,
Tuthill Park, GB - Wardington,
Oxfordshire, OX17 1RR
www.omlet.de
(Besonders originelle Ställe aus Kunststoff,
die in Deutschland bezogen werden können)

Adressen von Züchtern finden Sie hier
Bund Deutscher Rassegeflügelzüchter e.V.
www.bdrg.de

Verband der Hühner-, Groß- und
Wassergeflügelzüchtervereine zur Erhaltung
der Arten- und Rassenvielfalt e.V.
www.vhgw.de

Verband der Zwerghuhnzüchtervereine e.V.
im BDRG
www.vzv.de

Register

Die in diesem Buch enthaltenen Empfehlungen und Angaben sind vom Autor mit größter Sorgfalt zusammengestellt und geprüft worden. Eine Garantie für die Richtigkeit der Angaben kann aber nicht gegeben werden. Autor und Verlag übernehmen keine Haftung für Schäden und Unfälle. Bitte setzen Sie bei der Anwendung der in diesem Buch enthaltenen Empfehlungen Ihr persönliches Urteilsvermögen ein.

Hinweis: *Der Verlag Eugen Ulmer ist nicht verantwortlich für die Inhalte der im Buch genannten Websites.*

Bildquellen
Wilhelm Bauer:
S. 4(2), 5r., 7, 8, 10, 11, 12, 15, 16, 17, 19, 21, 23, 24, 26, 29, 32(3), 38, 40, 42, 43, 44, 56, 60, 68, 73, 76, 86, 88, 90, 92(2), 93, 94, 96, 99, 101, 102, 112, 113, 116, 126, 133, 137, 139
Regina Kuhn:
S. 5l., 65l., 80, 81, 97, 104, 105, 107, 111, 114, 118, 120, 124, 128, 130
Achim Laber:
S. 65r., 122
Antje Munk:
S. 52, 72
Silke Klewitz-Seemann:
S. 2, 69, 74, 75, 78, 89, Umschlagrückseite

Alle Zeichnungen fertigte Yvonne Bauer.

Titelfoto: Janne Reichert

Die in diesem Buch enthaltenen Empfehlungen und Angaben sind von der Autorin/vom Autor mit größter Sorgfalt zusammengestellt und geprüft worden. Eine Garantie für die Richtigkeit der Angaben kann aber nicht gegeben werden. Autorin/Autor und Verlag übernehmen keine Haftung für Schäden und Unfälle. Bitte setzen Sie bei der Anwendung der in diesem Buch enthaltenen Empfehlungen Ihr persönliches Urteilsvermögen ein.
Der Verlag Eugen Ulmer ist nicht verantwortlich für die Inhalte der im Buch genannten Websi-tes.

Bibliografische Information der Deutschen Nationalbibliothek
Die Deutsche Nationalbibliothek verzeichnet diese Publikation in der Deutschen Nationalbibliografie; detaillierte bibliografische Daten sind im Internet über http://dnb.d-nb.de abrufbar.

Wollgrasweg 41, 70599 Stuttgart (Hohenheim)
E-Mail: info@ulmer.de
Internet: www.ulmer.de
Lektorat: Dr. Eva-Maria Götz, Antje Munk
Herstellung: Judith Schumann
Umschlag-Gestaltung: Atelier Reichert, Stuttgart
Satz: Atelier Reichert, Stuttgart
Reproduktion: www.timeray.de, Jettingen
Druck und Bindung: Neografia, Slowakei
Printed in Slovakia

ISBN 978-3-8186-0706-7